昭和19年(1944年)10月25日未明、フィリピン・スリガオ海峡に突入、立ち塞がる圧倒的な米艦隊との決戦に挑む西村艦体の旗艦「山城」。艦橋トップには二一号電探を装備していなかったとする説が有力である。35.6cm砲12門を搭載する日本初の超ド級戦艦として生まれた扶桑型戦艦の「扶桑」「山城」は、多くの欠点を抱えながらも近代化改装によって戦闘力の維持に腐心した。太平洋戦争では後方任務が多かったものの、大戦末期のレイテ沖海戦では西村艦隊の主力として出撃、スリガオ海峡にて壮絶な最期を遂げた。

画／佐竹政夫

扶桑型戦艦 伊勢型戦艦 完全ガイド

扶桑 山城

※3〜62ページの記事は季刊「ミリタリー・クラシックスVOL.54」(2016年夏号)の巻頭特集に加筆修正を加え、再構成したものです。

日本海軍初の超ド級戦艦

戦艦「扶桑」「山城」

日本海軍は日露戦争後、快速だが装甲が薄い金剛型超ド級巡洋戦艦4隻を建造、続いて日本初の超ド級戦艦4隻の建造に着手する。その第1弾が第一次大戦時の大正4年、6年に竣工した扶桑型戦艦「扶桑」「山城」の2隻で、14インチ(35.6cm)連装砲6基(12門)という当時世界最強の砲力を持つ艦級の一つであった。だが、日本海軍の超ド級戦艦第一作であった扶桑型には弱点や問題点も多かった。改装に長い時間をかけたものの、昭和16年(1941年)の太平洋戦争開戦時にはすでに旧式化しており、ほとんど前線に出ることはなかったのである。それでも乾坤一擲の決戦となった昭和19年10月の捷一号作戦には、「扶桑」「山城」が肩を並べて参加。西村艦隊の主力として、運命のスリガオ海峡に向かった…。ここでは特徴的なシルエットや悲劇的な最期からも人気の高い扶桑型戦艦2隻に関して、メカニズムや建造経緯、戦歴、戦術など多角的視点から迫っていく。

左舷に向け主砲を発射する、大改装後の「山城」（手前）と「扶桑」（奥）。扶桑型2隻はこの艦容で太平洋戦争に挑んだ。「扶桑」は艦橋基部の後部がえぐれた形状になっており、姉妹艦と言えど2隻の見分けは容易である
画／吉原幹也

大改装前の扶桑型

日本海軍に一大戦力を加えた
14インチ砲12門搭載戦艦2隻

大改装を受ける前の、昭和4年（1929年）時の「山城」が主砲射撃試験を行っている場面。煙突が2本あるが、前煙突は艦橋に近すぎて悪影響を及ぼしたため、煤煙を後ろに向けるためのファンネルキャップが付いている。四番砲塔上には一四式二号水上偵察機が搭載されている

画／佐竹政夫

日本初の超ド級戦艦となった「扶桑」は、明治45年（1912年）に起工され、第一次大戦が行われていた大正4年（1915年）に竣工。2番艦の「山城」も、大正2年（1913年）に起工され、大正6年（1917年）に竣工した。

超ド級戦艦とはおおむね口径13・5インチ（34・3㎝）以上の主砲を多数搭載した戦艦を指すが、扶桑型は14インチ（35・6㎝）連装砲6基12門という当時世界最強クラスの砲力を有し、常備排水量3万トンを超える竣工時世界最大の戦艦で、新興勢力の日本海軍としては非常に野心的な存在であった。

ただ扶桑型は日本が初めて建造した超ド級戦艦ということもあり、スペックに現れない不具合が多かった。まず連装砲塔6基が艦全体に配置されているため爆風や振動の悪影響が大きかった。また装甲配置も優良とは言えず、速力もやや遅く、運動性も低いなど、攻防走で多くの問題を抱えていた。

そのため本型は昭和5年（1930年）まで断続的に改修を実施。前艦橋を檣楼化し、主砲仰角の増大による砲戦距離の延伸などの改修を行った。その後の昭和5年から「扶桑」が大改装を受け、昭和8年には艦隊に復帰するが、昭和9年にはまたすぐに第二期改装工事に戻り、10年3月にようやく大改装が完了した。

「山城」も「扶桑」より遅れて改装に入ったが、「扶桑」が2回に分けて改装工事を受けたのに対し、「山城」は「扶桑」の工事をフィードバックして改装が行われたため、1回にまとめて大改装を受けた。

大改装の内容は、水平防御装甲の増大やバルジ設置による水中防御の強化、射撃指揮装置の改良、機関の強化による速力の増加などで、これにより攻撃・防御・速力ともに向上したが、それでも他の日本戦艦に比べると能力が一歩劣り、第一線への投入は危険視されていた。扶桑型2隻はこのような状態で、昭和16年12月8日の太平洋戦争開戦を迎えたのである。

扶桑型は太平洋戦争では後方での練習艦任務に就いていたが、次第に戦局は悪化していく。そして昭和19年（1944年）10月、フィリピンに来寇した米軍に対して乾坤一擲の捷一号作戦が発動され、旧式の扶桑型も最前線に投入されることとなった。

「山城」を旗艦として「扶桑」と重巡「最上」で第二戦隊（西村祥治中将）が編成され、そこに第四駆逐隊の「山雲」「満潮」「朝雲」と第二十七駆逐隊の「時雨」が従い、第一遊撃部隊支隊（第一艦隊第三部隊：通称「西村艦隊」）を構成することになった。扶桑型が鈍足なため、「大和」「長門」「金剛」らの第一遊撃部隊主隊とは同一行動がとれないと見られたための編成である。

10月22日、西村艦隊はブルネイを出港した。第三艦隊（小澤艦隊）が米機動部隊を釣り上げている間に、第一遊撃部隊主隊（栗田艦隊）がレイテ島の北から、西村艦隊と第五艦隊（志摩艦隊）が南から同時に突入し、レイテ湾の米輸送船団を撃滅する作戦であった。

西村艦隊は潜水艦の伏撃も受けず、24日朝の米艦載機から受けた空襲での損害も軽微で、ほぼ予定通り進撃を続けた。しかし栗田艦隊は24日昼、シブヤン海で米空母機の攻撃を受け進撃が遅れていた。これでは西村艦隊だけが先行してレイテ湾に突っ込むことになってしまうが、指揮官である栗田長官から何らの指示を受けなかったため、西村祥治司令官はスリガオ海峡への単独での突入を決心した。

西村艦隊はパナオン島とミンダナオ島の間で襲撃してきた米魚雷艇隊を退け、スリガオ海峡に向かい、25日深夜1時25分にはスリガオ海峡への突入を開始する。

一方、西村艦隊接近の情報を得ていた米海軍も、オルデンドルフ少将率いる迎撃部隊をスリガオ海峡北に配置して待ち構えていた。陣容は戦艦6、巡洋艦8、駆逐艦28の計42隻と、7隻の西村艦隊を叩くには十分すぎる戦力だった。

2時53分、駆逐艦「時雨」が米駆逐艦を発見、西村艦隊は単縦陣での突入隊形を整えた。米駆逐艦隊は3時ごろから東西に分かれて突撃、次々に魚雷を発射する。西村艦隊も探照灯照射射撃で反撃するが、3時10分ごろ「扶桑」が右舷中央部に被雷した。その後「山城」と駆逐艦「山雲」「満潮」「朝雲」が次々に被雷。左舷後部に被雷した「山城」は進撃を続けるが、「山雲」は轟沈、「満潮」「朝雲」も航行不能となり後に沈没した。

「扶桑」はその後再度右舷に被雷、3時38分には弾火薬庫が誘爆し、大爆発を起こし真っ二つになり果てた。栄光ある日本初の超ド級戦艦は、南方の漆黒の海峡で、駆逐艦との乱戦の後にその最期を遂げたのである。

こうして戦力が半減した西村艦隊であったが、損害軽微な旗艦「山城」、そして無傷の「最上」「時雨」は不屈の闘志を発揮し、そのまま進撃していく――。

スリガオ海峡に突入後、探照灯射撃で米駆逐艦を迎撃するも、右舷に被雷して傾斜した「扶桑」
画／吉原幹也

スリガオ海峡海戦 1

栄光の超ド級戦艦「扶桑」
米駆逐艦隊との乱戦に散る

「山城」は、健在の「最上」「時雨」と共に米艦隊に向け進撃を続けるが、3時34分には2本目の魚雷を被雷、五番・六番主砲塔弾火薬庫に注水を行い両砲塔は使用不能となった。だが西村司令官の心は折れることなく、西村艦隊は遮二無二突進していった。

対して迎え撃つ米砲撃部隊は、西村艦隊に対して横に布陣、T字戦法を採った。3時51分、オルデンドルフ提督は戦艦・巡洋艦に対し攻撃命令を下し、嵐のような米艦隊の砲撃が始まる。「山城」も3時56分、左に回頭して右砲戦を開始、主砲命中弾は無かったものの多くの夾叉弾を出す見事な技量を発揮した。「山城」も多数の砲弾（少なくとも戦艦の主砲弾2発、巡洋艦の砲弾23発）を浴びて上部構造物は炎上、三番・四番砲塔は射撃不能となり、一番・二番砲塔のみで砲撃していた。

さらに「山城」は4時2〜5分、駆逐艦から放たれた2〜3本の魚雷を被雷。「山城」の副砲弾7発が米駆逐艦「グラント」に命中し一矢を報いたが、二番砲塔も沈黙し、一番砲塔のみが孤軍奮闘する。絶望的な戦況の中、西村司令官は「我レイテ湾に向け突撃、玉砕す」との最後の電文を栗田艦隊に送ったが、栗田長官には届かなかった。

驚くべきことに未だ機関が健在だった「山城」は、満身創痍の船体を南に向けて16ノットで離脱を図ろうとする。しかし追撃してきた駆逐艦からの魚雷を1本被雷、これが止めとなり、4時19分ついに老雄は横転して海中に沈み、西村司令官も運命を共にした。乗組員約1500名のうち、生存者は10名。太平洋戦争を通じても、もっとも壮絶な戦艦の最期だった。

一方、「最上」は敵艦隊に接近し魚雷を発射するなど反撃し南に転進したが、艦橋に被弾炎上、後に自沈処分となった。「時雨」のみが奇跡的に撤退に成功、西村艦隊の唯一の生き残りとなった。

こうして、海戦史上最後の戦艦同士の砲撃戦となったスリガオ海峡海戦は終了した。結果だけを見れば西村艦隊の無残な全滅であるが、これは連合艦隊の作戦計画に責を帰すべきもので、西村司令官の指揮の問題や、「山城」や「扶桑」の性能不足によるものではない。むしろ旧式戦艦2隻を中心とした劣弱な艦隊が圧倒的劣勢の中良く戦ったと称賛されるべきだろう。

中でも魚雷4〜7本と数十発の砲弾を浴びながらも、日本戦艦の砲戦術の精華を発揮して倒れていった「山城」の姿は、まさに鬼神の如き壮烈なものであった。スリガオ海峡の「山城」は、海戦史上に永遠に語り継がれる伝説となったのである。

米艦隊の砲弾と魚雷を多数浴びて炎上する「山城」。左奥は沈没する「扶桑」、右奥は進撃する「最上」

画／舟見桂

スリガオ海峡海戦2

米戦艦6隻との決戦に挑む老雄「山城」
鬼神の如き奮戦の後に斃れる

ちびっ子のみんなこんばんは、第二戦隊司令官の西村のおっちゃんです。
このページでは、ボクが乗っている、
日本海軍初の超ド級戦艦・扶桑型の「扶桑」「山城」を紹介するぞ。
扶桑型は36センチ砲12門を装備した、完成した時は
世界でも最大のパワーを持つ戦艦だったのだ。やったぜ。
太平洋戦争ではちょっとふるくなってて、あんまり前線にはいかなかったけど、
戦争のさいごの方で人手が足りなく駆り出され…いや満をじして出撃、
レイテ沖海戦で超漢らしいレジェンドっぷりを見せたのさ！

超ド級戦艦…超ド級というのは、1906年に作られたイギリスの超すごい戦艦「ドレッドノート」よりもさらに強い戦艦、という意味だ。なお太平洋戦争に使われた日本の戦艦はみんな超ド級戦艦だぞ。

メリーランド…長門型とだいたい同じ40センチ砲8門を搭載した、コロラド級の2番艦。大戦末期にもちょっと籠マストが残っていた。扶桑型からすると明らかに格上だが、肉薄して重要部を撃ちぬけば勝てるんじゃないかな…。

艦橋…大和型以外のほかの日本戦艦とおなじく、扶桑型もふくざつで背のたかい艦橋をもっているが、「扶桑」と「山城」は艦橋のかたちがまったくちがうのだ。「扶桑」は艦橋のうしろの根元が細くて不安定な感じになっているけど、「山城」はどっしりしたかたちだ。

扶桑…1番艦で兄貴分の「扶桑」。「扶桑」とはトラックのメーカーの名前…ではなく日本そのものの別名だ。日本初の超ド級戦艦ということで、ビッグな期待がかけられていたのがわかる。艦橋構造物がひょろひょろと折れそうなのが特徴なユニーク戦艦だ。伊勢、日向に負けたくないと思っているかどうかは神の味噌汁。

カリフォルニア…主砲は36センチ砲12門、防御力も高いテネシー級の2番艦。ミシシッピよりも実際強い。真っ向から戦うと扶桑型は不利だが…。

（※）このイラストはイメージです。扶桑型2隻は実際にはスリガオ海峡で一方的に撃沈されています。

「扶桑」と「山城」だ！

え／上田信

探照灯…敵を照らして砲弾を当てるためのサーチライト。攻撃を当てやすくなるけど、とうぜん自分の位置もばれるので、反撃もめっちゃ食らう諸刃のソードなのだ。

ミシシッピ…36センチ砲12門を搭載したニューメキシコ級の2番艦で、性能的には扶桑型のライバルめいた戦艦。名前からすると殺人事件が起きて落とし穴がたくさんある外輪船っぽいイメージもするが、そんなことはない大戦艦だ。

ウェストヴァージニア…日本語になおすと「西の乙女」という、キュンとする雰囲気の戦艦。メリーランドの姉妹艦で、かなりヤバい強敵だが…。男は度胸、何でも戦ってみるのさ。

36センチ主砲…扶桑型の主砲の口径（大砲のうちがわの直径）は36センチで、げんみつにいうと35.6センチ。14インチ砲とも言うぞ。太平洋戦争の戦艦としてはそこそこの大きさの大砲だったが、この2連装砲塔を6基、あわせて12門もそうびしていたのだ。まさに海の上の甲鉄城だ！

西村祥治提督

「プギャー！　アメリカの旧式戦艦がどんだけいようが扶桑型の敵じゃねーな！　米艦隊は悔い改めて†」オルデンドルフ艦隊をスリガオ海峡であっという間に壊滅させた扶桑型2隻の勇姿（※）に、西村中将もノリノリだ！

山城…2番艦で次男坊の「山城」。「山城」とは山の上につくられたお城のこと…ではなく、むかしの国（都道府県のようなもの）の一つで、いまの京都府の一部だった「山城国」からもらった名前。むかしの日本の首都、京都があったえらい場所なのだ。レイテ沖海戦では、西村艦隊の旗艦（リーダーのフネ）をつとめており、西村司令官が乗っていたぞ。

副砲…舷側（船体の横）には15センチ副砲を14門装備していた。近づいてくる敵の駆逐艦や巡洋艦を追い払うための、ちょっと小さめの大砲だ。

図版／田村紀雄

扶桑型戦艦の塗装と艦型変遷図

ここでは「扶桑」「山城」の艦容の変遷を、時期ごとにカラー図版で概観する。詳しい改装の内容は28ページからの記事を、両艦の相違点などは60ページからの記事もご参照下さい。

扶桑　大正4年(1915年)

竣工時の「扶桑」。艦尾のスターンウォークは完成前に撤去されている。司令塔は「扶桑」が楕円形の断面、「山城」が円形で、上部の測距儀も「扶桑」は横並びに2基（片舷へ同時に使用できるよう右舷側がやや高い)、「山城」は前方に大型1基と後方に小型2基だった。

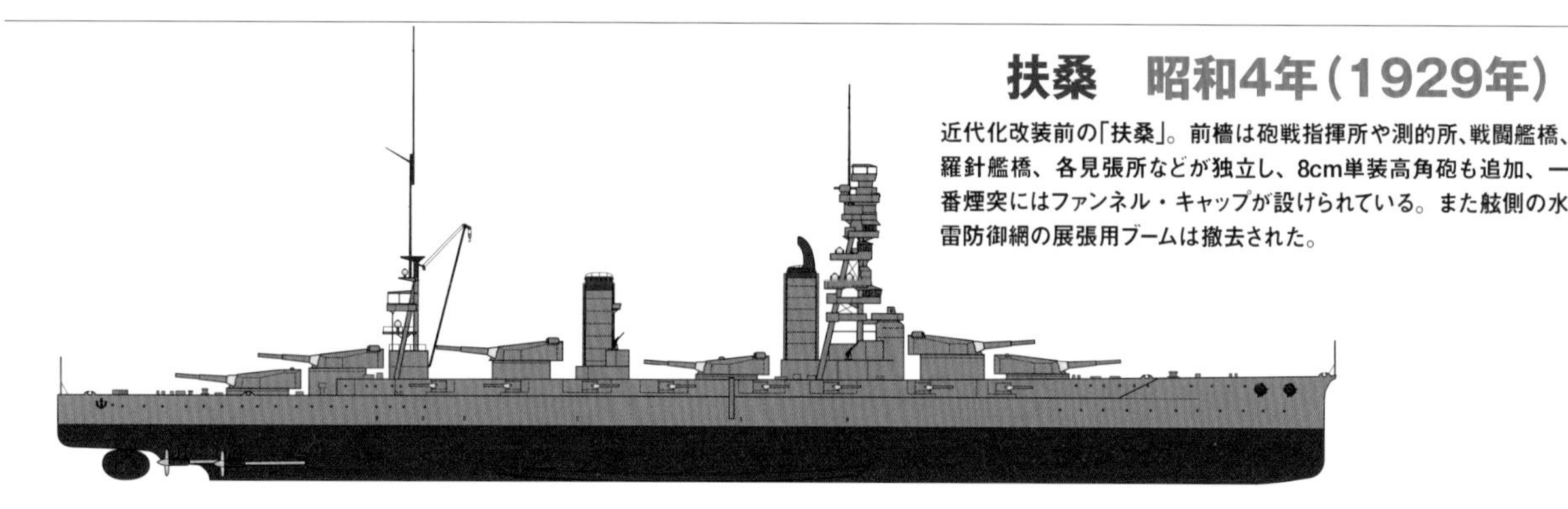

扶桑　昭和4年(1929年)

近代化改装前の「扶桑」。前檣は砲戦指揮所や測的所、戦闘艦橋、羅針艦橋、各見張所などが独立し、8cm単装高角砲も追加、一番煙突にはファンネル・キャップが設けられている。また舷側の水雷防御網の展張用ブームは撤去された。

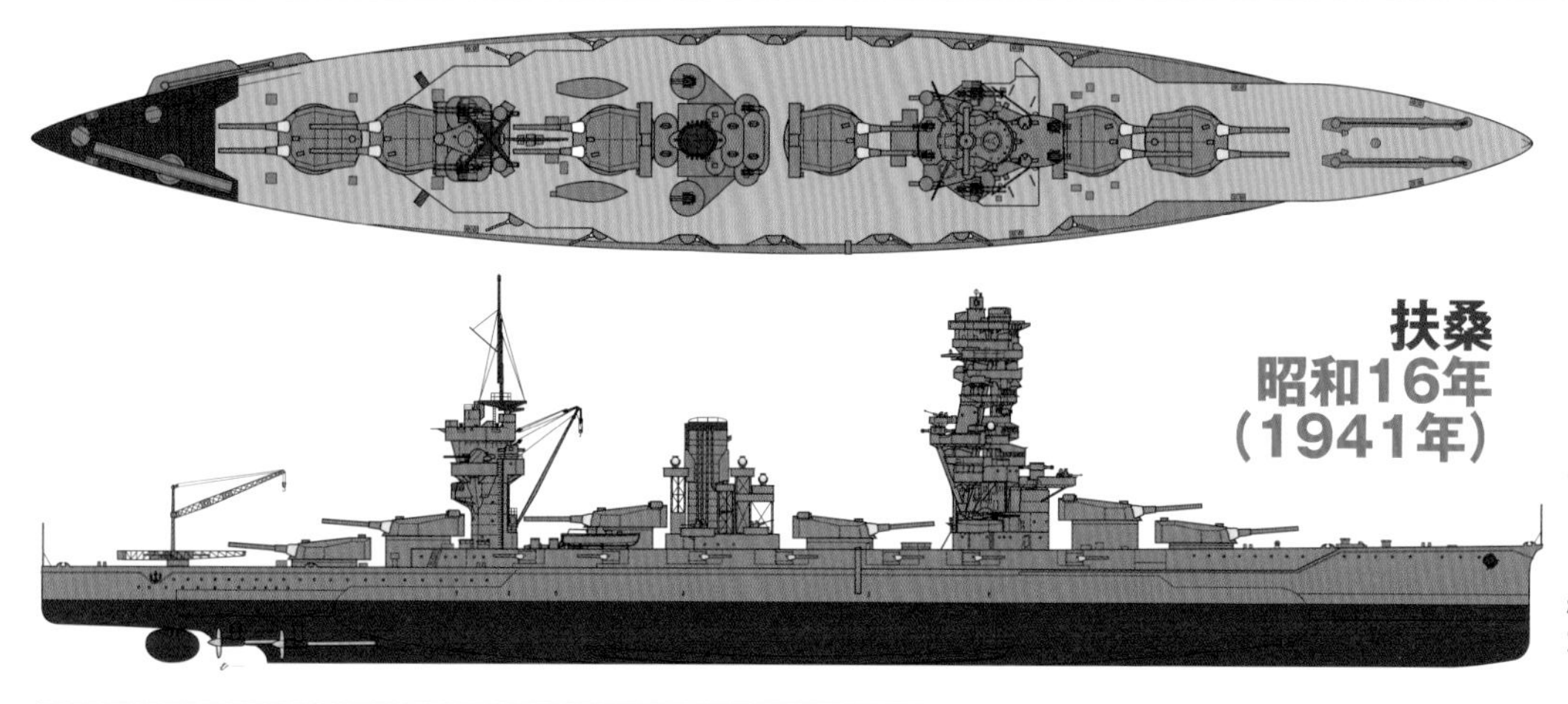

扶桑　昭和16年(1941年)

近代化改装を受けて艦容を一変させた、太平洋戦争開戦時の「扶桑」。三番主砲塔の繋止方向が艦首向きに変更され、それにともない艦橋基部は後方がえぐれたような独特の形状になった。また、昭和16年の出師準備改装で延長された艦尾に航空兵装を移設し、舷外電路の設置や防空指揮所の新設も行われている。

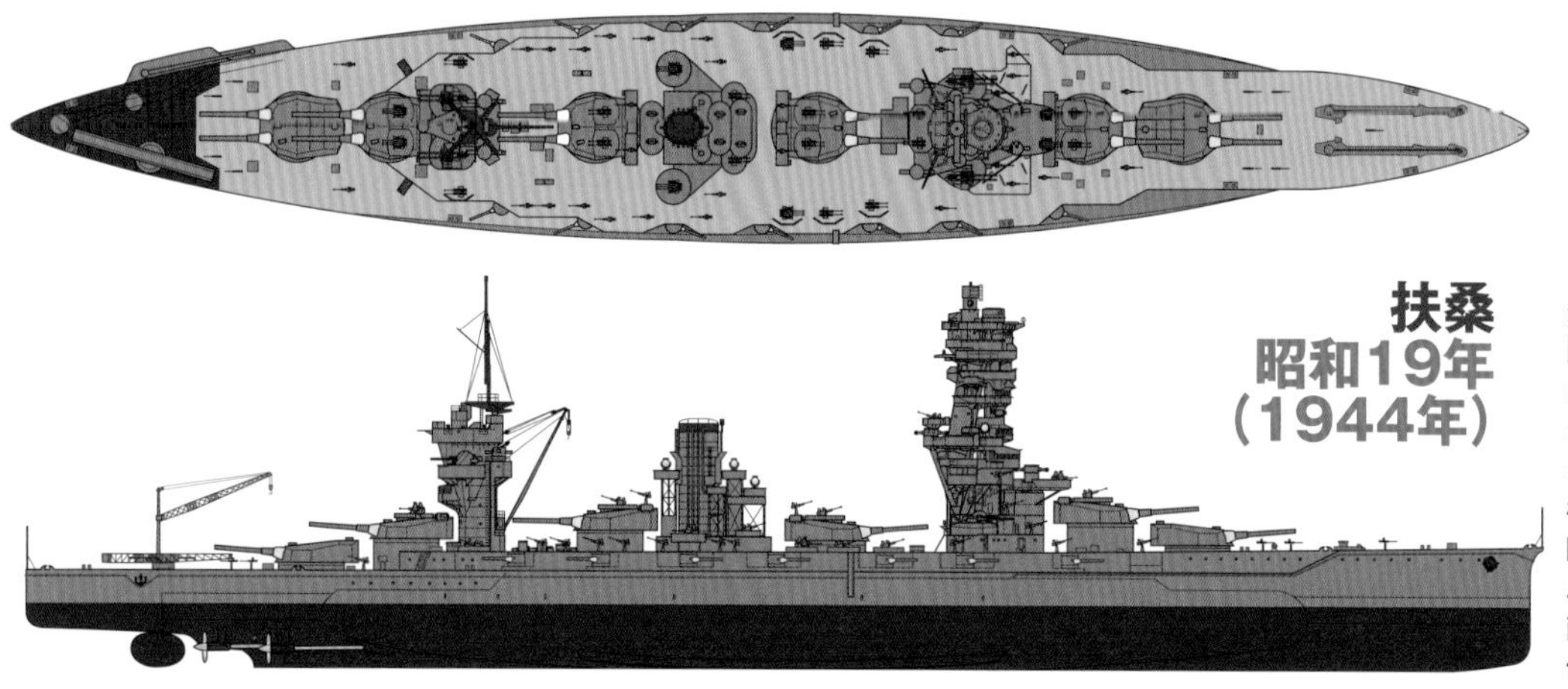

扶桑　昭和19年(1944年)

レイテ沖海戦に臨んだ最終状態の「扶桑」。開戦時より対空機銃が多数追加されているが、高角砲は増備されていない。電探は前檣楼の頂部に二一号、防空指揮所の後方に二二号、煙突の上部両側面に一三号を装備した。

山城　大正6年（1917年）

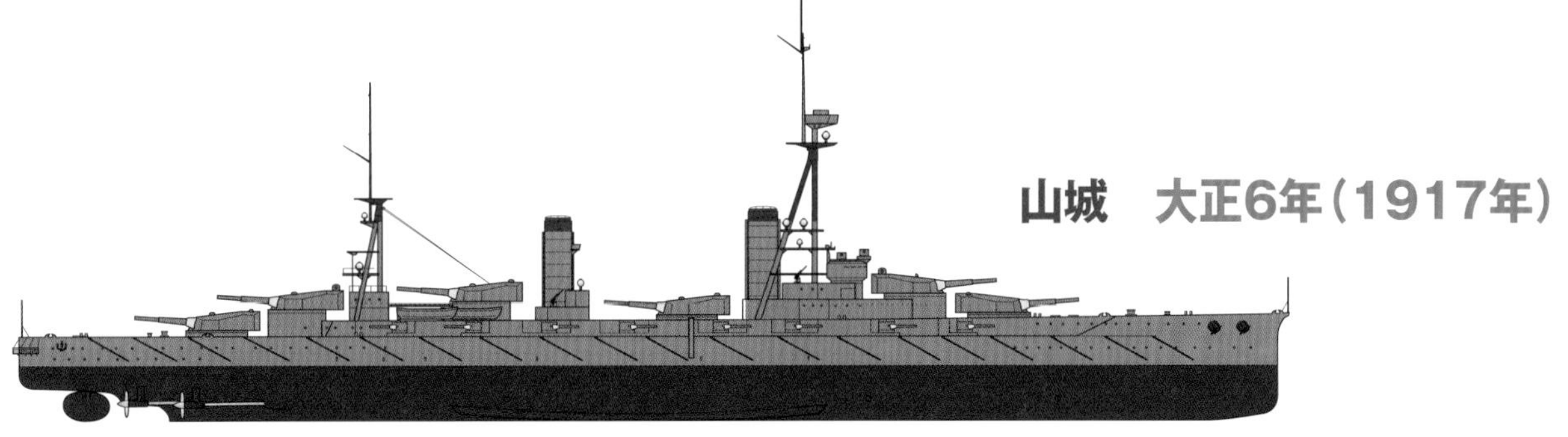

竣工時の「山城」。「山城」は前檣頂部の主砲指揮所に方位盤を搭載し、前檣と煙突の両舷に8cm単装高角砲も装備した状態で竣工している。また、艦尾スターンウォークも設置されていた。二番主砲塔基部と下部艦橋の間が一段高い甲板室でつながっている点や、司令塔形状といった「扶桑」との相違点は以後も変化ない。

山城　昭和5年（1930年）

右ページ昭和4年時の「扶桑」とほぼ同時期の「山城」。四番主砲塔の上面に水上機搭載用の台が設置されているのと、二番煙突に探照灯台が設けられているのが、この時期の「扶桑」との大きな相違点だった。

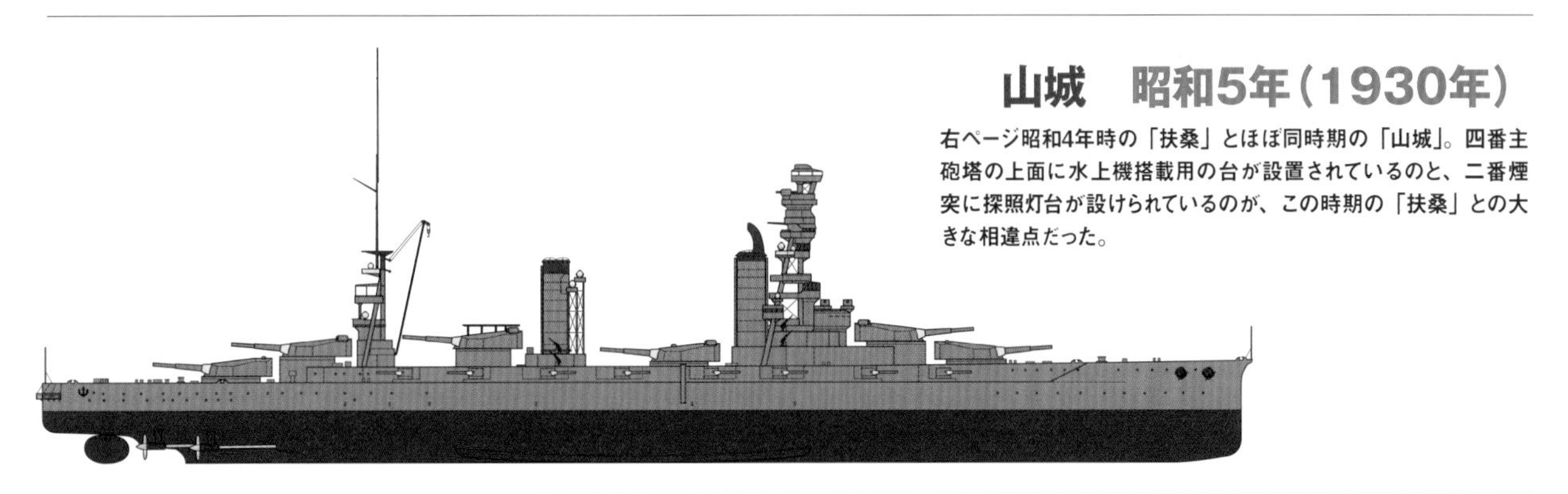

山城　昭和16年（1941年）

太平洋戦争開戦時の「山城」。同時期の「扶桑」との相違点は三番主砲塔の向きや艦橋形状だが、「山城」は前檣楼トップの方位盤を換装していない可能性が高い（「扶桑」は出師準備で九四式に換装）。

山城　昭和19年（1944年）

「山城」の最終状態。対空機銃の増備や二二号電探の装備は「扶桑」と同様だが、二一号電探の装備は無かったものと推測される。また一三号電探の装備位置も、「扶桑」の煙突側面に対して、後檣部に2基並列で配置されていた。

扶桑型戦艦メカニズム CG解説

日本海軍初の超ド級戦艦にして、建造時は世界最強戦艦の一つだった扶桑型。本稿では3DCGで再現した「扶桑」の姿とともに、扶桑型戦艦の設計面や技術的な特徴などを各部位ごとに解説していこう。

文／本吉隆　CG／一木壮太郎

■戦艦「扶桑」（竣工時）

全体配置

船体は船体内部の容積を稼げる長船首楼型で、艦首形状は金剛型と同様に凌波性改善のために適度なフレア（※1）を着けたクリッパー型（※2）となっており、艦首艦底部には筑波型から河内型までの国産主力艦に共通するカットアップ部分がある。竣工時には右舷側に主錨・副錨各1基の計2基、左舷側に主錨1基が装備されており、艦首甲板部にも錨3基分の錨鎖導板・ケーブルホルダー等が3組置かれていたが、昭和11年頃に右舷の副錨は廃止されたため、以後は左右両舷共に錨の装備は1組とされている。竣工時には艦首のケーブルホルダー前側から艦尾の六番砲塔後方位置まで、停泊時に使用する水雷防御網のブームが設置されていた。しかしこれは魚雷防御用として実効が少ないこと、ジュットランド海戦で舷側格納中の防御網が被弾で海中に垂れ下がり、スクリューに絡みつく事故を起こすなどの問題が生じたため、昭和初期に廃止された。

ケーブルホルダー後方の前甲板部に一番と二番の主砲塔があり、二番砲塔上には砲塔測距儀が装備されている。副砲は上甲板部の砲郭に収められ、竣工時点で一番砲塔後方の位置に最前部のものがあったが、昭和13年時期に他装備搭載の代償重量として最前部の副砲が撤去され、旧来二番目の砲郭だった二番砲塔の側面の砲郭が最前部のものへと変化した。下部艦橋甲板は「扶桑」は司令塔部分で終わるが、「山城」は二番砲塔のバーベット部分まで伸びているという差異がある。

二番砲塔の後方には、竣工時点では司令塔と三脚檣式の前檣からなる前部上構が立てられていた。これは後に檣楼化が進められ、大改装後は高さ37・3m（測距儀部頂点で49m説もある）に達する大檣楼が聳え立つことになった。大改装後の檣楼は、「扶桑」で三番砲塔への航空艤装装備の関係で、主砲塔を旧来の後方繋止から前方繋止とした「扶桑」の檣楼が基部部分で上部より幅が狭くなる不安定な形態とされたのに対し、砲塔繋止位置を変えずに済んだ「山城」は、他の日本戦艦と同様の安定した形態の檣楼となっている。この両艦の檣楼形状の差異は、改装後の両艦の最大の識別点ともなっている。また「扶桑」が航空機揚収用のデリックを艦橋後方に持つが、「山城」にはこれが無いのも両者の相違点の一つである。

大改装前には前部上構後方に一番煙突があったが、大改装後は汽缶数が大幅減少したことで消滅した。竣工時は一番煙突後方、大改装後は前檣後方の位置に測距儀付きの三番主砲塔がある。「扶桑」では大改装完了後から昭和14年末に開始された戦前最後の改装までの期間、艦載機移送用の軌条や砲塔上のカタパルト位置まで艦載機を揚げるためのエレベーターなど、艦載機運用のための諸設備が三番砲塔左舷側の甲板部に設置されていた。

その後方に当初二番煙突、大改装後は1本煙突となった煙突があり、竣工後この周辺に探照灯台や機銃座などが設置されていった。この後方にやはり測距儀付きの四番主砲塔が三番主砲塔より一段高い位置に置かれている。これはこの周辺の甲板を大型の艦載艇置場としつつ、砲の射界を確保するという目的から取られた措置だ。上甲板部の副砲砲郭は、四番砲塔側面の7個目と8個目（最前部の撤去後は6／7個目）が最終となる。

当初、前部に艦載艇揚収用のデリックを持つ三脚檣式の後檣と、後部艦橋で構成されていた後部上構が、四番主砲塔の後方に置かれている。これは大改装後に前側上部に後檣の上部（下部の三脚檣部は後部艦橋内にある）と、塔状の高所に高角砲座を持つ独特な形状の後部艦橋に変わり、その前面には艦載艇揚収用のデリックが装備されている。船首楼甲板の後端が接する位置に測距儀付きの五番主砲塔のバーベットがあり、その後方に六番主砲塔が置かれている。

六番主砲塔後方の艦尾甲板は、大改装後には船型改良と航空艤装の設置を考慮に入れた艦尾延長が実施され、「山城」ではカタパルトや

※1…艦首波や飛沫が甲板上に上がるのを防ぐため、艦首付近に付けられた、吃水線から甲板へ向けてのオーバーハング状の広がり。
※2…上部が前方に突き出した艦首形状で、高速発揮に適している。

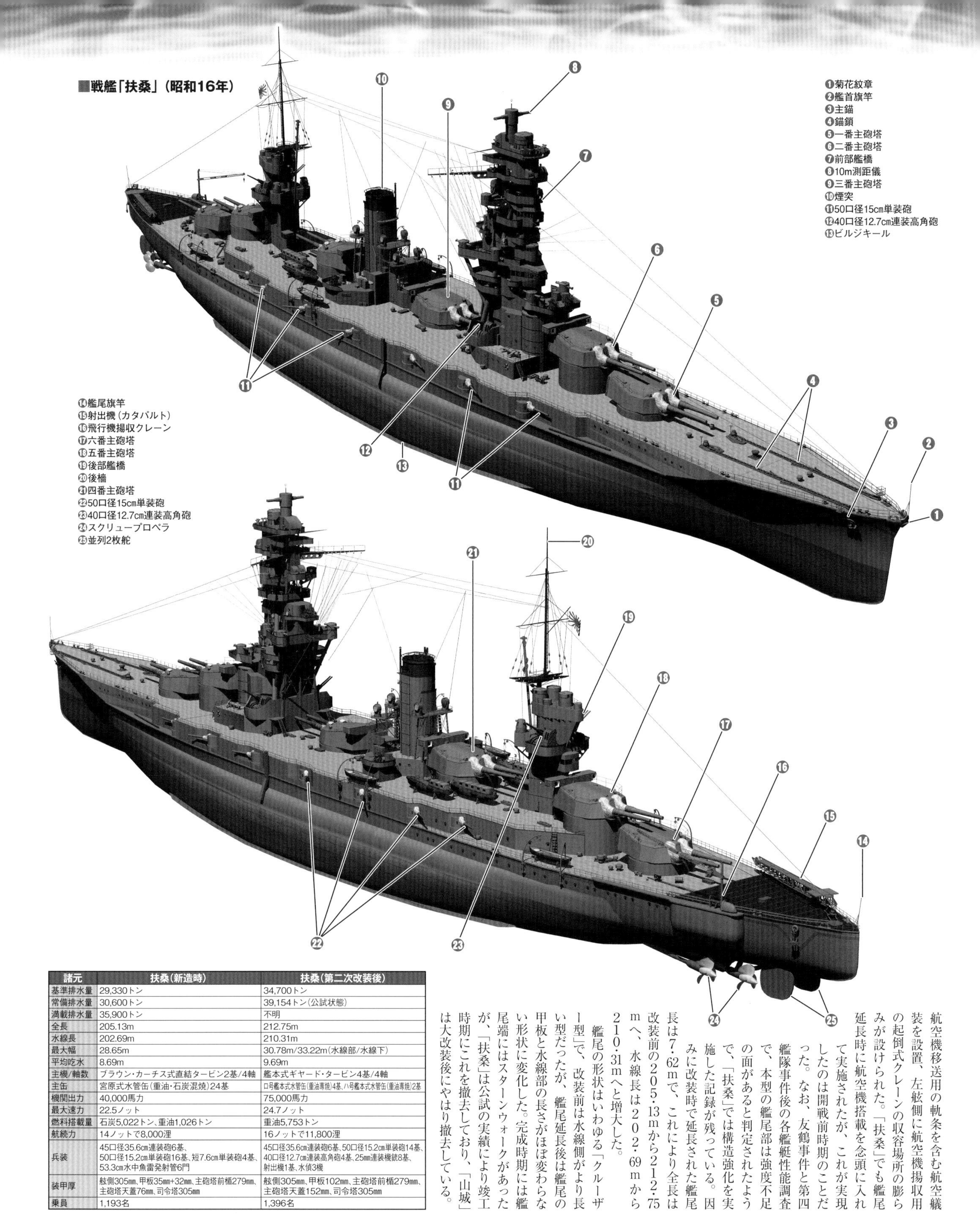

諸元	扶桑(新造時)	扶桑(第二次改装後)
基準排水量	29,330トン	34,700トン
常備排水量	30,600トン	39,154トン(公試状態)
満載排水量	35,900トン	不明
全長	205.13m	212.75m
水線長	202.69m	210.31m
最大幅	28.65m	30.78m/33.22m(水線部/水線下)
平均吃水	8.69m	9.69m
主機/軸数	ブラウン・カーチス式直結タービン2基/4軸	艦本式ギヤード・タービン4基/4軸
主缶	宮原式水管缶(重油・石炭混焼)24基	ロ号艦本式水管缶(重油専焼)4基、ハ号艦本式水管缶(重油専焼)2基
機関出力	40,000馬力	75,000馬力
最大速力	22.5ノット	24.7ノット
燃料搭載量	石炭5,022トン、重油1,026トン	重油5,753トン
航続力	14ノットで8,000浬	16ノットで11,800浬
兵装	45口径35.6cm連装砲6基、50口径15.2cm単装砲16基、短7.6cm単装砲4基、53.3cm水中魚雷発射管6門	45口径35.6cm連装砲6基、50口径15.2cm単装砲14基、40口径12.7cm連装高角砲4基、25mm連装機銃8基、射出機1基、水偵3機
装甲厚	舷側305mm、甲板35mm+32mm、主砲塔前楯279mm、主砲塔天蓋76mm、司令塔305mm	舷側305mm、甲板102mm、主砲塔前楯279mm、主砲塔天蓋152mm、司令塔305mm
乗員	1,193名	1,396名

航空艤装を設置、左舷側に航空機揚収用の起倒式クレーンの収容場所の膨らみが設けられた。「扶桑」でも艦尾延長時に航空機搭載を念頭に入れて実施されたが、これが実現したのは開戦前時期のことだった。なお、友鶴事件と第四艦隊事件後の各艦艇性能調査で、本型の艦尾部は強度不足の面があると判定されたようで、「扶桑」では構造強化を実施した記録が残っている。因みに改装時で延長された艦尾長は7・62mで、これにより全長は改装前の205・13mから212・75mへ、水線長は202・69mから210・31mへと増大した。

艦尾の形状はいわゆる「クルーザー型」で、改装前は水線側がより長い型だったが、艦尾延長後は艦尾の甲板と水線部の長さがほぼ変わらない形状に変化した。完成時期には艦尾端にはスターンウォークがあったが、「扶桑」は公試の実績により竣工時期にこれを撤去しており、「山城」は大改装後にやはり撤去している。

主砲および主砲塔

本型が主砲として搭載したのは、金剛型で採用された毘式／四一式の14インチ（35・6cm）砲で、そのうちで「三型」とも呼ばれる四一式45口径36cm砲と呼ばれる型式の物だ。四一式45口径36cm砲の砲口径は先述の様に正14インチで、砲身長は正45口径の16・002m（全長は16・469mで、全長で図るドイツ式の口径長では46・3口径）、砲身重量は85～86トンであった。

砲塔は金剛型と同型の連装砲塔が採用されており、砲塔の形状は「霧島」「榛名」で採用された曲線形状の砲塔が装甲の製造困難という問題を生じたことから、前盾部及び側盾部の装甲が直線形状で構成された「金剛」「比叡」の砲塔に近い形状のものになっている。本砲塔の機構は換装室経由で主砲弾・装薬を同時に送り込む「英国式」の砲塔の典型的なものだ。

この型式の砲塔は、第一次大戦時の戦訓で砲塔に被弾した場合、弾庫・装薬庫に火が回って誘爆する恐れが指摘されたため、本型を含めた大和型以前の日本戦艦では、就役後に換装室及び装薬庫の防焔・防火対策が強化されたほか、砲塔中央部に左右の砲を隔てる隔壁を設けて、被弾時に砲塔内の砲が一挙に全滅しないようにするなど、各種の抗堪性向上策が施されている。

装填方式は金剛型では自由角装填式だったが、扶桑型では砲塔機構の簡易化と射撃時の命中精度改善を目的として、装填角5度の固定角装填式が採用されている。ただ、固定角装填式は仰角固定装置がある分砲塔の機構が複雑になる上、操作も煩雑で動作が確実で無いこと、少数の砲で多数の砲に対抗できることを理想とするので、理論上はより装填速度が速くなる自由角装填式が望ましいとされて、伊勢型では再度自由角装填式に戻された。

◆四一式36cm砲　諸元

口径	355.6mm
全長	16,469mm
砲身長	45口径
砲身重量	83.4トン
初速	780m/s
弾量	673.5kg（九一式徹甲弾）
俯仰角	-5～43°
最大射程	35,450m
発射速度	約40秒
砲塔重量	655トン

砲塔の装甲厚は前面が279mm、側面229mm、天蓋部76mmで、仰角範囲は竣工時にはマイナス5度～プラス20度（最大射程22km程度）だった。竣工後に砲戦距離延伸の要求がでたことで、大正11年～12年時期に「扶桑」「山城」共に砲の仰角範囲を0度～+30度（最大射程28・6km）に増大した際に、大落角砲弾への対処力増大を含めた防御力強化のため、砲塔天蓋の増厚（76mm→152mm）も行われている。

バーベット部の装甲は最厚305mmだが、船体部装甲内側の部分は76～114mmと薄い。また部位によっては、船体装甲の203mm部分の後方には、バーベット部下方の51mm装甲しか存在しない部分があるなど、そこかしこに装甲防御の穴も存在した。このため耐弾性に不安が持たれてもおり、大改装時には艦内部の51mm部分への165mm、76mm部分には140mm、114mm部分に102mmの追加装甲を施された。

大改装時には遠距離砲戦実施能力向上のため、砲塔の仰角増大や新型砲弾の運用能力付与を含む大規模な改正が行われ、仰角範囲はマイナス5度からプラス43度へと改正され、同時に発砲後の復座を以前の水圧式から空気推進式に改めて、復座の迅速化が図られるなど、砲塔内部にも様々な改正が実施されている。なお、新型砲弾の配備もあり、大改装後の最大仰角時における本砲の射程は35・4kmにまで延伸している。改装後も、開戦前の九八式遅延発砲装置の装備を含めて、主砲塔の機構は度々の改正を経ている。

二・三・四・五番の各砲塔上に設置された測距儀は、竣工当初4・5m型（有効視認距離14km）が装備されていたが、砲戦距離の延伸に伴う大正期の主砲仰角の増大時に8m型に換装されている。各砲塔の弾庫の搭載要領は竣工時平時80発／戦時90発で、大改装後はこれが110発に拡大されたと言われ、実際に昭和14年の演習では100～110発の連続給弾試験も実施している。

主砲弾は竣工当時の金剛型同様に徹甲弾・榴弾の混載であったと思われるが、大正9年（1920年）に8インチ砲以上の砲の弾種は基本的に徹甲弾とされ、昭和5年（1930年）頃までに戦艦の搭載砲弾は徹甲弾に統一され、これが太平洋戦争開戦までの基本となっている。徹甲弾は当初被帽徹甲弾、次いで五号徹甲弾が搭載された後、大改装後は九一式徹甲弾が標準弾種となり、太平洋戦争開戦時期に着色剤の充填を含む改型である一式徹甲弾が交付された。距離20kmで307mm（垂直側）の装甲貫徹力がある九一式徹甲弾の交付により、ようやく日本の36cm砲艦は自らが定めた決戦距

■前部一番・二番主砲塔（竣工時）

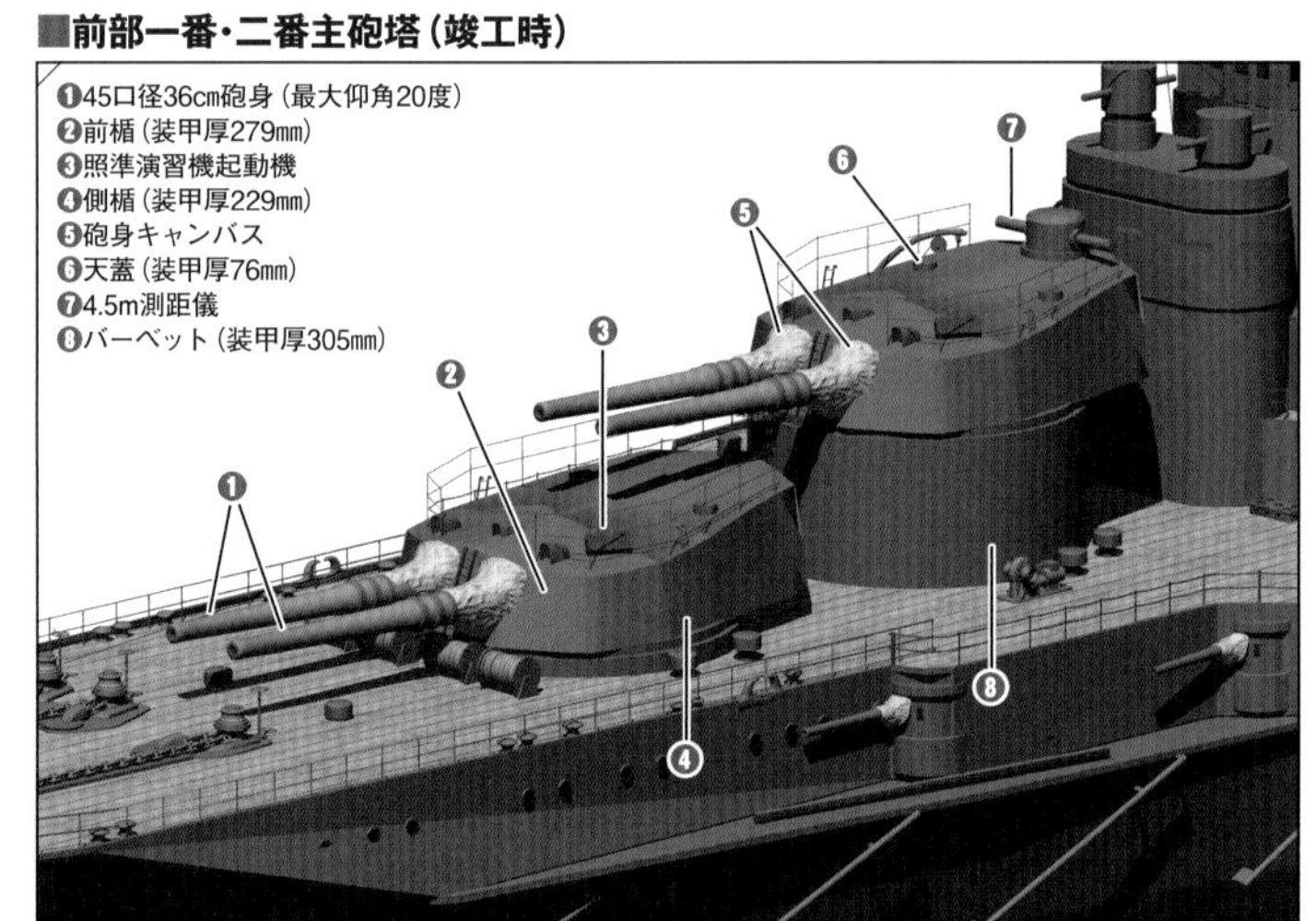

■前部一番・二番主砲塔

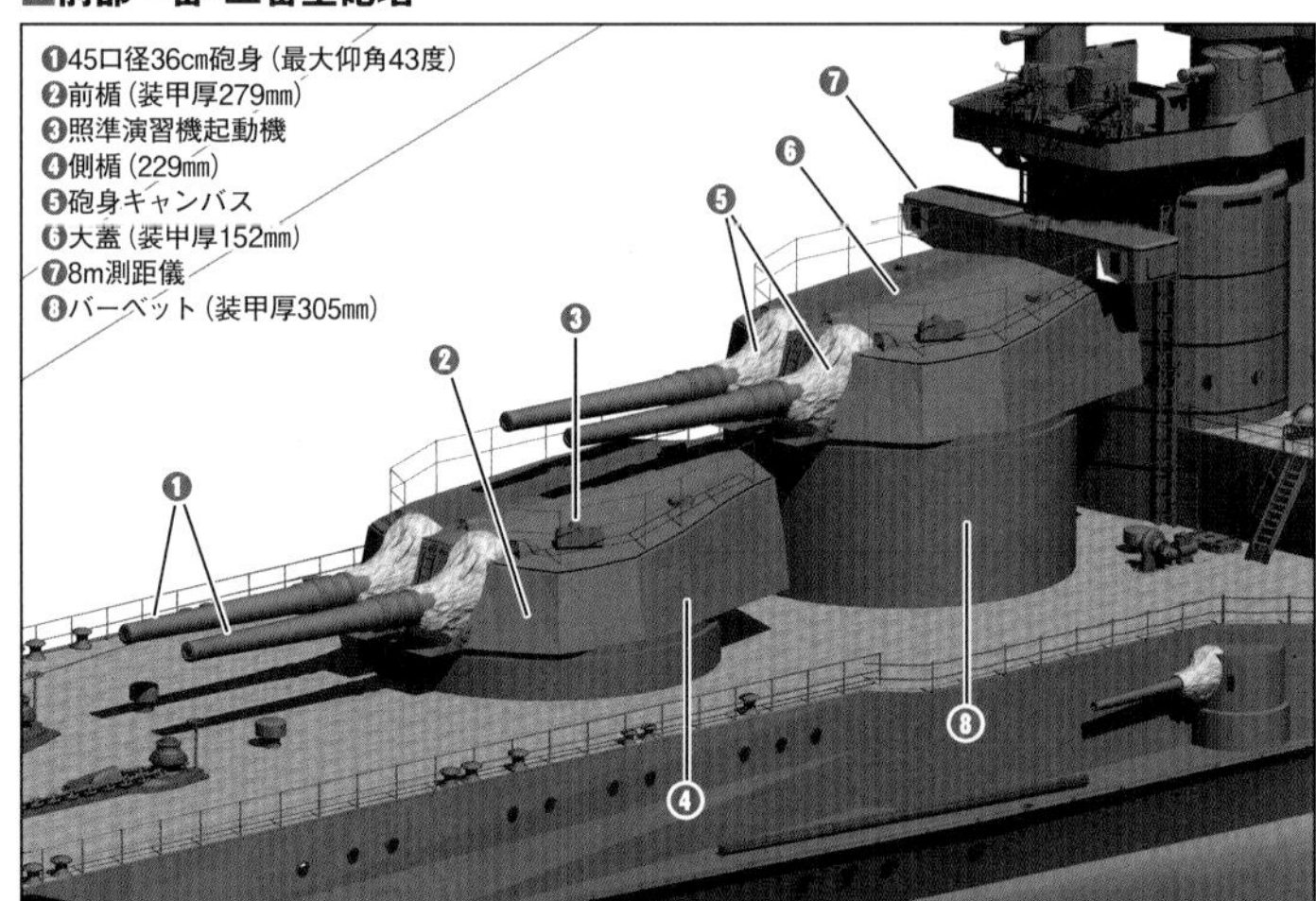

離付近の米戦艦との戦闘で、相応に戦える能力を得たと言える。昭和14年(1939年)に戦艦主砲を含めた全平射砲を対空戦闘で使用する方針に沿って開発された対空用砲弾の零式通常弾と三式通常弾は、昭和17年中期以降に配備が始まっており、本型もこの時期以降、他の戦艦と同様に交付を受けたと思われる。

副砲

副砲は「金剛」が搭載した毘式6インチ50口径M型砲を元にして、日本での製造に適するように日本側で独自の改修が行われた四一式15cm50口径砲が搭載された。竣工時の装備門数は片舷宛て8基、両舷宛て16門で、1門宛ての砲弾搭載数は120発と言われる。副砲方位盤は同時期の英戦艦と同様に竣工時には装備されていない。

「金剛」と同じP型系列の物が使用されたと見られている。単装砲架に載せられた各副砲は、一番砲塔下部から四番砲塔部に至るセルター舷側面にある砲郭部分に収められ、副砲は1～2門毎に弾片防御甲板で仕切った区画を作って被害を局限する「ボックスバタリー」と呼ばれる方式を以て配されている。砲郭部の装甲厚は、副砲装備部の舷側甲板部は152mmで、上部の甲板部は35mmであった。

副砲の砲郭部分は部位によっては主砲塔のバーベット部分に接するが、竣工時は甲板下のバーベット部分の装甲が薄い(114mm)ため、この部分を貫徹した砲弾でバーベット部内部に被害が及ぶ恐れも否定出来ないなど、防御上の弱点ともなっている。

対駆逐艦用の副砲としては、重量45・4kgの比較的大型の砲弾を使用する本砲は充分な威力と能力を有する砲だった。竣工時の最大仰角は15度で射程12・4km、射撃速度は理論上10発／分、実戦で4～6発／分程度であるが、砲弾重量が重いために長時間の戦闘力発揮には疑問符も持たれている(ただし戦前の演習の様な短時間の射撃であれば、「より射撃速度維持が容易」として本砲の代替的存在となった三年式14cm50口径砲と、大差の無い射撃速度を維持出来たことが、記録に残ってもいる)。

■右舷前方副砲群(開戦時)

大改装で本型の副砲は最大仰角を30度に増大、射程を最大19・5kmに増大している。副砲の門数は昭和10年(1935年)に両艦共に一応改装が完了した時点では従前同様の16門であったが、昭和13年(1938年)に改装後の追加装備の代償重量として両舷最前部の1門が撤去されたため、副砲は片舷宛て7門、両舷合計14門に減少している。

◆四一式15cm単装砲 諸元

口径	152.4mm
砲身長	50口径
初速	850m/s
弾量	45.36kg
俯仰角	-5～30°
最大射程	19,500m
発射速度	約6秒

砲弾は戦闘時に使用される各種の通常弾と、演習弾と星弾、吊光弾等が使用されている。通常弾は当初、二号通常弾が、昭和初期以降これの導環を改正した三号通常弾の弾底信管型対艦用通常弾が使用された。大改装後は昭和10年の内令兵(※3)で上記砲弾の更新用として採用された四号通常弾が搭載される様になる。元々は対空用砲弾として開発された経緯を持つ四号通常弾は、徹甲性能を考慮せずに工数と製造原価低下を念頭に置いて設計されたもので、信管は以前の砲弾同様に弾底瞬発式の二三式一号信管を装備している。

昭和14年(1939年)に平射砲を含めた全砲を以て対空戦闘を実施する方針が固められると、副砲にも対空用の砲弾が交付されるようになる(我が海軍は戦艦副砲で対空射撃を精力的に実施しており、本型同様の砲郭式による副砲搭載艦でも、艦によっては「副砲用の対空砲弾が不足」とまで報じている例がある)。戦時中には時計式の九一式時限信管(最大調定秒時55秒)を装備した五号通常弾と零式通常弾が、対空用砲弾の二形式として存在しているが、比島沖海戦の「金剛」「榛名」の戦闘詳報では零式通常弾の名称のみが見られるので、この時期の「扶桑」「山城」も同様に対空用砲弾として零式通常弾を搭載していたと思われる。

夜戦用の星弾と吊光弾は、昭和18年に「自艦位置を暴露する」探照灯による夜戦実施が諌められた後に重要性が増して各艦へ搭載が進められており、レイテ沖海戦時期の本型もこれを夜戦用に一定数を搭載していたと思われる(「山城」はスリガオ海峡で実際に使用した可能性もあるやも知れない)。

高角砲

扶桑型に最初に装備された高角砲は三年式40口径8cm高角砲で、大正6年に竣工した「山城」にまず搭載が行われた後、竣工時点で高角砲を装備していなかった「扶桑」は、同艦のみが搭載していた四一式短8cm砲4門を更新する形でこれを装備して、大正7年(1918年)3月に同様の装備となった。

最大射撃速度13発／分、最大射程約10・8km、最大射高約7・2kmという性能を持つ8cm高角砲は、第一次大戦時の英の同種高角砲と同様の性能を持つ当時としては有用な高角砲であり、本型では就役後に対空脅威増大に対処して「片舷3門を装備したい」という艦隊側の意向により、「扶桑」は大正13年度の練習役務艦時代にこれを左舷側

■八九式40口径12.7cm連装高角砲

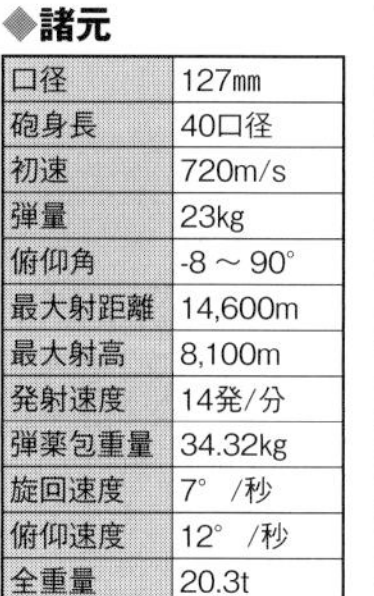

◆諸元

口径	127mm
砲身長	40口径
初速	720m/s
弾量	23kg
俯仰角	-8～90°
最大射距離	14,600m
最大射高	8,100m
発射速度	14発/分
弾薬包重量	34.32kg
旋回速度	7°/秒
俯仰速度	12°/秒
全重量	20.3t

■三年式40口径8cm高角砲

◆諸元

口径	76.2mm
砲身長	40口径
初速	670m/s
弾量	5.99kg
俯仰角	-5～75°
最大射距離	10,800m
最大射高	7,200m
発射速度	約13発/分
弾薬包重量	9.43kg
旋回速度	11°/秒
俯仰速度	7°/秒
全重量	約2.6t

※3…海軍大臣から海軍部内に伝達される、軍事上秘密を要する命令が「内令」で、「内令兵」は兵器に関するもの。番号を付して「内令兵第○号」として令達される。

に2門を臨時に増備したほか、「山城」は昭和2年6月に増備を図って、以後大改装時まで片舷3門（両舷6門）装備とされていた。

大改装後にはこの両艦共に、太平洋戦争時の日本の大型艦艇の標準的高角砲となった八九式40口径12.7cm高角砲の連装型が搭載された。その装備数は長門型以前の他の戦艦と同様に、片舷宛て2基（4門）、両舷合計4基（8門）で、装備位置は前部艦橋部と、後部艦橋の高角砲座位置に各1基が装備されており、1門宛ての弾数は200発とされている。

本型が搭載した八九式は戦前に製造されていたA型砲架のうち、恐らくは発砲時の上構への被害発生を抑える目的で最大仰角をプラス70度に制限した戦艦用のA1型と呼ばれるもので、これは戦前、大和型を除く日本の全戦艦に搭載が行われている。本高角砲の射撃指揮に用いる九一式高射装置は、前檣中段部に設置されていた。

最大射程約15km、最大射高約8・1km、砲弾1発宛ての危害半径35m（12cm高角砲は30m）という性能を持つ本砲は、戦前には高角砲として有用な砲と評されていた。ただし開戦後高速化した航空機への追随性能が低いこと、射撃角度によっては射撃速度が大幅に低下すること、信管調定機の誤差が大きい・九一式高射装置は高速目標に追随できずこれを利用しての高角射撃は不可、とされるなどの問題から、その有用性が低下していたことも確かである。なお、大戦時に「大和」「長門」「伊勢」「金剛」の各型に属する日本戦艦は、昭和18年（1943年）以降本砲の増備を行う機会を得ているが、本型のみは喪失まで増備の機会を得ない唯一の戦艦となってもいる。

機銃

竣工当初、機銃は金剛型と同様に近接防御を考慮して、朱（シュナイダー）式の6・5mm機銃が4挺装備されていた。この近接防御用の機銃は昭和5年頃には一応の強化がなされており、留（ルイス）式の7・7mm機銃と、三年式の6・5mm機銃が各3挺の計6挺が装備されていたという。

航空機の脅威増大に対抗して、本格的な対空機銃の装備が開始されたのはやはり大改装後のことで、「扶桑」では改装完了時に保式の13mm四連装機銃4基（16挺）、「山城」は毘式40mm連装機銃2基（4挺）、保式13mm四連装機銃2基（8挺）を装備する形となっていた。

この両機銃は大正末期に経空脅威の増大に伴って導入が図られたもので、保式13mm機銃は他国の同種兵装に比べて平均的な能力を持っていたが1発宛ての威力が低い、と言う問題があり、毘式40mm機銃は砲口初速が低く対空有効射高が低い（3・8km）こと、高速目標の追尾能力にも欠ける、という理由から、早期に戦時中の日本艦艇の主力対空機銃となった九六式25mm機銃（砲口初速900m／秒、最大有効射高5・5km、実有効射程1・5～3km）への代替が図られた。

九六式25mm機銃はこの両艦には昭和12～13年頃に前記の機銃の更新として搭載が行われ、搭載数は連装型8基（16挺）だった。この際に射撃指揮用の九五式機銃方位盤も4基搭載された。戦時中はまず「扶桑」が南方進出前の昭和18年7月の工事で連装型2基（4挺）と単装型17基の追加装備を行い、搭載数を37挺へと増備している。続いてマリアナ沖海戦後に行われた機銃増備の際に、「扶桑」は三連装型8基（24挺）、連装型16基（32挺）、単装型34基へと増備を行って、25mm機銃の装備数を90挺とした。一方、開戦以来特に改正を受けていなかった「山城」は、この際に三連装型8基（24挺）、連装型17基（34挺）、単装型34基の計92挺へと増載を図っている。またこれと同時に九五式機銃方位盤の搭載数も、両艦共に6基へと増備が図られた。またこの際に九三式13mm機銃の増備も行われ、「山城」では連装型3基、単装型10基、「扶桑」は単装型13基（計19門）が追加装備されている。

水雷兵装

当初固定式の単装型53cm水中発射管が片舷宛て3基装備されていたが、大改装後にこれは全数撤去された。装備位置は一番主砲塔前方・二番砲塔後方／前部司令塔下方・四番主砲塔下方で、使用魚雷は当初は本型用に開発された四四式二号魚雷（最高雷速35ノット、弾頭重量160kg、射程27ノットで10km）で、後に六年式（最高雷速36ノット、弾頭重量202kg、同速力での射程7km）に更新されて発射管撤去まで使用された。

艦橋

扶桑型の竣工時点の前部艦橋

■九六式25mm三連装機銃

◆諸元

口径	25mm
全長	2,400mm
銃身長	1,500mm
銃重量	115kg
俯仰角	-10～80°
発射速度	220発/分
初速	900m/s
最大射程	7,500m
有効射程	1,500m
最大射高	5,250m
弾量	250g
銃架重量	1,800kg（三連装）

■前部艦橋（竣工時）

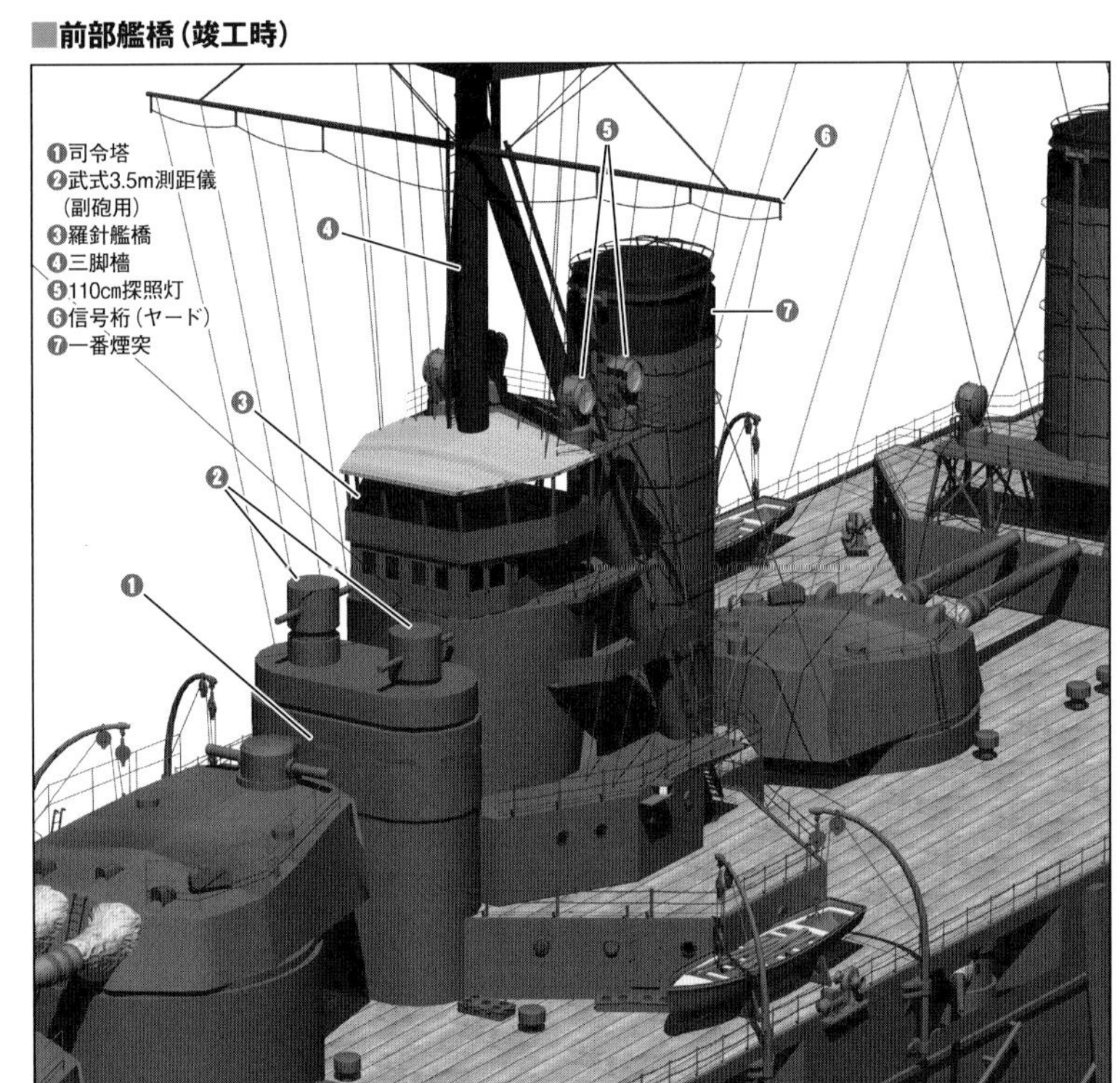

■前部艦橋(開戦時)

❶司令塔
❷25㎜連装機銃
❸副砲用4.5m測距儀
❹羅針艦橋
❺下部見張所
❻機銃甲板
❼航海用1.5m測距儀
❽戦闘艦橋
❾副砲指揮所
❿上部見張所
⓫見張方向盤
⓬防空指揮所
⓭主砲射撃所
⓮九四式10m二重測距儀
⓯方位測定用ループアンテナ
⓰測距所
⓱方位測定室
⓲照射指揮所
⓳機銃射撃指揮装置
⓴110cm探照灯
㉑信号桁(ヤード)
㉒60cm信号灯
㉓4.5m高角測距儀
㉔デリック
㉕高射装置
㉖副砲予備指揮所

周りは、当時の英戦艦と同様の三脚檣型式のもので、三脚檣基部前側に頂部に3・5m測距儀を持つ司令塔(装甲厚305㎜)、司令塔後方の三脚檣基部に羅針艦橋が置かれた格好となっている。三脚檣頂部のクロスツリー部上方には110㎝探照灯と簡素な作りの射撃指揮所があり、その後方上部にトップ・マストが伸びていた。この両艦に主砲方位盤が装備されたのは大正6年のことで、同年に竣工した「山城」は当初よりこれを搭載する格好となっている。本型が最初に搭載した方位盤は試製方位盤と呼ばれるもので、後述の橋楼化改装時期に一三式方位盤へと換装された。

竣工後小規模な改正が行われたこの両艦の前部艦橋部は、大正12年(1923年)に「砲戦指揮装置制式」整備が制定されると、大正13年(1924年)には長門型戦艦を除く全戦艦の先鞭を切って、「砲戦指揮装置制式」に沿った橋楼化改装が「扶桑」に対して実施される。橋楼化工事の内容は、新たな戦艦の決戦距離と考えられた20~25㎞の砲戦距離に対応可能とするための新装備の搭載・既存装備の改正等を主眼としたもので、同時に羅針艦橋もエンクローズ(密閉)化工事が行われている。なお、本型ではこの橋楼化改装工事により前檣楼後方の気流を乱れさせて一番煙突の排煙が前檣楼に逆流する様になったため、工事の翌年に一番煙突頂部へと排煙逆流防止用のフードを装着することにもなった。橋楼化工事を終えた「扶桑」は大正13年に艦隊に復帰したが、「砲戦指揮装置制式草案」が要求する改正を完全に完了したのは、昭和2年(1927年)に橋楼司令所が設置された時だと言われている。「山城」は大正13年により簡素な形での橋楼化改装を実施したのち、昭和2年(1927年)に練習役務艦となった際に小改装を実施、昭和3年(1928年)に橋楼化工事を完成した状態で艦隊に復帰している。

しかしこの様な改装を施しても、20㎞以遠の砲戦実施能力は不足していて十分な戦闘力発揮は難しく、既存の戦艦にはより大規模な改装が必要と見なされる。これを受けて実施された本型の大改装は、砲戦距離20~25㎞に対処した攻防力の付与と共に、それに適合した砲戦指揮能力を持つ形へと上構の改正が行われている。橋楼部は「扶桑」の場合、以前同様に最前部に三層構造の司令塔があり、司令塔の底面からは艦内に通じる交通筒(装甲厚178㎜)が配されていることや、その上部に観測用の3・5m測距儀を2個並列で配しているのは変化していない。

その一方で後方のトップに主測距所と武式8m測距儀(「扶桑」は当初6m測距儀で、昭和10年の改装完成時に8m型としたと言われる)が設置された前橋は、全体の構造を強化した上で、高角砲があるセルター甲板部からは13層、下部艦橋部から12層の構造がそびえ立つ形へと変わり、その全高は37・3mに達する。

その下部の主砲射撃所に一三式方位盤があり、その下方に主砲指揮所、そのまた一層下には主測的所と副測的所がある。その二層下に3・5m測距儀を両舷に持つ副砲指揮所があり、戦闘艦橋はその一層下となる。

戦闘艦橋の二層下に高角砲指揮作戦室・下部見張り所が置かれており、その両側面に高射装置と4・5m高角測距儀、測距儀付きの高角見張方向盤等が設置されたほか、またその周囲に探照灯なども置かれている。その一層下が羅針艦橋で、その下に上部と下部の両艦橋部が配されている。

「扶桑」の前檣は三番砲塔へのカタパルト設置に伴い、同砲塔の繋止位置が以前の逆の前側とされたため、前檣楼の下部背面が前方に大きくくびれた形とする必要が生じた。更に前檣後方基部には航空機揚収用の大型のデリックが設置されるなどしたこともあり、この不安定な形状の艦橋は、大改装後の「扶桑」の外見上の一大特色を成すものとなっている。

これに対して「山城」は、当初より航空艤装を後甲板に搭載する計画で改装計画が纏められたこともあり、三番砲塔の繋止方向は新造時から変化していない。これにより橋楼の甲板数は「扶桑」と変わらないが、前橋楼の形状は上部の補強用の支柱が目立つ安定感のある形状の物とされたため、「山城」と「扶桑」の識別は容易なものとなった。

大改装実施後、昭和12年~13年頃に測距儀の10m型への換装、25㎜連装機銃装備に伴う機銃座の改正・拡大及び新設が実施されている。防空指揮所は「山城」では昭和14年に設置が行われ、「扶桑」では昭和14年末~昭和16年4月までの改装時期に実施された。「扶桑」はこの際に方位盤を新型の九四式に換装、これに伴って艦橋の高さも1層減じている。大戦中は昭和18年夏の「扶桑」の南方進出前に測距儀部へ二号一型電探が装備されたのが大きな相違点で、昭和19年夏にこの両艦へ対空火器の増備が行われた際には、25㎜単装機銃の追加等の小規模な改修も行われた。

煙突

竣工時点で本型の煙突は前橋直後方に前部の第一・第二缶室の排煙を受け持つ前部の一番煙突と、艦中央の三番砲塔・四番砲塔間に挟まれた第三・第四缶室の排煙を受け持つ後部の二番煙突で構成される二本煙突艦だった。煙突は竣工時点ではシンプルな形状であったが、先述の艦橋の檣楼化に合わせて一番煙突頂部に烏帽子型のスクリーンを取り付ける改正が「扶桑」では大正14年（1925年）に、「山城」では大正13年に実施された。また二番煙突前部には竣工時点より探照灯台があったが、これは高角砲の搭載時に後部の高角砲搭載場所に転用される。この後高角砲の増載が行われた後の昭和3～4年頃に、「山城」では二番煙突前側に探照灯台の増設が実施されている。ただしこれは、当時「山城」の復帰に合わせて予備艦籍に入り（第二予備艦）、間もなく大改装に入った「扶桑」では実施されていない。

大改装後の扶桑型は、後述する様に缶室が後部に集約された結果、煙突数は1本に減少している。またこの大改装の際に、艦内の煙路基部に煙路防御用の178㎜厚の装甲が追加装備された。大改装後は煙突部に探照灯の集約配置が取られ、搭載する110cm探照灯8基のうち6基が煙突の前後部にある探照灯台に置かれている。また基部には大型の機銃座も配された。また「山城」では、煙突部への空中線展張用のアンテナ装着や探照灯台部へのデリックの追加装備など、「扶桑」では見られない装備も付与されている。この後「扶桑」では出師時期までに探照灯台部の構造変化があり、両艦共に機銃座の追加等が行われたが、大きな外形的変化は無い。ただし「扶桑」は昭和19年（1944年）8月に実施された比島作戦前の機銃増備工事が実施された際、一号三型電探を煙突上部両側部に搭載したことで、より相違点が拡大している。

■煙突（竣工時）

三番主砲塔
二番煙突
一番煙突
110cm探照灯

■煙突（開戦時）

H型煙突
蒸気捨管
110cm探照灯
110cm探照灯

後部艦橋

竣工時点では後橋として前側に艦載艇収容用のデリックを持つ比較的背の低い三脚檣と、その基部に開放型艦橋と探照灯台を持つ極めて簡素な型式の物だった。「扶桑」は大正13年の前橋檣楼化工事の際にトップマストの高さを高めており、これは「山城」では昭和2年に実施されている。両艦の竣工時点で後部艦橋の天幕設置位置が異なる・探照灯の装備位置が違うという形状差異があり、「山城」では、昭和2年の改装で後部見張り所の設置等も行ったことで、更に印象が変化している。

大改装後の本型では、他の日本の改装戦艦に比べても、独特な形状の塔型の後部艦橋が設置されている。この塔型艦橋で一番目立つのは両舷の非常に高い位置に八九式12.7cm連装高角砲の砲座があることだ。この他の戦艦では見られない給弾機構の複雑化や、復原性の悪化を伴う高角砲の高所配置が本型で敢えて取られたのは、本型の主砲配置の影響で、甲板上に適当な装備位置が得られなかったこと、主砲発射時に全艦を覆う強大なブラストから、高角砲及びその砲員を保護する意味があったとされる。

後部艦橋の甲板数は最上甲板から数えて6層、その上の後部艦橋甲板からは5層で、その最上部に主砲の予備指揮所と副砲の第三／第四予備指揮所がある。予備指揮所の天井部分には主砲の予備方位盤や副砲の予備方位盤、また12cm双眼望遠鏡・12cm観測鏡を持つ観測所も置かれている。後部高角砲甲板の一層上となる後部艦橋前部両舷にある測距所には2.5m型測距儀が各1基置かれている。後部高角砲甲板の一層下の甲板部には、艦尾側に隊外信号燈を持つ見張り所が設けられている。見張所甲板の下が後部上部艦橋で、ここに後部司

■後部艦橋（開戦時）

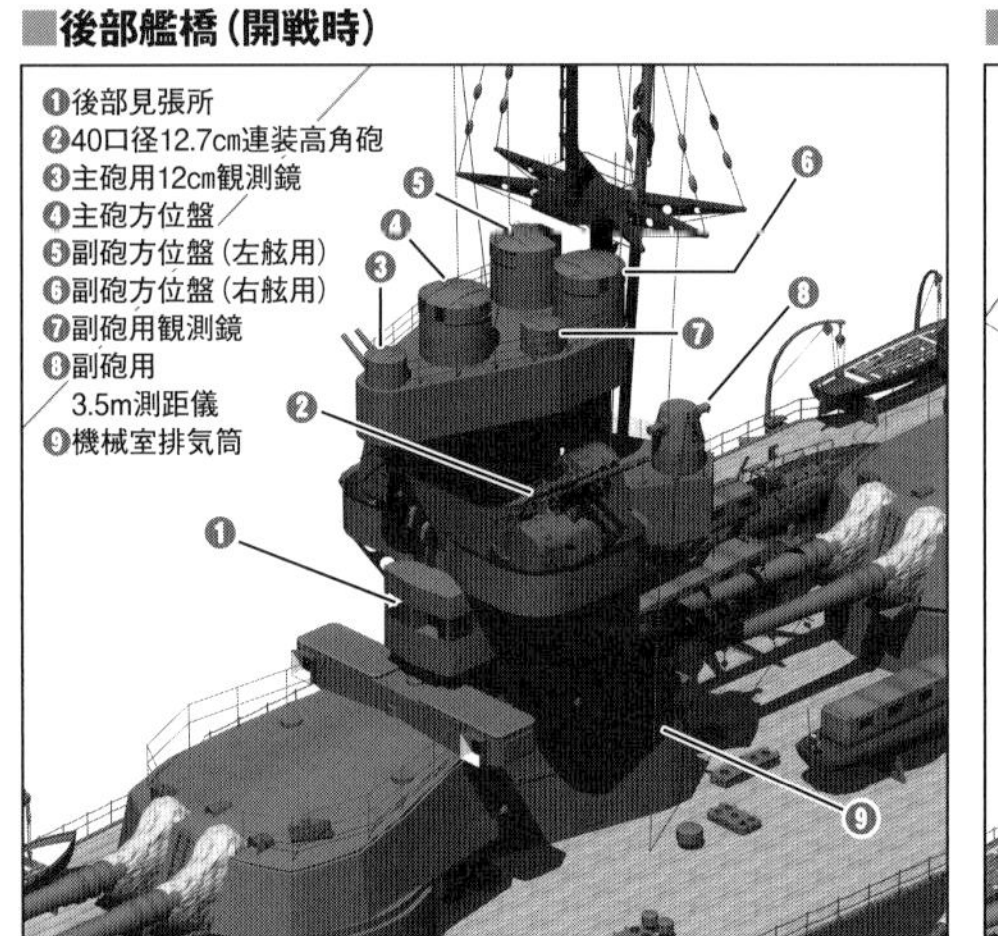

■後部艦橋（竣工時）

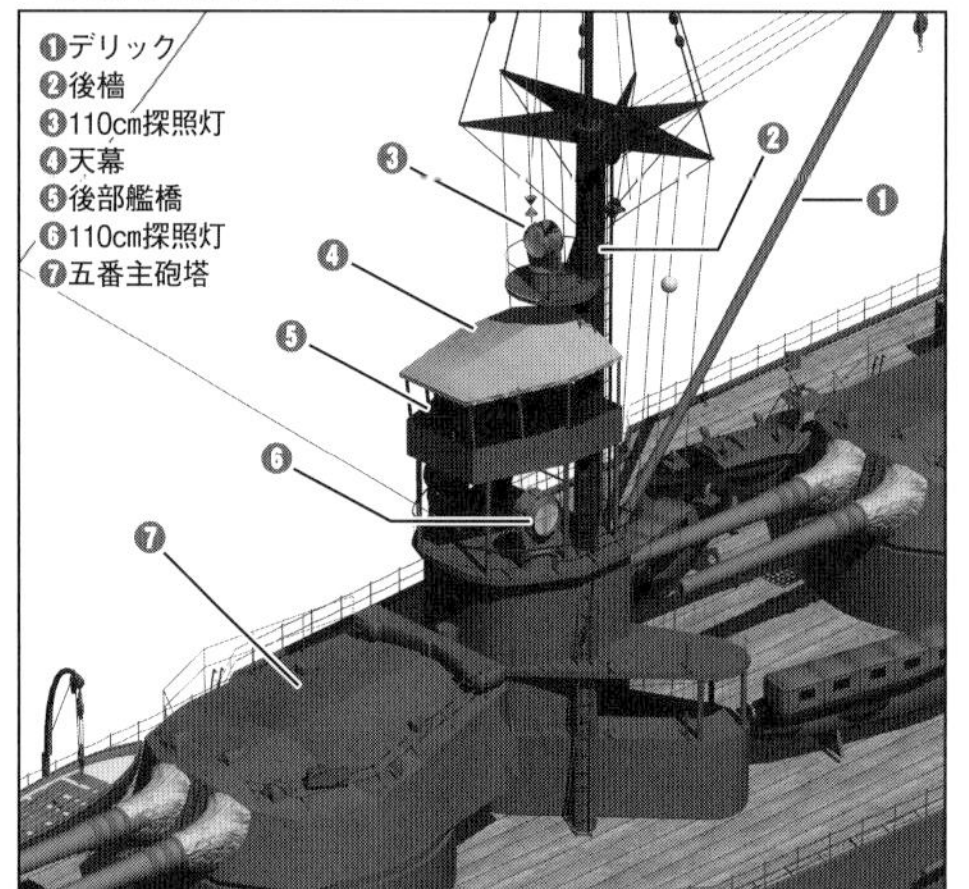

■戦艦「扶桑」装甲配置図（図版／田村紀雄）

※1インチは2.54cm

305㎜
229㎜
203㎜
152㎜
127㎜
112㎜
102㎜

令塔が包括されている。司令塔の装甲厚は152㎜で、ここの床面から艦内に通じる交通筒にも102㎜の装甲が施されていた。なお、「山城」では改装完成時期に後部艦橋艦尾側に、主砲射撃時に後続艦へ艦の射撃距離を示す示数盤が装備されていることが写真及び図面で確認できるが、「扶桑」では昭和10年時期の図面でこれの記載がないことを含めて、この両艦の後部艦橋は装備や各部の形状に細かい相違がある。

後檣は後部艦橋に三脚檣が包括する形で設置されている。この部分も信号ガフの位置が「扶桑」は信号ヤードに接しているのに、「山城」はトップ・ヤードと信号ヤードの中間位置にあるなど、差異が生じている部分がある。

防御様式

扶桑型の防御様式は河内型戦艦から発達したもので、水線部の主装甲は305㎜と厚いが、これの適用部分は機関部分のみと同時期の英超弩級戦艦に比べても狭い（資料によっては305㎜部分は二番砲塔側面まで伸びているとするものもある）。一番砲塔前端部～機関区画前端の水線部、機関区画後端～六番砲塔バーベット側方までの水線部は229㎜とより薄い装甲が施されている。この主水線装甲の下端には、水中弾防御用として102㎜の装甲延長部分も設けられており、前後部の229㎜部分では、これの下端が下甲板部の水平装甲傾斜部に接合している。主水線装甲の前後にある艦首・艦尾水線部には、艦尾端を除いて102㎜の補助装甲帯が設置されている。

一番主砲塔バーベット中央部～五番主砲塔バーベット中央部の水線装甲上部から上甲板部下端までの舷側部分には、203㎜と当時の英超ド級艦に比べて部位によってはやや薄い、もしくは厚い装甲が張られており、砲郭部の中甲板～上甲板までの側面には152㎜の装甲が張られていた。

水平装甲は最上甲板部に35㎜、下甲板部に32㎜と薄いが、二番砲塔部の下甲板等では51㎜厚部分がある。水平装甲は一／二番主砲塔及び五／六番主砲塔部には高落角の砲弾防御・垂直側の補助装甲としても機能する傾斜部が存在するが、機関部分には傾斜部が存在しない。これは本型の設計の礎となった河内型が、舷側部への主砲配置のために傾斜部を無くしたのをそのまま踏襲したものとみられる。新造時点では、水中防御はこの時期の英主力艦同様に脆弱なものだった。

■戦艦「扶桑」（開戦時）
船体中央部（第160肋材）断面図（図版／田村紀雄）

HT＝高張力鋼
VC＝ヴィッカース表面硬化甲鈑
NS＝ニッケル鋼
NVNC＝ニッケル・クロム鋼均質甲鈑
WTC＝水防区画
WP＝電線通路
OT＝燃料タンク

大改装では条約の影響もあって水線装甲の強化は行われなかったが、竣工時点で防御上の弱点と見なされた部分については、耐弾性能向上のために艦内側の隔壁に増加装甲を張り足す措置が取られている。水中弾防御を考慮して、以前は19㎜～44㎜程度しか無かった水線下の装甲も、25㎜＋38㎜～38㎜＋51㎜へと装甲の強化が図られた。水平装甲は決戦距離とされた20～25㎞で自艦の砲弾に堪えることを考慮して、下甲板部に最大32㎜＋67㎜の装甲が施されたが、部位によっては32㎜＋19㎜、32㎜＋32㎜とより薄い部分もあり、昭和8年（1933年）に想定決戦距離が20～30㎞に延伸された後に改装された伊勢型戦艦に比べると、その装甲強化は当初の要求を満たすものの、徹底を欠くものとなっている。

水中防御はTNT250㎏の弾頭重量に堪えることを目標として、浮力確保を含めたバルジが設置されたことで従前より大きく改善されたが、魚雷弾頭がより高威力化した太平洋戦争時にはこれでも不足であった。バルジの設置位置は一番主砲塔前部から六番主砲塔後方までの広い範囲に及んでおり、「扶桑」では当初上端位置が水線部分で終わっていたが、艦尾延長工事実施後は一番主砲塔前部～六番主砲塔の部位の上端部は引き上げられ、最大で上甲板部まで達する様になっている。「山城」のバルジは改装完了時点で「扶桑」の艦尾延長後と同様の形態となっていた。

なお、バルジの設置により、船体最大幅は竣工時は28・65m（水線部も同様）だったのに対し、改装後は水線部30・78m、水線下最大33・22mとなっている。水線下がより膨れた形状とされたのは、水中防御改善に加え、速力性能向上のため、水線下の船体形状を改正する目的もあった。

■艦尾水線下（開戦時）

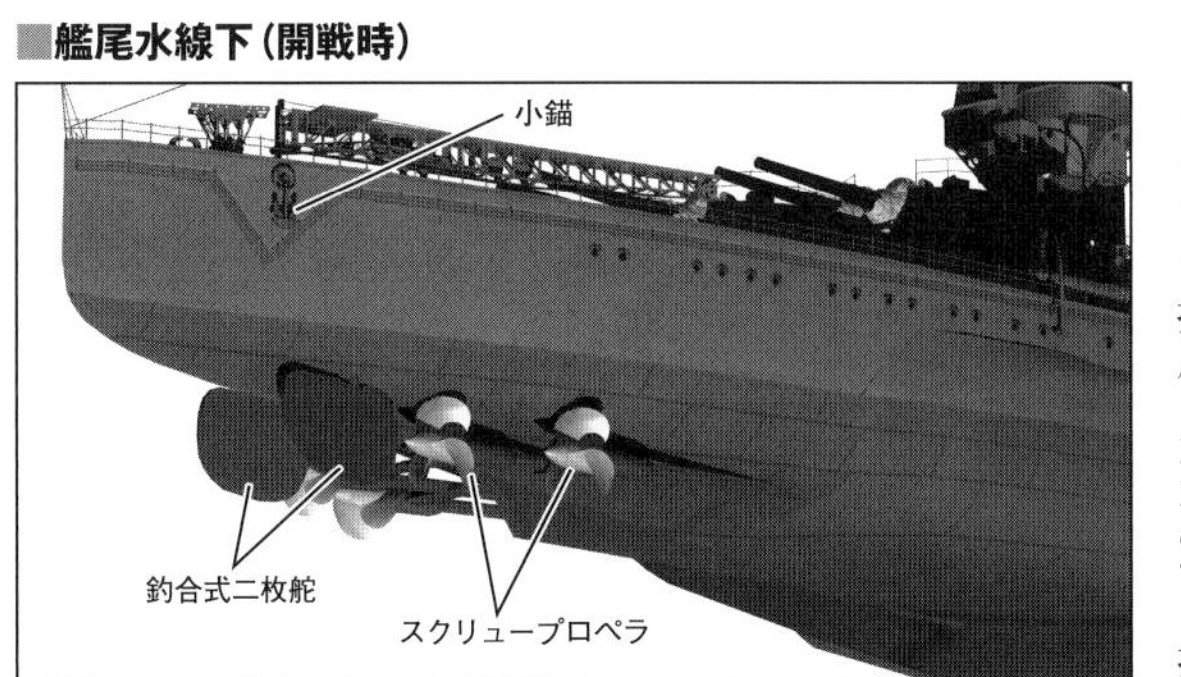
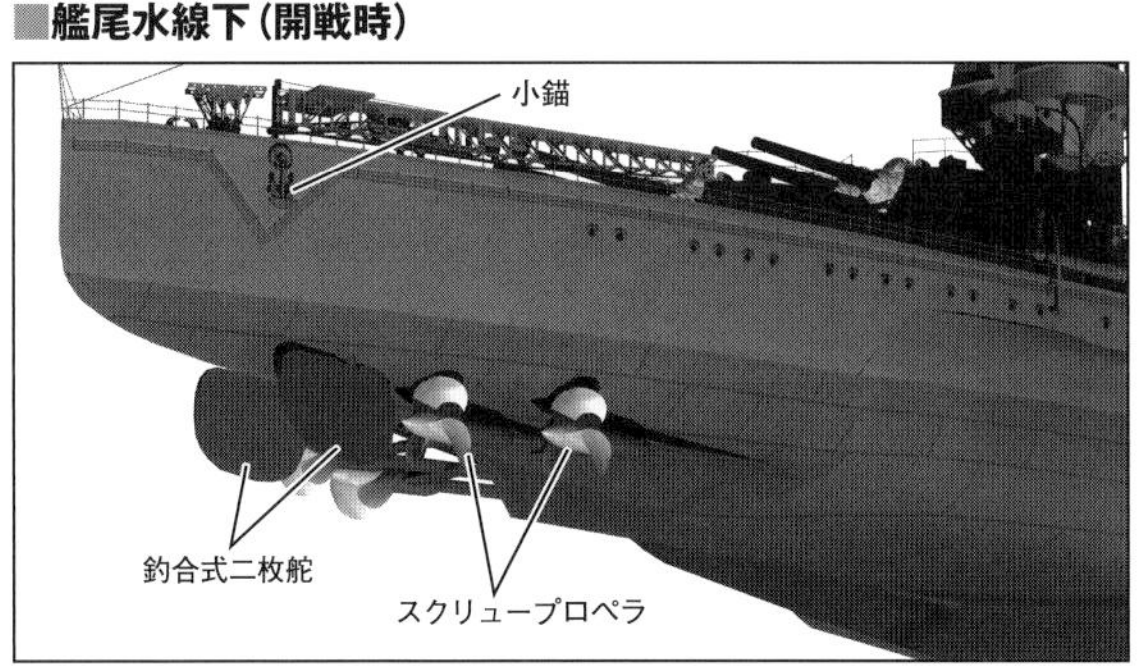

機関

竣工時の「扶桑」「山城」が搭載した主機械は共にブラウン・カーチス式の二軸併結型の直結式タービンが採用されている。本型の主機数は2と書かれることがあるが、これは二軸併結型タービンを採用したためで、推進軸は4基の4軸艦であった。汽缶は飽和蒸気式の宮原混焼缶の両面型8基、片面型16基の計24基だった。本型では計画出力4万馬力（計画22・5ノット）、公試時出力4万5000馬力を予定しており、実際の公試では公試時出力を若干上回る出力を発揮して、両艦共に速力23ノット程度を発揮した記録が残っている。だが実戦状態では21ノット程度を発揮するのが限度で、昭和3年に出された海軍資料の「山城型戦艦操縦性能」では、「高速時」の速力は伊勢型が23ノットとされる一方で、本型は20ノットとより低い数値が記載されている。

大改装では主機械は艦本式減速式タービン4基に変わり、軸数はそのまま4軸だが高速発揮対応を考慮してスクリューはより大型のものに更新された。汽缶も刷新されて重油専焼型の飽和式ロ号艦本缶4基とハ号艦本缶2基へと変更され、缶の配置は旧来の後部缶室側へと集約されて缶室の面積は改装前の半分と大きく減少した（ハ号缶はイ号缶とする説あり：機械室の面積は改装前と同様）。汽缶区画の配置は右舷が第一／第三／第五缶室、左舷が第二／第四／第六缶室の計6区画に分けられており、小型のハ号艦本缶は第三／第四缶室に収められている。「山城」（恐らく「扶桑」も）は昭和12～13年時期の改装時に主缶の改良を実施したほか、「扶桑」共々この時期に主機械の改正工事も実施している。

■艦尾航空艤装（開戦時）

本型の改装後の機関出力は計画7万馬力（速力24・5ノット）、公試7万5000馬力で、公試では艦尾延長前の「扶桑」を含めて、この速力要求を満たしている（「山城」は計画出力で要求速力を達成した）。この速力は他の改装戦艦の中でもやや低めではあるが、仮想敵の同世代の米戦艦に対して、概ね戦術的な機動性優位を確保出来る速度であることも留意されたい。

燃料搭載量は改装前の「扶桑」で石炭4600トン、重油1411トン（「山城」は石炭4000トン／重油1000トン）で、計画航続力は14ノットで8000浬であった。改装後は重油5553トン（「扶桑」）／5577トン（「山城」）で、計画航続力は16ノットで1万1800浬と大幅に延伸している。

大正11年（1922年）3月29日、横須賀の猿島沖で「山城」が二番砲塔上に仮設した滑走台を用いて、グロスター・スパローホーク戦闘機を発艦させたことが、日本戦艦で初めて、艦上での車輪式航空機の運用が行われた例となっている。これは第一次大戦時、空母の就役前に艦隊の防空戦力拡大を考慮して英戦艦等で実施されたもので、空母の就役により大規模な車輪式航空機の運用が可能となった後に廃れた方策だった。我が国では五五〇〇トン型軽巡等で実際に運用された例もあるが、やはり後の空母の就役と、水上艦への水偵搭載が進むことで、昭和初期には廃れて運用が放棄されている。「山城」ではこの後、昭和4年（1929年）、四番砲塔上に水偵搭載用の台を設置、定数として一四式二号水偵1機を搭載した。なお、「扶桑」はこの時期まで航空機の運用能力が付与されたことはない。

本格的に航空機の運用能力がこの両艦に付いたのは、やはり大改装後のことだった。先に改装に入った「扶桑」では、当初三番砲塔上に薬発式の呉式二号四型カタパルト（最大射出重量3トン？）を1基搭載しており、これに伴って砲塔の繋止方向を変える必要が生じた。なお、砲塔上にカタパルトを装備するのはこの時期の米英の戦艦等では良く見られる方式だが、日本戦艦でこれを実施したのは「扶桑」のみである。三番砲塔の側部に水偵移送用の軌条が設けられ、その中途に水偵を射出機と同レベルに持ち上げる昇降台（エレベーター）が設置されたのもこの時期の本艦の航空艤装の特徴であった。カタパルトへの水偵搭載はこのエレベーターのみで無く、前檣背後に設けられた水偵揚収用のデリックを用いることもできた。

「山城」は大改装後の「扶桑」の実績を受けてか、六番砲塔後方の艦尾区画の右舷側に呉式二号三型改一型射出機（最大射出重量は通常の三型で3トン）を1基搭載、また艦尾部から六番砲塔左舷側方まで航空機移送用の軌条の設置や、艦尾左舷側への水偵揚収用の起倒式クレーン収容部となる膨らみが設置されるなどの改正が行われている（蛇足ながら、「山城」のカタパルトは、長官公室の真上に置かれていた）。

「山城」の航空艤装は、この後喪失するまでより能力の高い呉式二号五型（最大射出重量4トン）への換装が行われたと言われる以外、特に大きな変化は生じていない。一方「扶桑」は、昭和10年に艦尾の延長工事を完了、この際に既に起倒式クレーン収容用の張り出しも設けられていたが、予算不足もあったのか旧来の航空艤装はそのまま残す形で運用が続けられ、最終的に航空艤装が艦尾に移設された姿となったのは、昭和16年（1941年）4月に出師工事を終えて、第一艦隊第二戦隊に復帰した際のことだった。なお、この際に「扶桑」もカタパルトを呉式二号五型に換装しており、また大型の起倒式揚収クレーン装備のため、クレーン収容用の張り出しを「山城」に近い形へと拡大するなどの改正も行われた。

水上機は改装完了当時、九〇式二号水偵が搭載され、昭和10年9月に制式採用となった九五式水偵の配備が進むと、漸次これに切り替えられた。九五式水偵は太平洋戦争開戦後も暫く戦艦用の観測機として使用が継続され、昭和17年夏期以降に新型の零式観測機へと更新された。水偵搭載数は改装後より観測機（二座水偵）3機とされていたが、捷号作戦時には両艦共に観測機2機が定数となっている。同作戦時には「山城」の水偵は出撃前に陸上基地へと派遣されたが、「扶桑」はそのまま艦載機を積んで出撃、米艦上機の空襲時の艦尾への被弾で2機とも炎上した、と記録にある。

電波兵装

この両艦のうち電探を最初に装備したのは「扶桑」で、昭和18年夏に南方へ進出する前に対空索敵用の二号一型電探（改二型：有効探知距離単機目標70km、編隊100km程度）を前檣トップの測距儀上部に設置している。

一方「山城」は、従前昭和18年秋に電探試験を実施したという記録があるため、この時期に二号一型電探を装備したと思われていた。だが近年の研究で、これが探照灯制御用の四号三型電探の試験である可能性が高いことが指摘されている（この時期に本艦で四号三型の試験が実施されたことについては記録が残っている）。また昭和19年7月に調査が行われた「各艦　機銃、電探、哨信儀現状調査表」において、二号一型が非装備とされていること、捷号作戦時に米側で撮影された写真でこれの装備が確認できない等の理由から、現在は非装備であったとするのが定説となりつつある。

「あ」号作戦後に大規模な対空兵装増備が行われた際、対水上用の二号二型電探と、対空警戒用の一号三型電探が装備された。二号二型電探はこの時期に他の戦艦にも搭載が推進されており、本艦も他艦と同様に実用性の向上した改四型（探知距離：戦艦で最大25km＋程度、駆逐艦で最大16～17km程度）の測距機能付きのもの（A型もしくは改型のS型）を搭載したと思われる。捷号作戦出動前、出力強化やアンテナの大型化を含む諸改正により、一応の射撃指揮機能を持つ改四（特）型（最大探知距離：戦艦で35km／駆逐艦17km）への改修を内地で実施した可能性も高い。一号三型電探は二号一型より機構が簡易で信頼性がより高く、方向精度はやや低いがほぼ同等の探知距離性能を持つとして、大戦後半の日本艦艇の主力対空電探として使用されたもので、二号一型非装備の「山城」はこれを主対空電探として使用したはずだ（一号三型の有効探知距離は単機目標50km、編隊100km程度）。因みにこの両電探は同時期に同数が装備されたにも関わらず、先の現状調査表に拠れば、一号三型が「扶桑」では煙突上部の両舷側面に各1基（計2基）、「山城」では後檣のクロスツリー部下方に2基を並列配置するなど、異なる配置が取られているが、このようにされた理由は明確では無い。

逆探は日本艦艇の標準装備だったE-27型が装備された筈で、この時期には3cm波から75cm波に対応した三型の配備もあり、米の電探の波長には一応全領域で対応できる能力があることになっていた。

■「扶桑」艦橋頂部の二号一型電探

■「扶桑」煙突上部の一号三型電探

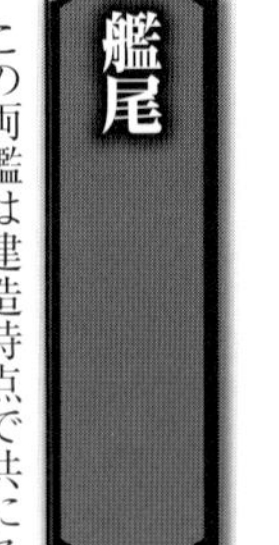

艦尾

この両艦は建造時点で共にスターンウォーク（※4）を有していたが、「扶桑」は公試時に高速航行時のスターンウォークの強度不足が露呈したことで、これを撤去して竣工に至っている（撤去は竣工直後との説もある）。一方「山城」はスターンウォークを艦尾波から保護するため、上甲板から伸びる補強用のアームでこれと繋ぐ、という補強策をとった上で、これの装備を続けていた。ただしこのアームは後に不要と判明した様で、昭和2年頃に撤去が行われている。

「扶桑」は大改装の第一期工事では艦尾部は旧来のままで、改装途上の「山城」もスターンウォークを有することを含めて元に近い形状となっていた（昭和8年6月に撮影された写真で、「山城」は起倒式クレーンの揚収部を艦尾延長前に設置していた事が分かる）。この後「扶桑」は昭和10年の第二期工事完了後、「山城」は同年の改装工事完了時点で、艦尾を7・62m延長した新たな形状の艦尾を持つ形で竣工するに至り、「山城」のスターンウォークもこの際に消滅した。

なお、この時点では既述の様にこの両艦の艦尾は航空艤装の有無及び航空機揚収クレーン搭載用の張り出し部の形状差異などの差異があった。

艦載艇および各種装備品

扶桑型が搭載した艦載艇の数は、時期によって搭載艇の差異はあれど竣工時から開戦時まで特に変わっていない。一例を挙げると開戦時点での「扶桑」は17m艦載水雷艇が2、40ft（フィート）型内火ランチが1、12m型内火ランチが1、11m内火艇が1、30ftカッターは6、30ft型通船が1、20ft型通船が1の計13で、「山城」は11m内火艇を持たないが15m内火艇と15m長官艇が各1搭載されたので計14となる。

なお、戦時中「扶桑」が「長門」と共に南方に進出した当時、戦艦の艦載水雷艇はソロモン方面の基地隊の作戦支援に派遣されてもおり（「金剛」「榛名」の艦載水雷艇はその活動記録が残っている）、あるいは「扶桑」の艦載水雷艇もその任務に投じられた可能性があるやも知れない。

「山城」は昭和19年7月20日～8月10日に横須賀工廠で実施した機銃・電探装備の際に、大発6隻を搭載出来るようにされたが、その代償として17m艦載水雷艇2と15m内火艇1、12m内火ランチ2、30ft型カッター1を陸揚げしたと言われている。

※4…艦尾外舷に設けられた、艦長や司令長官用の遊歩台。日本海軍では艫廊下（ともろうか）と呼んだ。

日本海軍戦艦建造史

日露戦争後、日本海軍は決戦兵力たる戦艦、装甲巡洋艦（巡洋戦艦）の整備に邁進し、各艦型の設計・建造を行っている。本稿では扶桑型戦艦を含め、日本海軍がどのような戦艦等の主力艦を建造してきたかについて、時系列的に紐解いていく。

文／本吉隆

戦艦の建造技術取得も目的の一つとして、英国へ発注された巡洋戦艦「金剛」。写真は昭和4年（1929年）～昭和6年頃の艦姿で、第一次改装により戦艦に類別変更されている

明治から大正初期の戦艦整備計画

日露戦争の終結時期、日本海軍は実働中の戦艦4隻、装甲巡洋艦8隻の決戦兵力のほか、有力な準弩級艦である香取型2隻と薩摩型2隻の戦艦計4隻、前弩級戦艦に相当する攻防力を持ち、一時期は巡洋戦艦に類別された有力な筑波型2隻と鞍馬型2隻計4隻の装甲巡洋艦を整備している途上にあった。

だがこれらの艦は、明治39年（1906年）に単一巨砲艦の先駆けである「ドレッドノート」の出現と、明治41年（1908年）の単一巨砲装備の装甲巡洋艦（巡洋戦艦）「インヴィンシブル」の竣工により、一挙に旧式艦へと転落、全艦が竣工後間もなくもしくは完成時点で既に第二線兵力と見なされる事態となってしまった。

日本で最初の「帝国国防方針」の策定が行われたのはちょうどこの時期のことだが、ロシアという「喫緊の敵」が打ち倒された直後で、新たな国防に対する熱意が乏しく、旧ロシア艦の修理・改装の予算の問題もあって、規定の建艦計画すら繰り延べせざるを得ない状況となっていた。

その中で「帝国が既得の地位を維持する」ことを目標として、明治40年（1907年）に日本初の弩級戦艦である河内型の整備が行われ、本型が竣工した明治45年（1912年）に、ようやく我が海軍は弩級戦艦の時代を迎えた。

しかし既に列強で超弩級艦の整備が始まっていた明治43年（1910年）の時点で、日本では河内型2隻以外に建造中の戦艦は存在せず、軍備充実の面で列強海軍に大きな遜色が見られていた。この情勢を憂慮した海軍は、八八艦隊整備を目標とした「新充実計画」を内閣に提示する。政府側は本計画を完全には認めなかったが、これより以前の計画で未起工のまま残っていた戦艦1隻と、装甲巡洋艦（巡洋戦艦）2隻の建造に目処が付き、さらに装甲巡洋艦2隻の追加整備も可能となった。

この決定に伴ってまず整備されたのが、日本での超弩級艦の設計・建造技術の育成を目標として、英のヴィッカーズ社に発注がなされた金剛型の巡洋戦艦である。日本海軍の主力艦で最後の海外発注艦となった「金剛」（大正2年／1913年に竣工）は、当時として最有力の巡洋戦艦といえる艦であり、これに続く同型艦3隻の国内建造により、日本海軍の決戦兵力に一大威力が加わっただけでなく、以後の超弩級戦艦の国内整備にも目処が付いたことを含めて、日本の戦艦建造史における一大転換点ともなった。また、この中で唯一の戦艦は、日本初の超弩級艦となった「扶桑」として建造が行われる。

続いて大正2年（1913年）度に戦艦3隻を建造する追加予算が認められ、扶桑型の二番艦である「山城」が同年中に起工される。しかし、シーメンス事件（※）等の影響もあって計画は順調に進まず、大正3年（1914年）7月には八八艦隊の早期整備を断念して、その前段階となる戦艦8隻、巡洋戦艦4隻を主力とする艦隊を整備する新方針が、海軍側から政府側に提示される事態となった。この新方針は受け入れられ、同年度予算で「山城」の工事促進が図られると共に、当初は扶桑型の同型とする予定だったが、建造遅延の時間を問題改正に当てて完全な別設計艦となった伊勢型2隻の整備が行われた。

大正5年（1916年）12月19日、千葉県館山沖にて公試中の「山城」。扶桑型は同型ながら、「扶桑」は明治44年（1911年）の新充実計画の計画艦として、「山城」は大正2年度の計画艦として建造された

八八艦隊計画と軍縮条約時代

続く八四艦隊計画では大正5年（1916年）度から大正12年（1923年）度に掛けて、最終

シーメンス事件…大正3年（1914年）1月に発覚した疑獄事件。ドイツ・シーメンス社と日本海軍との間の贈収賄事件で、後にヴィッカーズ社への「金剛」発注に際しても賄賂のやり取りがあったことが発覚している。これにより時の山本権兵衛内閣（第一次）は総辞職に追い込まれた。

年度で主力艦兵力整備を完遂することを目標として、戦艦7隻と巡洋戦艦2隻の整備が求められた。

八四艦隊計画では、英独での15インチ（38・1cm）砲艦整備と、米の16インチ（40・6cm）砲艦整備の検討を受けて、41cm砲8門搭載の高速戦艦である長門型2隻が整備され、続いて、本格的な「ポスト・ジュットランド」型戦艦である41cm砲10門搭載の加賀型戦艦2隻と、加賀型の巡洋戦艦版と言える天城型2隻が「金剛」「比叡」の代艦として整備されている。

ワシントンおよびロンドン軍縮条約が締結された結果、日本海軍の戦艦は艦齢を迎えても代艦が建造されることなく、改装を受けながら就役を続けることとなった。写真は手前から「長門」「霧島」「伊勢」「日向」

第一次大戦開戦後の好況を受けて、大正7年（1918年）には八六艦隊完成案が議会を通過、「霧島」「榛名」の代艦として天城型2隻の追加整備が認められる。同年に国防所要兵力が主力艦24隻を基幹とする八八艦隊に拡大されたことを受けて、海軍はその第一歩として八八艦隊の整備完了を目的とした扶桑型、伊勢型の代艦となる戦艦4隻と純増となる巡洋戦艦4隻の整備を含む八八艦隊完成案を議会に提出する。これが大正9年（1920年）8月に議会の協賛を受けて公布されたことで、日本海軍の夢とも言えた八八艦隊は完成に目処が立つことになった。

八八艦隊完成案では、戦艦としては天城型を元に防御力改善を図った紀伊型2隻と、より攻撃力強化を図ったその改型2隻の計4隻、そして巡洋戦艦は新型の46cm砲搭載も考慮した第八号巡洋戦艦以下4隻が計画されていた。

しかし、大正11年（1922年）2月6日にワシントン海軍軍縮条約が締結されると、長門型以降の八八艦隊の主力となる全戦艦・巡洋戦艦は建造中止、また、河内型以前の戦艦は全て廃棄対象となり、その中で長門型、伊勢型、扶桑型の各戦艦と、金剛型の巡洋戦艦は以後、条約の規定の定める範囲内で能力改善のための改装を行いつつ、就役を続けることになった。

無条約時代と大和型戦艦の建造

ワシントン条約では戦艦の第一線艦齢を20年と定めており、日本では最も艦齢の高い「金剛」の代艦が昭和6年（1931年）に建造可能となる予定だった。昭和2年（1927年）末以降になると、決戦兵力の中核となる純然たる戦艦として、排水量3万5000トン、主砲最大口径16インチ（40・6cm）という制約の中での「金剛」代艦の計画・検討作業が本格化するが、昭和5年（1930年）締結のロンドン条約で、戦艦の第一線艦齢が26年へと改訂されたことで、「金剛」代艦の整備も計画中止となってしまった。

ロンドン条約の調印後、ワシントン・ロンドンの両条約で日本の国防方針が根底から揺らぐ状態となったこともあり、以後、日本の決戦兵力である戦艦整備は軍縮条約の制限を考慮せず、必要な性能を持つ艦として計画を進めることが昭和8年（1933年）に決定事項となる。

これは当初、決戦兵力である戦艦としても、戦艦同士の決戦前の遊撃作戦に投ずる巡洋戦艦としても使用出来る高速戦艦とすることが念頭に置かれていたが、技術的問題や戦備の見直しもあり、最終的に純然たる戦艦として46cm砲を搭載する世界最大の戦艦となった大和型として計画が纏められる。

大和型はまず㊂計画で、戦艦12隻体制実現のための戦艦兵力純増の艦として2隻が整備されたのを端緒とし、続いて昭和14年（1939年）に策定された㊃計画で2隻、以後の㊄計画で1～2隻の整備が予定された。ただし、太平洋戦争の勃発と戦局の悪化もあり、戦艦として完成したのは㊂計画の「大和」「武蔵」のみだった。

大和型に続いて、主砲として51cm6門を搭載する超大和型の整備も㊄計画で1～2隻、㊅計画で4隻が検討されていたが、これも実現しなかった。

超大和型が日本の最後の戦艦計画となった艦であるが、㊄、㊅の両計画では規模の拡大した夜戦部隊の指揮統率に必要な旗艦機能と、金剛型の代艦として火力支援艦の任務に就く30cm砲9門を搭載する高速の中型戦艦といえる超甲巡の整備も6隻が予定されていた。ただし、これも戦局の変化により全艦が建造中止となっている。

軍縮条約明けを見越して建造された大和型戦艦「大和」。計画時には高速戦艦として建造することも考慮されたが、結果的には46cm砲を搭載する、決戦兵力たる戦艦となった

扶桑型戦艦の建造・改装の経緯

日本海軍がはじめて保有した超弩級戦艦であり、登場当時、世界最大の規模を誇った扶桑型戦艦。日本海軍はいかなる経緯を経て、本型の建造に至ったのだろうか。また、扶桑型で行われた近代化改装および昭和期の大改装についても本稿で解説する。

文／本吉隆　イラスト／吉原幹也

日本国内での超弩級艦建造

日露戦争の開戦時期、主砲の能力向上により当時、戦艦主砲として標準的な口径だった30・5㎝（12インチ）砲による想定交戦距離は、以前の3・7㎞以内から7・3㎞へと延伸すると見なされるようになっていた。

そしてこの距離では、当時の「近戦指向」の戦艦で有用に使用出来るとされていた小口径の中間砲と副砲は精度と威力に欠けるようになるため、これらの砲を主砲に代替して、口径を統一した主砲を多数搭載した「単一巨砲艦」の建造を推進すべきという声が各国で出はじめていた。

このような状況を受けて、日本海軍でも明治36年（１９０３年）頃より単一巨砲艦の検討が始まっていた。日露戦争開戦後に喪失した「八島」「初瀬」の代艦建造が焦眉の急となり、日本国内で戦艦（薩摩型）を建造することが決定した際、30・5㎝45口径砲を12門搭載する単一巨砲艦の案が検討されており、明治37年中には英国のヴィッカーズ社（以下、毘社）から、同様の30・5㎝砲12門搭載艦を含めて、複数の単一巨砲艦の試案が提案されてもいた。

ただこの時期、日本海軍は「近戦主義」で、弩級艦が目指した遠戦での公算射撃実施に否定的であったこと（後にこの方針は改定されるが）、日露戦争で30・5㎝主砲の信頼性になお不安があることが露呈したこと、運用側が中間砲・副砲の威力を評価していて、単一巨砲艦に理解を示さなかったこと（実際、戦艦の副砲が戦艦同士の砲戦で有効に使用できる兵装であることは、日露戦争で実証され続けていた）、単一巨砲艦を整備する場合、30・5㎝砲及び砲塔の製造を一挙に増大させる必要があるが、これは当時の日本では不可能であることといった諸問題があった。

結局、日本海軍で単一巨砲艦の整備が行われたのは、英海軍の「ドレッドノート」の起工が伝えられて以降のこととなる。

明治39年（１９０６年）に弩級艦の整備が決定し、これは最終的に薩摩型の舷側中間砲（片舷3基、計6基）を30・5㎝連装砲塔（片舷2基、計4基）に置き換える配置となった河内型が起工される（近年の洋書資料では、河内型の設計は毘社がそれ以前に提案した「第２０４案」に大きな影響を受けているともされる）。

その後、明治40年の国防方針により、八八艦隊の整備が当面の目標となったこともあり、さらなる新型戦艦の検討も同年より進められるようになった（この日本海軍の動向を受けて、同時に海外からの試案売り込みも活発化し、この年には英国製の30・5㎝三連装砲塔6基を中心線上に配置した戦艦案がアームストロング社＝安社から提案されてもいる。近年海外ではこれが後の扶桑型の設計に影響を及ぼしたと見る向きもある）。

だが、この時期の日本における戦艦建造に必要な造船・造機・造兵の技術は、いずれも頭打ちとなっており、より大型の弩級艦・超弩級艦建造は極めて困難な状態にあった。さらに翌年（明治41年／１９０８年）には英国で超弩級艦の整備が開始されることが伝えられるが、これに至っては日本で建造出来る目処すら立っていなかった。

そこで日本海軍は同盟国である英国からの技術導入を行うことで、新型戦艦の建造に必要となる各種技術を得ることが検討されるようになる。この計画では、高速力発揮に必要な高出力の機関の製造を含め、より建造の難易度が高い装甲巡洋艦（巡洋戦艦）の建造が優先されることになり、最終的に毘社へ「金剛」の発注が行われ、同時に毘社からの技術移転により国内で同型艦の建造を行うものとされた。これにより以後の戦艦整備の目処が立つ格好となる。

扶桑型戦艦の設計の検討

その一方で、明治44年（１９１１年）度に既定の「第三期拡張計画」「艦艇補足費」「補助艦艇費（款）」を打ち切り、以後の年割り予算を併合、さらに艦型・兵器改良費を加えた新予算である「軍備費補充費（款）、軍艦製造費（項）」が公布され、これにより戦艦の建造枠として唯一残っていた、日露戦争前の第三期拡張計画で建造が認められていた第三号戦艦を、艦型及び兵器改良費を盛り込み超弩級戦艦として建造することが決定される。これが「扶桑」として建造された艦となる。

同時期に実施された金剛型の設計が日本側の要求を元に毘社が設計する形となったのに対し、扶桑型の設計は、金剛型の設計確定前に日本側で設計作業が開始され、日本国内で以前に建造された国産戦艦である河内型及びそれ以前の戦艦の設計を糧として、これに英側から提示された新技術を盛り込む形で行われた。

このような方策が取られた理由は明らかではないが、恐らくは日本国内で超弩級艦の設計を行うことが可能な能力を育成するためではないかと考える。なお、この時期も毘社からは排水量2万6０００トン、34・3㎝（13・5インチ）連装砲塔6基を中心線上に配する速力23ノットの「戦艦X」及び「戦艦Y」案、安社からは船体中央部の砲塔を梯形配置とした７１４案等が提示されるなど、英国の各社も活発に試案の提示を行っており、これらの案は扶桑型の設計に大いに参考とされた。

扶桑型戦艦の設計に影響を与えた河内型戦艦「河内」。明治42年（1909年）4月1日起工、明治43年10月15日進水、明治45年（1912年）3月31日竣工

扶桑型の主砲は当初、金剛型で主砲として使用する予定だった英の30・5cm50口径砲の採用を予定していた。だが、明治42年（1909年）に英国駐在中の加藤寛治中佐（当時）より同砲の不成績が伝えられるとともに、「最低でも（英海軍制式でより命中率・威力に勝る）34・3cm（13・5インチ）砲、出来れば（毘社及び安社で当時開発中で、より威力の勝る）35・6cm（14インチ）砲が望ましい」という意見が艦政本部に送付され、毘社の35・6cm45口径砲が次期戦艦主砲の候補とされた結果、扶桑型もこれを搭載することを考慮して設計が進められることになる（なお、海外資料では日本海軍はこの際、34・3cm砲の採用を検討したが、毘社側から同砲より威力に勝るとした35・6cm砲の売り込みがあったため、35・6cm砲を選択したとするものがある。また、金剛型の主砲選定の際には、英海軍側から同海軍が次期主力艦砲として採用予定だった38・1cm＝15インチ42口径砲を搭載したらどうかという提案がなされてもいるが、まだ設計段階だった同砲を採用した場合、金剛、扶桑両型の建造計画が大幅に遅延することが問題視されたこともあり、これの採用には至らなかった）。

35.6cm砲の搭載工事を行う金剛型巡洋戦艦（当時）「榛名」。大正3年（1914年）10月。なお、本砲の制式名は「四十五口径四一式三十六糎（センチ）砲」だった

最終的に扶桑型の設計では、連装砲塔5基を搭載する案、三連装砲塔と連装砲塔の混載案、また三連装砲塔4基や四連装砲塔3基を搭載する案を含めて、33種類に上る試案が検討された（このため、計画番号「A-30」の河内型に続く本型の計画番号は「A-64」となった）。その一部は「平賀譲（ゆずる）デジタルアーカイブ」の中に記録が残されている。

このうち、35・6cm砲連装6基を搭載するA-47案や5砲塔艦のA-49案では安社の714案に近い中央砲塔の梯形配置が取られ、A-50案では同じく砲塔5基だが毘社の試案に近い中心線配置とされるなど、様々な形態が検討されたことが窺える。また、この時期には各部の装甲がより薄かったことも確認出来る。

A-47からA-50の初案が35・6cm砲装備で検討されているのに対し、A-51からA-55の試案は30・5cm砲搭載案として検討されているのが奇異に感じられるが、これは日本海軍が最終的に金剛型の備砲を35・6cm砲と決定するまで、次期戦艦の主砲候補として30・5cm50口径砲をなお検討していたためと推測される（明治43年に金剛型の最終試案の一段階前の試案として毘社から出された472A／472Bの両試案が、30・5cm砲搭載案と35・6cm砲搭載案の試案として出されたことは、これを裏付けるものと思われる）。

30・5cm砲搭載案のうち、三連装砲塔6基搭載のA-54案は主砲配置が後の伊勢型類似であるのが目を引き、同様の砲装のA-55案は三番砲塔の繋止位置が逆だが、後の扶桑型と同様の砲配置であるなど、後の戦艦設計に大きな影響を与えたことを示唆する諸案が残されてもいる。

扶桑型戦艦の建造

金剛型の砲装が35・6cm45口径砲で確定したのは明治43年（1910年）8月のことで、これに伴って扶桑型も同砲を搭載することが確定する。同時にA-47案等では舷側上部の補助装甲が152mmだったものを203mmに、バーベット部の装甲を229mmから305mmに強化するなどの設計のさらなる改正が行われた後、A-64とされる艦の中心線上に35・6cm連装砲塔6基を搭載する扶桑型の試案が確定した。

主砲塔は英国側からより重量面や砲配置の自由度が勝る35・6cm三連装砲塔の売り込みも来てもいたが、製造・教育の面等で金剛型と同様の連装砲塔が採用されたこともあり、艦の全域に主砲塔が置かれたような特徴ある艦容を持つ艦となった。

計画の確定後、三号戦艦こと「扶桑」は明治45年（1912年）3月11日に呉工廠のドックで起工、大正3年（1914年）3月28日に進水した後、大正4年（1915年）11月8日に日本最初の超弩級戦艦として竣工することになった。またこの時点で、「扶桑」は世界最大の戦艦という名にふさわしい名誉を手にしてもいるが、間もなく本艦の好敵手となる米海軍の「ペンシルヴェニア」にその座を奪われた。

明治44年（1911年）9月、海軍は海軍軍備緊急充実の協議の中で戦艦7隻の建造を要求するが、11月28日に議会は焦眉の

大正4年（1915年）8月24日、竣工前の公試を受ける「扶桑」

急として戦艦3隻の建造を認めるに留まった。この3隻、発注艦名第四号～第六号の戦艦は、当初「扶桑」の同型艦として計画されるが、国家財政の問題から建造が遅らされた結果、「扶桑」の設計途上で問題とされた点を改正した改型として建造する機運が生まれる。

その中でこれら3隻をすべて改型として建造することも考慮されたようだが、「扶桑」に約1年8カ月遅れて大正2年（1913年）11月20日に起工された第四号戦艦は、一部の改正を図った扶桑型の同型艦として建造されることになり、これが大正4年11月3日に進水、大正6年（1917年）3月31日に竣工した「山城」となる。

なお、「山城」の建造では第一次大戦により英国から取得する予定だった部材の入手が困難となり、その多くを国内製造としたことで、日本製部材の使用比率が上げられてもいる（一例を挙げると、「山城」の主砲の一部は毘社製造のものを使用する予定だったが、これが入手不能となったため、主砲すべてを国産品で賄うことになった。蛇足ながら、「山城」用に製造された毘式砲は、第一次大戦時に英国で列車砲に転用されたという）。

一方で大正4年5月に八四艦隊整備案の提議が成立する時期まで予算がなく、起工が遅れた第五号と第六号の戦艦は、その期間を利用する形で全面的に設計を改め、完全な別艦となった伊勢型戦艦として竣工することになる。その結果として扶桑型は「扶桑」「山城」の2隻が建造されるに留まることになった。

ワシントン条約下の近代化改装

扶桑型は竣工当時、世界最大の戦艦であり、戦術単位として他国の新鋭戦艦に見劣りしないカタログ性能を持つ戦艦と言えた。しかし、第一次大戦時期の戦艦の発達速度は非常に速く、本型の登場時期には本型の搭載した主砲より大威力な大口径砲を搭載する艦が既に登場しはじめていた。

さらにジュットランド沖海戦を典型例として、第一次大戦の諸戦闘の中で、戦艦・巡洋戦艦等の主力艦の設計も、大落角弾への対処をはじめとして従前のものから根本的な改正が必要であることが明白となっていく。その中で、河内型を元に発展した扶桑型は砲力・防御力・速力共に劣る主力艦として、急速に能力の陳腐化が進んでいく。

本来であれば、大正9年（1920年）8月に公布された八八艦隊完成計画で計画された戦艦・巡洋戦艦が完成すれば、日本海軍の決戦兵力は「ポスト・ジュットランド」型の主力艦のみで構成される形となり、扶桑型はそのまま第二線兵力となる予定だった（なお、八八艦隊完成計画で計画された戦艦4隻は扶桑型、伊勢型の両型の代艦で、巡洋戦艦4隻は金剛型の代艦という扱いだった）。

だが、大正11年（1922年）年2月6日にワシントン海軍軍縮条約が締結されたことにより、日本では長門型より後の主力艦はすべて廃棄対象となり、扶桑型も条約の定める艦齢を全うするまで、日本の主力艦兵力の中核を成す艦として活動することが求められる。なお、戦艦の艦齢はワシントン条約の規定では20年とされ、後のロンドン条約で26年に延長された。

ワシントン条約では保有する主力艦の主砲砲装の強化や舷側装甲の強化は認めていなかったが、第20条第2章第3節第1款の規定（2）で、排水量3000トン以内で水平防御の強化と、バルジ・ブリスターの付与による水中防御の強化は認めていた。扶桑型では当初、この条約の規定・精神遵守の上で能力改善が図られていく。

本型を含めた35.6cm砲艦の改装は既に条約締結前から検討されていたが、改めて大正11年9月12日、加藤寛治軍令部次長より井手謙治海軍次官宛に「戦艦、巡洋艦の戦闘力充実に関す

■「扶桑」二番砲塔（1924年近代化改装後）

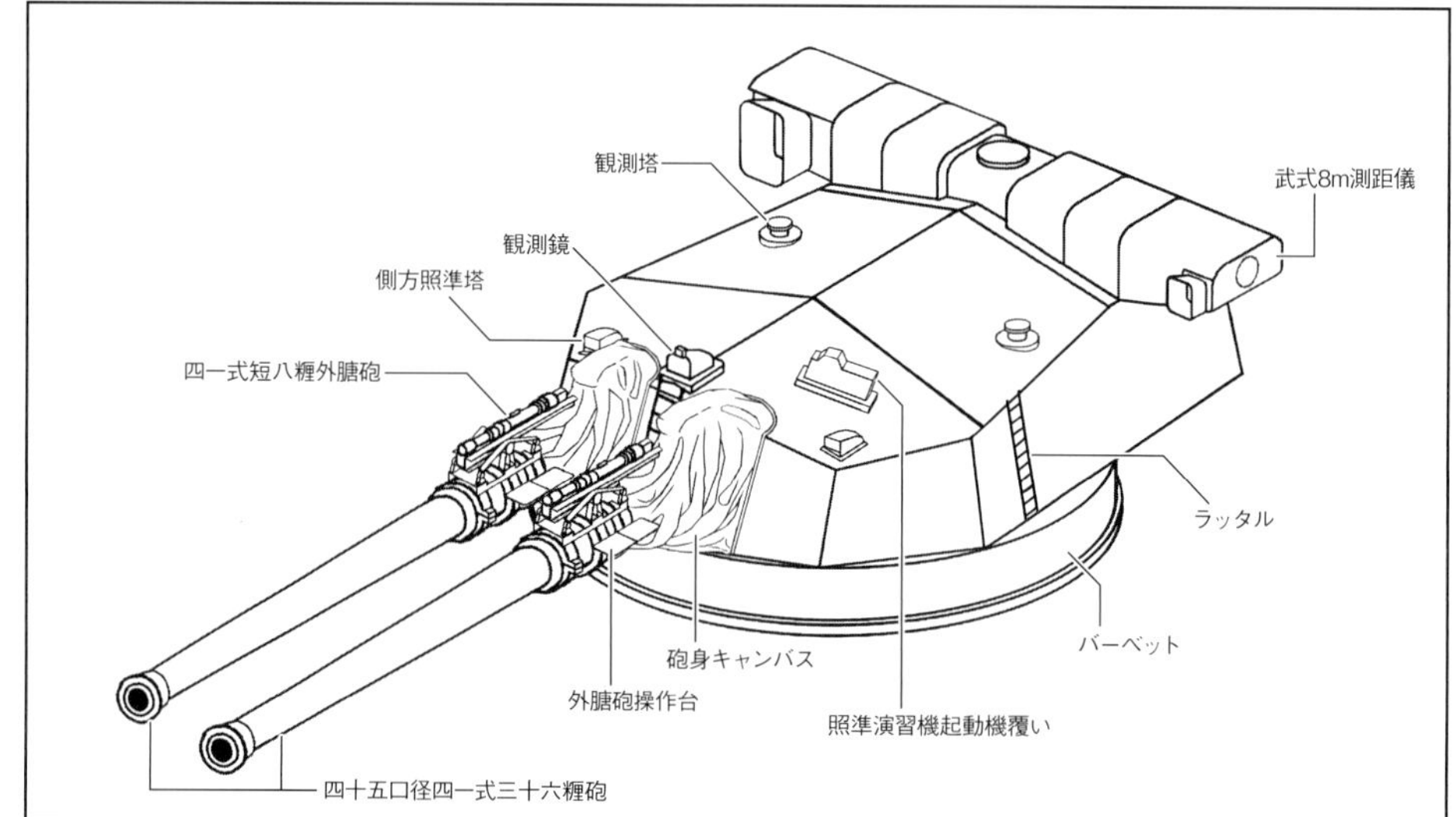

■「山城」二番砲塔（1933年大改装後）

放熱板
観測塔
武式8m測距儀
観測鏡
側方照準塔
四十五口径四一式三十六糎砲
ラッタル
バーベット
砲身キャンバス
照準演習機起動機覆い

る件」として、主力艦改装に関する協議が行われた。

　その中で扶桑型については、(1)主砲仰角を30度以上とする。(2)主砲の初速増大と仰角増大により、射程を約30kmに増大し、右の飛行秒時をほぼ40cm砲のものと合一させる。また、水圧機力量を強化して、遠距離砲戦実施に必要な連続斉発に支障をなくす。(3)副砲の射程を15kmまで延伸させる等、主砲の射程及び威力を長門型が装備する41cm砲に合一せしめんとすることを基本とした各種の要請がなされている。

　なお、この直前の時期に扶桑型の41cm砲への主砲換装が検討された記録が残っているが、恐らくは砲力強化を望んだ軍令部および艦隊側の意向を汲んだ形で検討が行われたのではないかと思われる。実際問題として、この当時の徹甲弾の性能では、35・6cm砲弾では余程の至近距離でなければ集中防御艦となったネヴアダ級以降の米戦艦の舷側装甲を貫徹できる見込みはなかったが、41cm砲であればそれなりの距離で貫徹できる可能性があるなど、両者には一弾当たりの威力を含めてかなりの性能差異があった。

　「戦艦、巡洋艦の戦闘力充実に関する件」の内容を受けて、扶桑型では大正13年(1924年)度以降、主砲仰角の30度への増大及び主砲塔天蓋部の増厚、大正12年に制定された「砲戦指揮装置制式装備」による前檣の檣楼化等の改装工事が進められていく。ちなみに、主砲仰角の増大はワシントン条約締結後に各国で問題となっていて、大正12年夏頃に「条約を厳密に解釈すれば仰角増大は違法」として反対する英国を日米が説得し、ようやく「条約の範囲内」の改装内容と認められたとい

近代化改装を終えた「扶桑」。昭和3年(1928年)2月3日。前檣の檣楼化がなされ、一番煙突には排煙逆流防止用フードが装着されている

■「山城」艦橋(1917年竣工時)

トップマスト
射撃観測所
110cm探照灯
一番煙突
探照灯台
羅針艦橋
武式3.5m測距儀
司令塔
バーベット
二番砲塔(略)

■「扶桑」艦橋(1933年大改装第一期工事後)

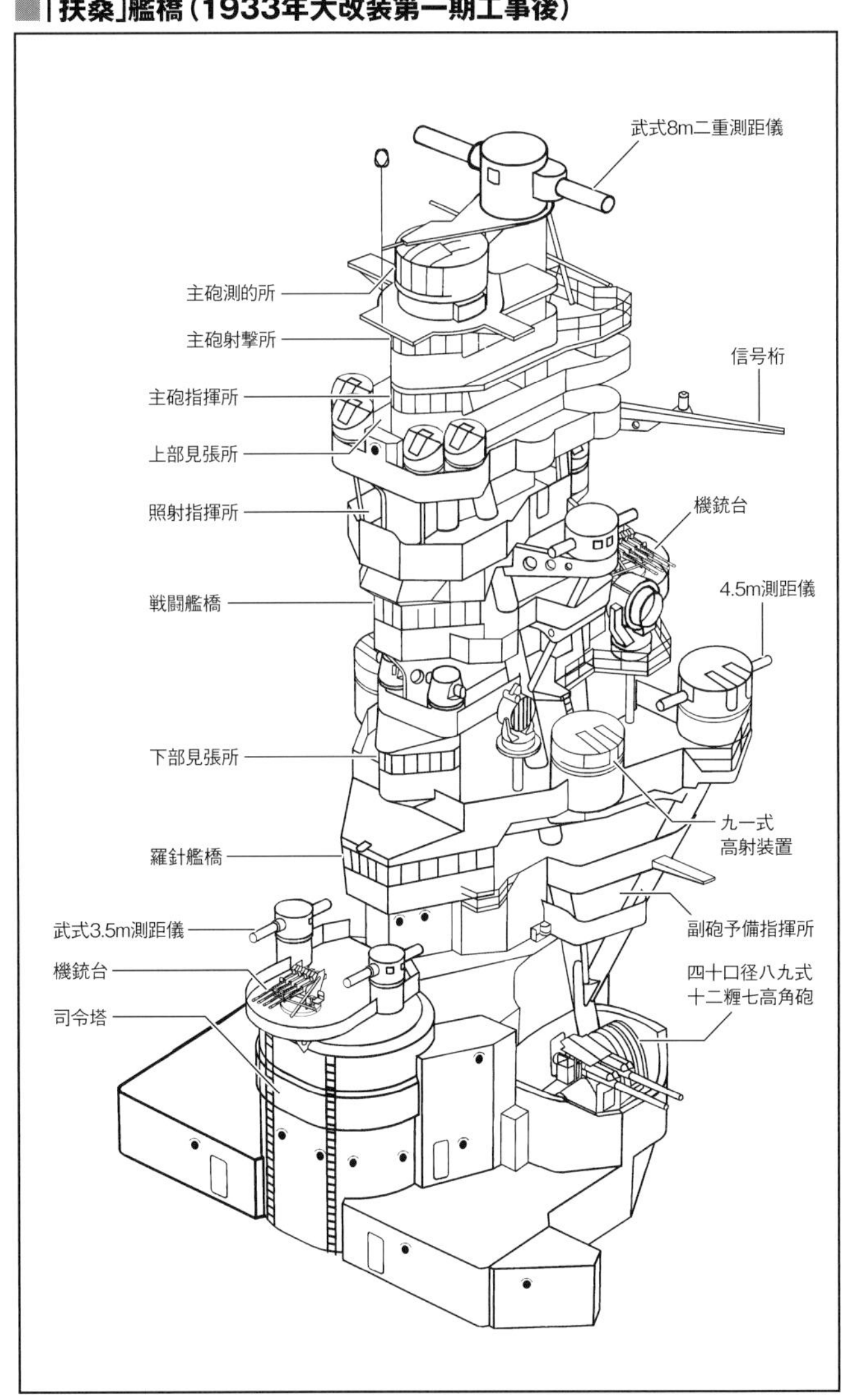

う経緯がある。

扶桑型の大改装工事

これらの改装を重ねても扶桑型は、新たな決戦距離とされた20～25㎞の砲戦実施には射撃指揮能力等が不足していると見なされた。また、元々大落角弾に対処した水平装甲防御が施されていないだけでなく、垂直側の装甲防御も配置に一部問題があり、米海軍の同種艦と戦うには心許ない耐弾防御力しかなかった。さらに水中防御は薄弱で、第一次大戦時から戦艦の大きな脅威となっていた魚雷や機雷に対する防御性能も不足しているなど、艦の抗堪性はお世辞にも良好とは言えない状態にもあった。

その上、主敵である米戦艦に対して速力で劣る面すらあることを含めて、速力性能も不足であると判定されるような状況にあった。

これらの問題を解決するため、攻撃力・防御力の強化に加え、著しく進歩した造機技術を取り入れた機関部の改造による速力性能改善を含む、大規模な改装計画が持たれることになる（なお、改装の前提となった戦艦の砲戦決戦想定距離は当初20～25㎞、昭和8年／1933年以降、20～30㎞。本型の装甲防御は、設計時期が早いために前者対応で様式が定められた）。

この際に戦闘力の向上については、決戦距離に対応しての最大43度への主砲仰角の増大や砲塔機構の各種改正、射撃指揮機構の刷新を含む主砲砲戦能力の強化が図られた。また、新型砲弾の九一式徹甲弾の運用能力付与により、ようやく決戦距離に近い距離で米戦艦の垂直装甲を貫徹できる見込みも付いた。また、同時に副砲の砲戦能力向上や高角砲の刷新による対空戦闘能力強化が図られた。

一方、防御面では大落角弾や大型爆弾に対処しての水平防御強化を図ったことをはじめとする装甲防御の改善（垂直側もワシントン条約に抵触しない「艦内への装甲張り足し」で一部強化が図られている）、バルジ設置による舷側爆発の威力が艦内構造を破壊することの防止と予備浮力減少の抑制を図るなどの水中防御の改善も図られた。

戦闘時に米戦艦に対してより優位に戦闘を進めうる能力付与の一環として、主機械・汽缶を全面刷新して、機関出力が以前の公試状態より7割近く増大されており、米戦艦に戦術的な機動性の優位を確保出来るだけの速力性能を持つことになった（機関の重油専焼化を図ることで、被発見率を低下させる淡煙焚火を実現すると共に、旧石炭庫や水防区画を利用して燃料搭載量を増大させることでの航続力増大も図ら

■「山城」艦橋（1944年）

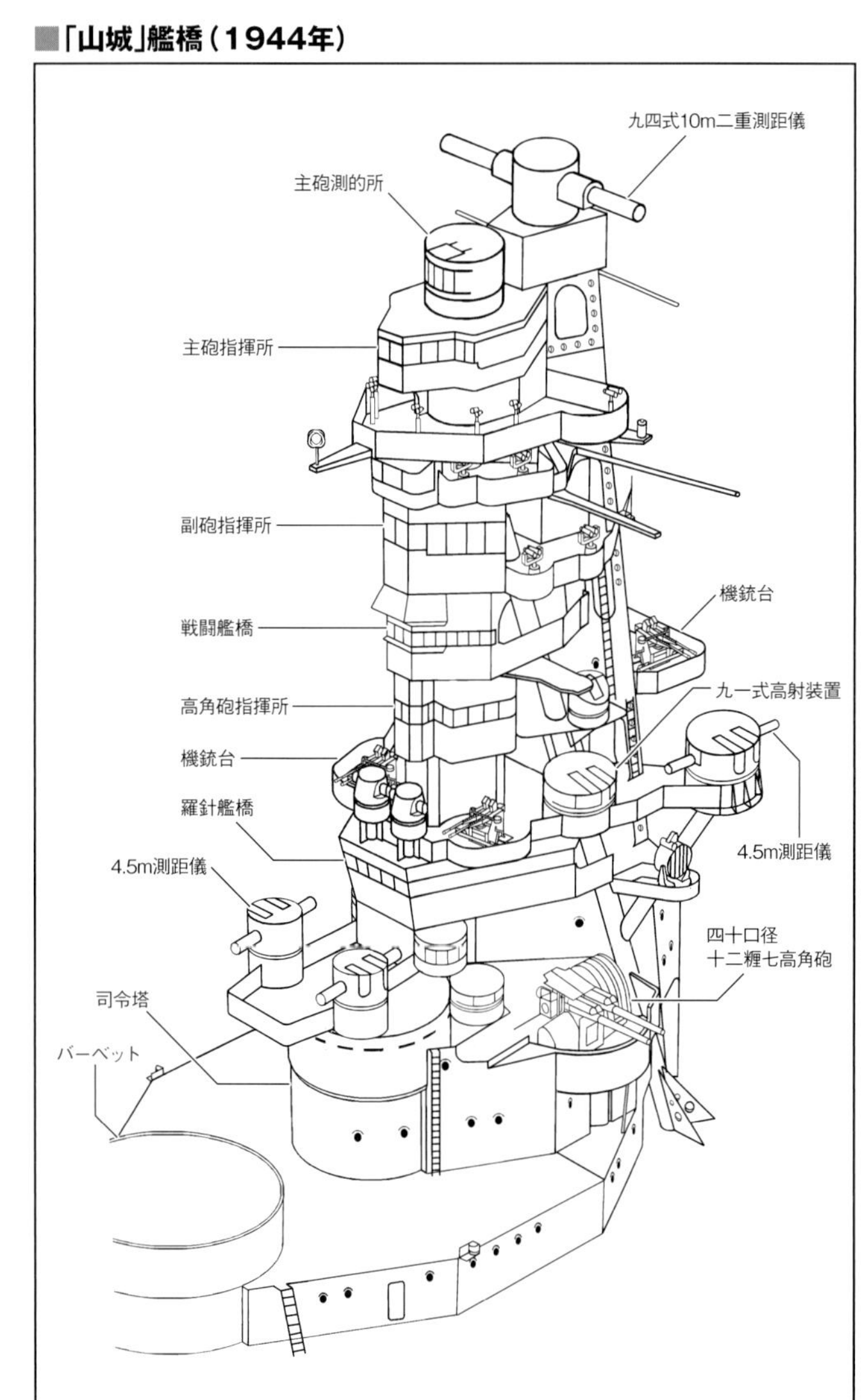

■「扶桑」艦橋（1944年最終時）

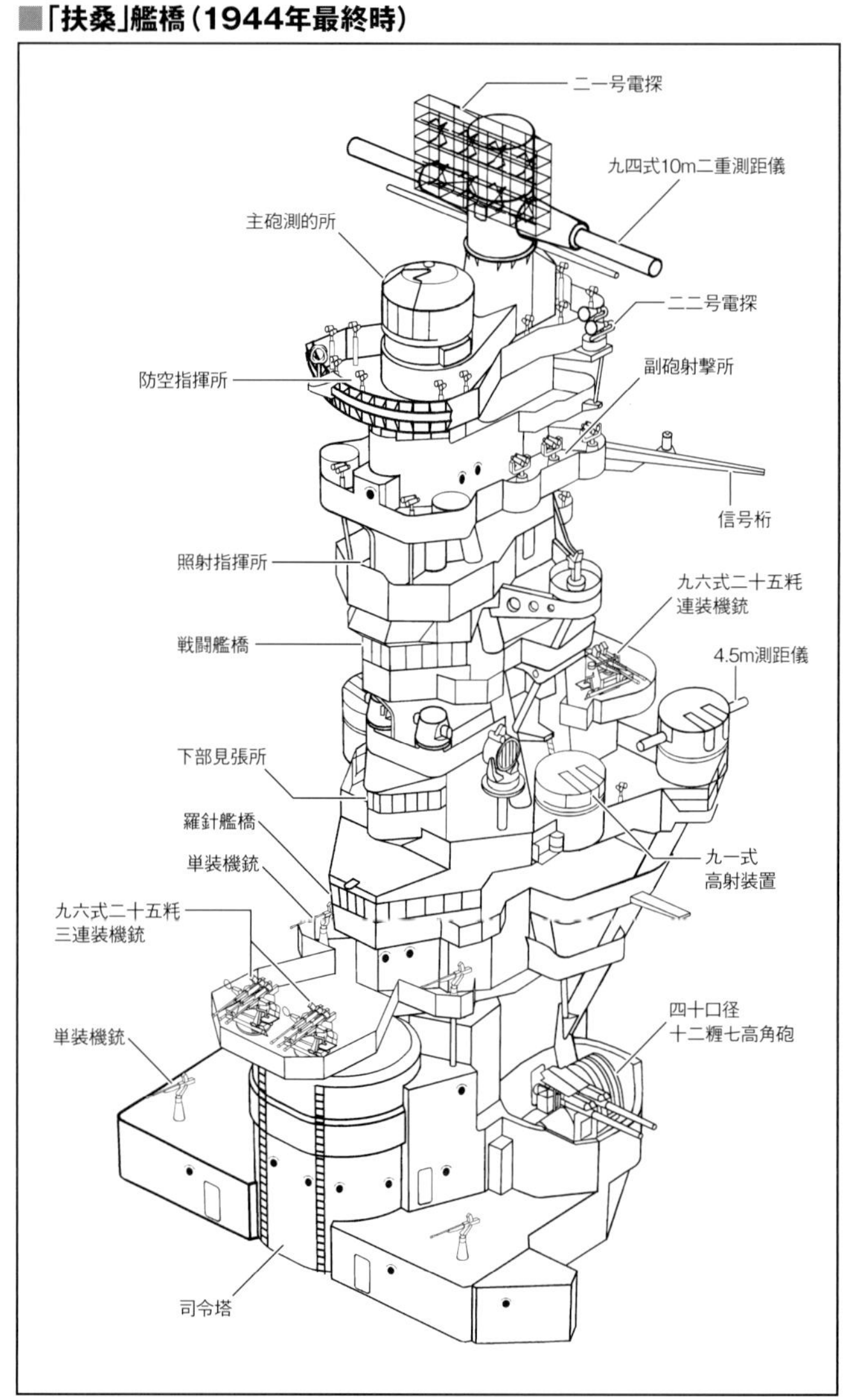

れた）。
「扶桑」では昭和5年（1930年）4月に呉工廠にて大改装工事を開始、昭和8年5月に一旦工事を完了して艦隊に復帰するが、公試時及び艦隊復帰後に浮力不足等の問題点が指摘されたこともあり、昭和9年（1934年）9月から翌年3月末にかけて艦尾延長やバルジ拡大を含む第二期工事を実施して、ようやく改装の完成を見た格好となった。

■「扶桑」煙突（大改装後）

■「山城」煙突（大改装後）

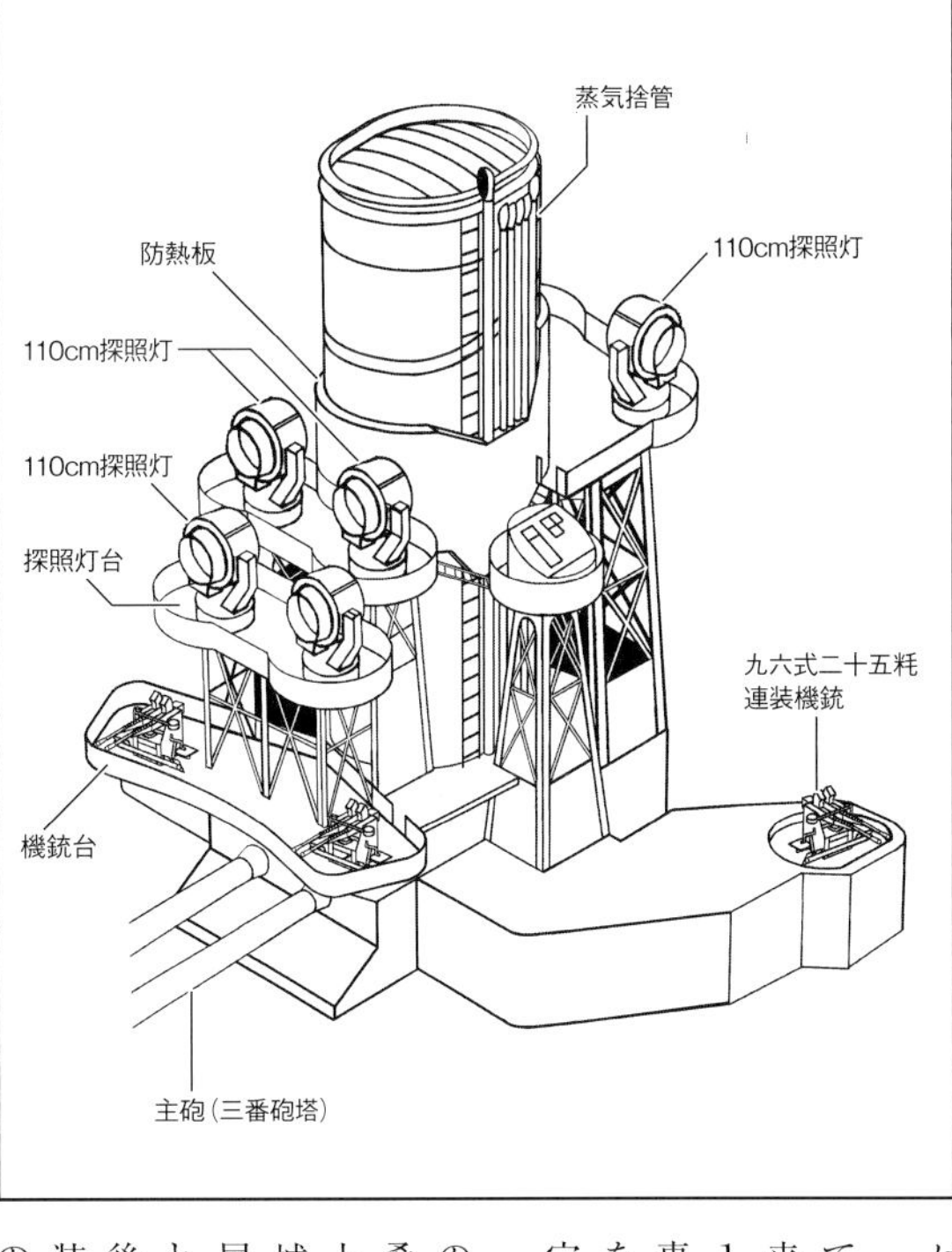

一方、昭和5年に第三予備艦となり、翌6年3月下旬より横須賀工廠で改装に入った「山城」は、世界情勢を考慮して早期に改装工事を中断して現役復帰することも考慮された結果、工事は遅れたものの、そのため「扶桑」の実績を取り入れて改装工事を行うことが出来、昭和10年（1935年）1月に「扶桑」では第二期工事で実施された艦尾延長等を含めた形での改装工事を完了する。

このような改装実施要領の差異と、改装計画時に「扶桑」は航空艤装を三番砲塔上部に載せたのに対し、「山城」では艦尾延長前から艦尾に航空艤装を搭載することとされるなど、改装完了後の両艦の艦容は、他の改装戦艦各型と異なり、多くの差異があるものとなった。

基準状態／満載状態の排水量が竣工時より5000トン以上増大するこの大規模な改装の結果「扶桑」「山城」の両艦は改装計画時に期待された性能を持つ艦として、完全に再生がなされた格好となった。しかし、本型は以後も各種の改正を重ねていくが、様々な問題から既に第一線で活動する戦艦としては、能力的に限界に達するのが近いと考えられていた。

だが太平洋戦争開戦時点では、本型はなおも日本海軍の決戦兵力の一翼をなす戦艦であり続けていた。開戦後は一時、第二線兵力となるが、日本海軍が大規模な水上艦隊兵力を投入した決戦となった捷号作戦では両艦共に戦列に参加、そして昭和19年（1944年）10月25日の夜明け前、スリガオ海峡海戦で圧倒的に優勢な米艦隊と遭遇して、ある意味伝説とも言える最期を遂げることになった。

扶桑型戦艦は原設計が河内型及びそれ以前の国産戦艦に行き着く艦であるため、当時としてもその設計には旧い面もあって、傑出した性能を持つ戦艦とは言えない艦だった。しかし、計画当時で常備排水量3万トンを突破する大型戦艦を日本独自でその設計を纏め上げただけでなく、その建造を問題なく実施したことも事実で、これにより本型の建造は、当時の日本の戦艦建造における各種技術が他国の水準に追いついてきたことを示す象徴的な事例となった。

また、大改装後はその能力は大きく改善され、長期に渡って艦隊の主力である戦艦の第一線兵力を務めうる艦になったことも事実である。これらの点から見れば、本型は日本の軍艦建造史において、やはり重要な位置を占めるだけの実績を残したと評しても良いのではないだろうか。

太平洋戦争開戦前の昭和16年（1941年）4月20日、呉にて浮力及び復原力の試験を行う「扶桑」

扶桑型戦艦の艦隊編制と運用

日本海軍の決戦兵力たる戦艦として建造された扶桑型戦艦。同型はいかなる艦隊編制により配備されたのだろうか。また、実際に扶桑型戦艦はどのように運用されたのか、本稿にて詳解する。

文／本吉隆

扶桑型戦艦の運用の概要

日露戦争時期から太平洋戦争開戦時点まで、日本の戦艦に求められていたのは、艦隊決戦の最終段階でその雌雄を決する決戦兵力として戦うことだった。扶桑型もその例に漏れない艦であり、竣工から昭和19年（1944年）2月の第一艦隊解体まで、第一艦隊の中核をなす艦として活動を続けている。第一艦隊の解体後には、全戦艦に決戦兵力の「戦艦」としても、巡洋艦・駆逐艦以下の艦と協同作戦を行って前線に出る「高速戦艦」としても活動することが求められ、扶桑型両艦も高速戦艦としての運用が行われている。

また、扶桑型両艦は、就役期間中に改装や改修を実施する機会が多かっただけでなく、予算上の問題もあって稼働状態でも予備艦籍に置かれている期間が長い艦でもあった。その中で、各種学校の練習艦・候補生訓練用の練習艦として使用される例も少なくなく、太平洋戦争時期にも両艦共に練習艦として使用されている。

特に「山城」は練習艦として使用された期間が長く、これが解除されたのはマリアナ沖海戦後のことだった。昭和18年（1943年）後半以降しばらくの間、「山城」は内地に常駐する唯一の主力艦でもあったため、装備試験や訓練時・装備試験時の標的艦として使用された例が散見される。

戦列を成す第一艦隊の戦艦群。前方より「陸奥」「伊勢」「扶桑」

太平洋戦争までの扶桑型の艦隊編制・運用

「扶桑」は竣工後間もない大正4年（1915年）12月13日に決戦兵力の中核である第一艦隊第一戦隊に配され、以後、昭和5年（1930年）4月19日に呉工廠で大改装を開始するまで、現役にあれば第一戦隊の艦として活動するのを常としていた。

ただし、先述のように予備籍に置かれることも多く、大正12年（1923年）12月から約1カ年の間には砲術・水雷・機関学校練習艦として使用されている。

ちなみに、この練習艦時代、「扶桑」の艦長は白石信成大佐、米内光政大佐、髙橋三吉大佐の三人が短期間で交代し、大正13年11月に着任した髙橋大佐が同年12月に第一戦隊に復帰した際の「扶桑」艦長として指揮を執ることになったという記録もある。

対して「山城」は、竣工翌日の大正6年（1917年）年4月1日に第一艦隊第一戦隊に配され、以後、昭和5年（1930年）12月に第三予備艦となり、翌年3月24日より横須賀工廠で大改装工事を開始するまで、現役艦であればやはり「扶桑」と同様に第一戦隊で活動するのを常とした。また、改装等の理由で予備役艦とされている期間が長いのも「扶桑」と同様だった。

この間に砲術・水雷・機関学校練習艦は大正10年（1921年）12月1日～大正12年6月1日、大正15年（1926年）12月1日以降のしばらくと2回務めており、前者の期間では大正11年11月3日の砲術演習中に標的曳航艦の「北上」に15.2cm（6インチ）砲弾を命中させて死者1名を出すという不祥事を起こした。一方、後者の期間では昭和2年（1927年）7月28日～8月10日の間、連合艦隊演習での御召艦を務める栄誉にも浴している。

「扶桑」の大改装は昭和8年（1933年）5月12日に一旦完工し、同年11月15日には第一艦隊の第一戦隊に復帰する。ただ、改装後各種の不具合が報告されたこともあり、昭和9年9月16日より呉工廠で艦尾延長を含む大改装の追加工事を開始する。

翌年の3月末に工事を終了した後、本艦はしばらく予備艦・呉警備戦隊附属練習艦等の任に就きつつ、呉での整備を続けるが、昭和12年（1937年）2月26日より再び呉工廠で艦尾補強を含む第二次改装工事に入り、翌年3月31日に改装工事を終えた後、第一戦隊配備となって艦隊に復帰したのは昭和13年（1938年）11月15日のこととなった。

その後、「扶桑」は昭和14年（1939年）12月15日に第三予備艦とされ、航空艤装の艦尾移設や出師工事実施を含めた改装を呉工廠で実施した後、昭和16年（1941年）4月10日に第一艦隊第二戦隊に復帰して、決戦兵力としての地位を取り返した。

昭和4年（1929年）に撮影された「扶桑」。近代化改装を施した後の堂々たる艦姿で、前々年には御召艦も務めている

「山城」は大改装工事完了前の昭和9年（1934年）11月15日、第一艦隊第一戦隊に復帰（同日に第21代艦長、南雲忠一大佐が着任）、翌年1月31日の大改装工事完了後に艦隊任務に復帰した。ただし、昭和11年（1936年）6月1日に予備艦、同年12月1日に砲術・水雷・機関・航海・工作学校兼運用術練習艦となって第一線を離れており、昭和12年6月27日から翌年3月31日に掛けて横須賀工廠での改修工事に従事している。

改修工事完了後もしばらく第一予備艦だった「山城」は、昭和15年（1940年）3月1日に第一戦隊に復帰するが、同年11月15日に横須賀鎮守府に編入されて練習艦兼警備艦扱いとなり、以後、ごく短期間、第二艦隊第五戦隊に属したともされるが、昭和16年10月31日に第一艦隊第二戦隊に配されるまで、横須賀鎮守府での練習兼警備艦として活動していた。

太平洋戦争中の扶桑型の艦隊編制・運用

扶桑型の両艦は太平洋戦争開戦を共に第一艦隊第二戦隊の艦として迎え、以後、真珠湾攻撃を実施した機動部隊収容のための第一艦隊の出動、ドーリットル空襲に対処しての米機動部隊迎撃、ミッドウェー・アリューシャン作戦支援のための出動などはあったが、その活動は鈍いものでしかなかった。

連合艦隊の決戦兵力構成が大きく刷新された昭和17年（1942年）7月からしばらくの間、戦艦同士の決戦が当面起こらないという判断もあり、戦術価値の低い第二戦隊の戦艦は一旦第二線任務の艦として扱われ、以後しばらく練習艦や輸送任務で使用されることになった。

だが、昭和18年7月、米戦艦兵力の復活に対処して第一線の戦艦兵力の増備が図られると、まず「扶桑」が現役に復帰する。以後、「扶桑」は「長門」と共に第二戦隊の艦として決戦兵力の一翼を構成した後、翌年2月25日に第一艦隊が解体されると、連合艦隊附属とする措置が取られる。その後、「扶桑」はマリアナ沖海戦終結時期まで、南方各方面において単艦で相応に行動を見せているが、当時の決戦兵力であった第一機動艦隊に編入されなかったこともあって、その活動は地味なものであった。

昭和19年2月25日にやはり連合艦隊附属となり、横須賀砲術学校練習艦となった「山城」は、マリアナ沖海戦後の昭和19年7月20日に練習艦任務を解かれて第一線任務に復帰する。8月1日に第二遊撃部隊が新編されて機動部隊に編入された際、「扶桑」「山城」は同部隊に編入する措置が取られるが、9月10日には両艦共に第二遊撃部隊から除かれ、新たに第二戦隊を編成して第二艦隊へと転出する措置が取られた。

レイテ沖海戦では、第二戦隊は別働隊として行動することになるが、これは連合艦隊司令部より「全艦隊を同一方向で進撃させるより、南北両方面から分進させる方が有利である」ことを第二艦隊司令部に通知してきたこと、第二艦隊司令部でも劣速の第二戦隊は別働隊としてスリガオ海峡方面から突入させるのが方針となっていたことによる。

なお、第三部隊（第三夜戦部隊／第一遊撃部隊支隊）と呼ばれた別働隊の第一の任務は「敵船団炎上・上陸軍撃滅」、第二が「敵水上部隊牽制攻撃」とされており、第一が「敵水上部隊撃滅」、第二が「敵船団及び上陸軍撃滅」だった第一遊撃部隊本隊とは正反対と言えるものだった。これは支隊があくまで、第一遊撃部隊本隊のレイテ湾突入時の支兵力として活動する事が求められていたのが良く分かる内容となっている。

■連合艦隊の編制と扶桑型戦艦

■昭和16年12月10日現在

- 連合艦隊
  - 第一戦隊　戦艦「長門」「陸奥」（直率）
- 第一艦隊
  - 第二戦隊　戦艦「伊勢」「日向」「**扶桑**」「**山城**」
  - 第三戦隊　戦艦「金剛」「榛名」「霧島」「比叡」
  - 第六戦隊　重巡「青葉」「衣笠」「古鷹」「加古」
  - 第九戦隊　軽巡「北上」「大井」
  - 第三航空戦隊　空母「鳳翔」「瑞鳳」
  - 第一水雷戦隊　軽巡「阿武隈」
    - 第六駆逐隊、第十七駆逐隊、第二十一駆逐隊、第二十七駆逐隊
  - 第三水雷戦隊　軽巡「川内」
    - 第十一駆逐隊、第十二駆逐隊、第十九駆逐隊、第二十駆逐隊
- 第二艦隊
  - 第四戦隊　重巡「高雄」「愛宕」「摩耶」
  - 第五戦隊　重巡「那智」「羽黒」「妙高」
  - 第七戦隊　重巡「最上」「熊野」「鈴谷」「三隈」
  - 第八戦隊　重巡「利根」「筑摩」
  - 第二水雷戦隊　軽巡「神通」
    - 第八駆逐隊、第十五駆逐隊、第十六駆逐隊、第十八駆逐隊
  - 第四水雷戦隊　軽巡「那珂」
    - 第二駆逐隊、第四駆逐隊、第九駆逐隊、第二十四駆逐隊

（略）第三艦隊、第四艦隊、第五艦隊、第六艦隊、第一航空艦隊、第十一航空艦隊、南遣艦隊、連合艦隊直属・附属

■昭和17年7月14日現在

- 連合艦隊
  - 戦艦「大和」（直率）
- 第一艦隊
  - 第二戦隊　戦艦「長門」「陸奥」「**扶桑**」「**山城**」
  - 第六戦隊　重巡「青葉」「衣笠」「加古」「古鷹」
  - 第九戦隊　軽巡「北上」「大井」
  - 第一水雷戦隊　軽巡「阿武隈」
    - 第六駆逐隊、第二十一駆逐隊
  - 第三水雷戦隊　軽巡「川内」
    - 第十一駆逐隊、第十九駆逐隊、第二十駆逐隊
- 第二艦隊
  - 第四戦隊　重巡「高雄」「愛宕」「摩耶」
  - 第五戦隊　重巡「羽黒」「妙高」
  - 第三戦隊　戦艦「金剛」「榛名」
  - 第二水雷戦隊　軽巡「神通」
    - 第十五駆逐隊、第十八駆逐隊、第二十四駆逐隊
  - 第四水雷戦隊　軽巡「由良」
    - 第二駆逐隊、第九駆逐隊、第二十七駆逐隊
- 第三艦隊
  - 第一航空戦隊　空母「瑞鶴」「翔鶴」「瑞鳳」
  - 第二航空戦隊　空母「龍驤」「隼鷹」
  - 第十一戦隊　戦艦「比叡」「霧島」
  - 第七戦隊　重巡「熊野」「鈴谷」「最上」
  - 第八戦隊　重巡「利根」「筑摩」
  - 第十戦隊　軽巡「長良」
    - 第四駆逐隊、第十駆逐隊、第十六駆逐隊、第十七駆逐隊

（略）第四艦隊、第五艦隊、第六艦隊、第八艦隊、第十一航空艦隊、南西方面艦隊、連合艦隊直属・附属

■昭和19年10月　レイテ沖海戦前

- 連合艦隊
  - 軽巡「大淀」（直率）
- 第二艦隊
  - 第一戦隊　戦艦「大和」「武蔵」「長門」
  - 第二戦隊　戦艦「**扶桑**」「**山城**」
  - 第三戦隊　戦艦「金剛」「榛名」
  - 第四戦隊　重巡「愛宕」「高雄」「摩耶」「鳥海」
  - 第五戦隊　重巡「妙高」「羽黒」
  - 第七戦隊　重巡「熊野」「鈴谷」「利根」「筑摩」
  - 第二水雷戦隊　軽巡「能代」
    - 第二駆逐隊、第三十一駆逐隊、第三十二駆逐隊
- 第三艦隊
  - 第一航空戦隊　空母「雲龍」「天城」「葛城」
  - 第三航空戦隊　空母「瑞鶴」「千歳」「千代田」「瑞鳳」
  - 第四航空戦隊　戦艦「伊勢」「日向」、空母「隼鷹」「龍鳳」
  - 第十戦隊　重巡「最上」、軽巡「矢矧」
    - 第四駆逐隊、第十七駆逐隊、第四十一駆逐隊、第六十一駆逐隊
- 第五艦隊
  - 第二十一戦隊　重巡「那智」「足柄」
  - 第一水雷戦隊　軽巡「阿武隈」
    - 第七駆逐隊、第十八駆逐隊、第二十一駆逐隊
- 南西方面艦隊
  - 第十六戦隊　重巡「青葉」、軽巡「鬼怒」「北上」、駆逐艦「浦波」

（略）その他連合艦隊直属・付属

艦隊決戦時の戦艦の砲戦術

太平洋戦争前、扶桑型戦艦をはじめとする日本海軍の戦艦は米戦艦との戦いに挑む決戦兵力として整備された。同時にその砲戦についても研究が行われ、各条件下での戦術が練られている。本稿では戦艦による艦隊決戦の際に取られるとされた砲戦術を解説する。

文／本吉隆　図版／おぐし篤

主砲の仰角を取る「扶桑」（写真手前）と「山城」（奥）

砲戦実施の条件と砲火の集中分火

艦隊決戦の最終段階となる戦艦同士の決戦は、基本的に自軍が制空権を確保し、弾着観測に当たる観測機が存分に弾着観測・距離測定・測的等の任務をこなせる状態で実施することが前提となる。これが達成されない場合、基本的に日米両海軍共、戦艦同士の戦闘を行わない方針であった。

その中で「決戦兵力」である戦艦隊は、観測機からの敵艦隊の位置・針路、そして態勢等の情報を受けつつ、艦隊陣形の基本となる単縦陣をもって決戦水域に進む。

射撃の開始時期は状況によって変化するため、一定の規定を設けるのは困難だったが、昭和初期の教範では「敵艦の認識及び照準観測が容易な状況で、十分な砲熕効果を期待しうる距離」とされている。観測機の使用が一般化した後には、観測機により良好な観測結果が得られるのであれば、自艦の観測機器で弾着を確認できないような遠大距離でも射撃を開始することが認められた。

ただし、昭和14年（1939年）の連合艦隊戦策に「砲戦の決勝的効果は近接して行う猛烈な砲撃による」とあるように、遠距離砲戦を継続して弾薬の浪費をすることは諫められており、敵との距離を早期に決戦距離まで詰めることが肝要とされていた。

自艦の測距儀の視界内で砲戦を開始する場合は、早急に弾着観測可能な距離まで接近して、射撃を行う必要がある。こちらが弾着観測可能な距離に入る前に、敵が有効射撃を開始した場合は、煙幕を利用して敵の射撃実施を妨害しつつ、距離を詰めることとなっている。

戦時中の規定によれば、射撃目標は、

○任務遂行上、速やかに撃破を要するもの
○我が攻撃力を最大に発揮しうるもの
○我に最大の損害を加えようとしているもの
○敵にとって損害の影響が大なるもの

以上の4項目を考慮して決定される（戦前の教範では、「（敵）旗艦及び嚮導艦（先頭艦）」「最近にして最大の目標」等のより細かい規定がある）。

その上で、戦隊司令官は戦闘開始前に砲戦目標を選定し、戦闘時に砲火の集中分火の判断を下す。射撃目標の選定後、各艦の射撃指揮の実務は砲術長が務める。昼間砲戦の場合、通常は全主砲を統一指揮での単一目標への射撃を実施するが、状況によっては砲塔ごとの砲戦実施を含めて、主砲火力の分火を実施することもある。

一方で、艦の命令系統でより上位に属する艦長には、常に旗艦及び集中射撃艦の先任艦の動向に注意を払い、自艦の目標を僚艦に通知して、戦隊の砲戦能力を最大限に発揮出来るように努めることが要求されていた。

決戦想定距離の変遷と昼間砲戦の砲戦術

射撃開始後、各艦はそれぞれ試射を実施して目標との距離を掴んだ後、本射に入る。先制の利を得るためと、砲火を適材適所で発揮することを考慮すると、試射開始後、本射へ早急に移ることが重要だった。

戦艦の決戦想定距離は、第一次大戦直後よりしばらくの間で20km～25km、昭和8年（1933年）以降は20～30kmと想定されていた。昭和12年以降には「遠大距離からの一撃」を考慮しての30km以遠の遠距離砲撃も実施されている。

昭和3年（1928年）、山口県三田尻沖における「扶桑」。第一次大戦後の戦艦の決戦想定距離延伸に伴い、戦艦の艦橋の櫓楼化も進められた。写真左は「長門」「陸奥」

本射は各砲塔の半数の砲による「斉射」と、全砲による「斉発」で行われる。日本海軍では遠戦対応のため、命中確率がより高い斉発を前提とした時期があるが、斉発では最新の大和型ですら必要な射撃速度を維持出来ないため（要求では射撃間隔は20秒程度かそれ以下）、基本射撃は斉射が行われた。

また、昭和15年（1940年）

度までの演習で、観測困難等の理由で30km以遠の遠距離射撃実施が難しいことが再確認され、それを受けて戦時中の教範に「弾着の観測困難な場合には射距離を詰める」ことが明記されたように、昭和16年（1941年）以降は自艦の観測機器で弾着観測が容易に可能な距離、つまり昭和8年以前の想定に近い砲戦距離が決戦想定距離との考えが一般化している。実際、昭和16年の砲術演習の射距離は、その前年までの30km以遠から、自艦の観測機器での弾着観測が容易な24～25kmに変更された。昭和19年（1944年）に実施された「長門」の砲戦演習も、ほぼこの距離で実施されているのが確認できる。

　太平洋戦争開戦時期、射撃の実施は戦闘初期の遠距離砲戦を含めて戦隊内の2隻で同一目標へ集中射撃を実施するのが基本で、3隻もしくは4隻による集中射撃は弾着観測が困難という問題もあって通常は行わないが、目標艦を速やかに撃破したい等のやむを得ない状況であれば、これの実施も認められている。一方で、太平洋戦争時に出された教範では、射撃指揮機構の進化を考慮してか、決戦距離に入った後は「単艦射撃に切り替える」ことが明記されていた。

　決戦時における戦艦隊の運動は、当時の射撃指揮装置の能力的問題もあり、艦隊運動を行う際には出来る限り転舵角を小さくして、砲火の効力発揮の減殺が起きないように留意することが求められた。

　決戦時には当然ながら、敵艦隊の砲撃で損傷が発生するが、適当な応急措置を迅速に実施して戦闘力の維持を図り、旺盛な攻撃精神により砲戦を継続することが前提ともなっている。味方に落伍艦が出た場合は、戦列を形成している各艦の序列・位置を速やかに変更して、時期を失せずに砲火を指向可能とすることも求められた。

　なお、戦闘水域に敵の水雷戦隊等の軽快部隊が進入した場合には、戦艦隊は副砲や高角砲をもってこれに応射し、魚雷発射位置につく前にこれを撃退するのが肝要とされる。軽快艦艇に対する射撃は相手が巡洋艦であれば2隻集中射撃、駆逐艦であれば単艦射撃が基本だった。

　敵軽快部隊の脅威がなければ、副砲と高角砲は「主砲の射撃を阻害しない」ことを前提として、敵戦艦への攻撃にも用いられる。射撃の基本は2隻集中射撃で、主砲射撃の目標艦に対しては、単艦射撃で対処する。

■戦艦砲戦時の集中射撃

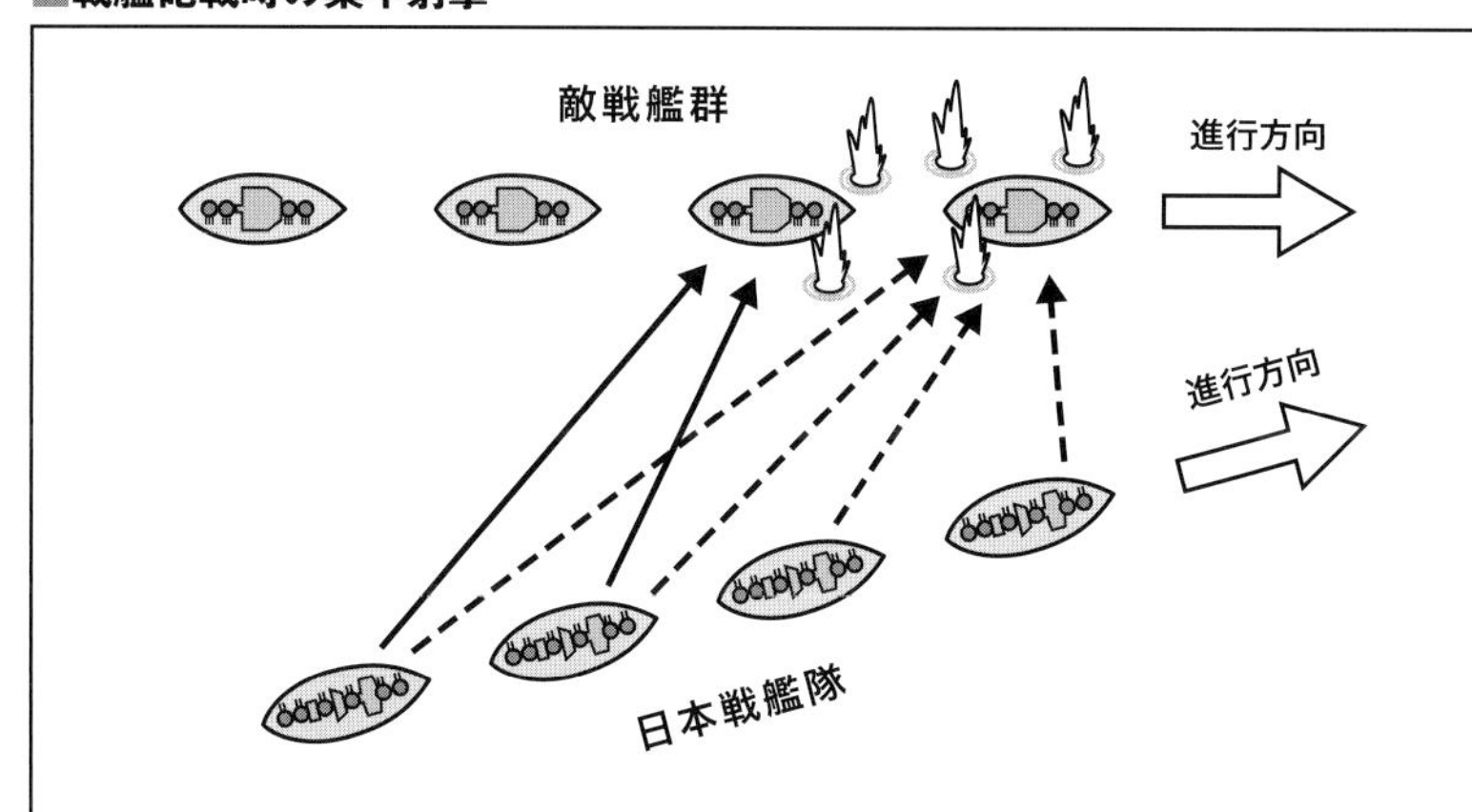

砲戦の初期には、戦隊2隻の戦艦により1隻の敵戦艦に集中射撃を行うことが基本とされた。3～4隻による集中射撃も目標の速やかな撃破が必要な場合は認められる。なお、この際の艦隊運動では出来る限り転舵角を小さくすることも求められている

■軽快部隊に対する射撃

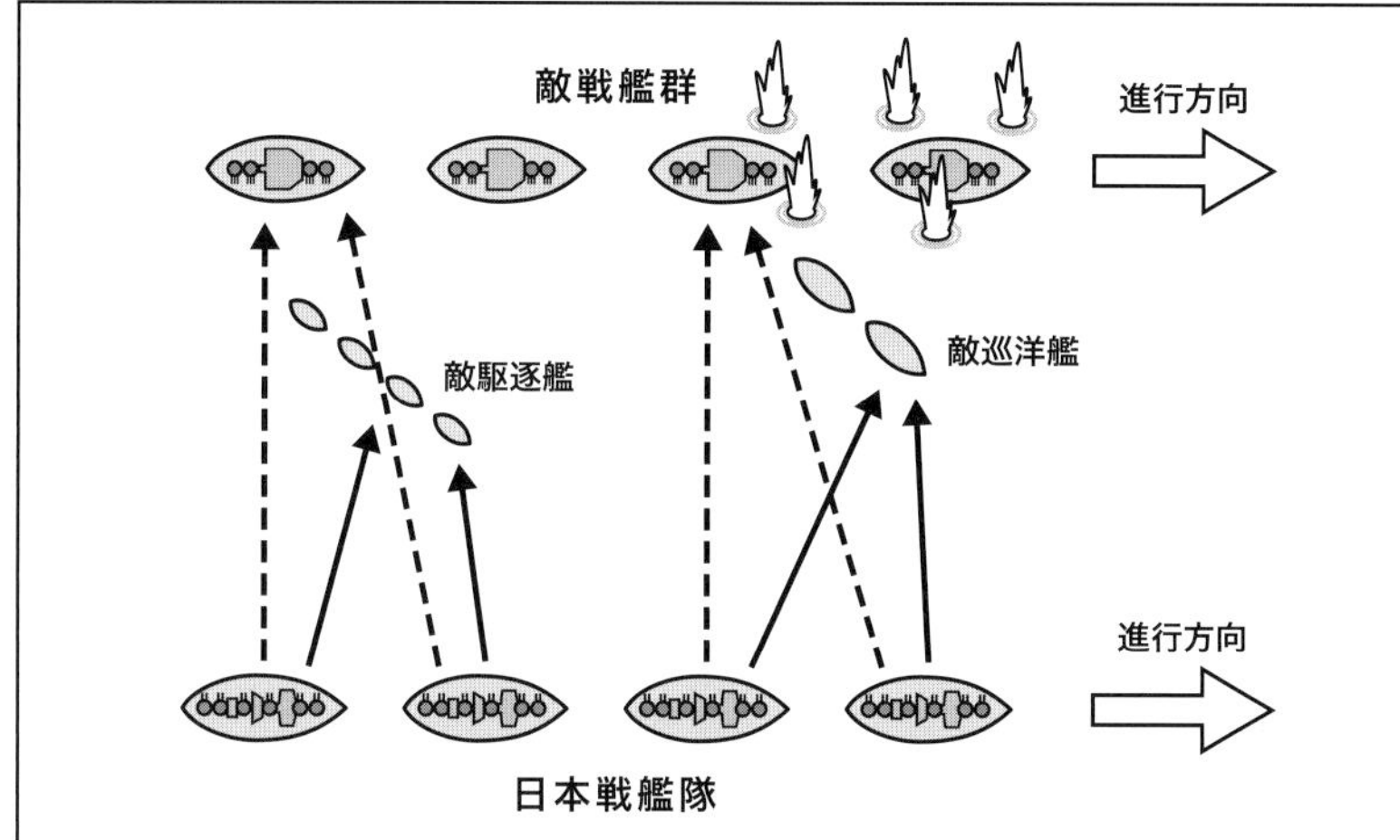

決戦時の戦闘水域に軽快部隊が進入した場合、巡洋艦に対しては2隻で、駆逐艦に対しては1隻で副砲および高角砲を用いた攻撃を行うとされた。副砲および高角砲は戦艦に対しても使用され、その際は主砲の射撃を阻害しないことが前提とされている

追撃戦・撤退戦・夜戦の砲戦術

　戦艦同士の決戦の戦況が優位に進展して、敵艦隊が撤退を開始した場合には、これに対する追撃戦へと移行する。

　敵の撤退が整然としたものであれば、砲力の最大限発揮と追撃運動に優位な梯形陣形を取ってこれに近接・撃破を試みる。一方、敵が混乱して潰走状態にあるのであれば、各艦は単艦にて機を見て追撃、各艦の独断専行も認める形で最大限の戦果を得るように積極的に活動することが要求された。

　逆に形勢が我に不利な状況での撤退戦については、適当な回避運動及び煙幕の展張等を実施して、敵艦隊の有効射程外に脱することとされている。

　戦前の教範では、決戦兵力の戦艦は「一般に夜間に進んで夜戦を求むることなく自衛警戒をしつつ、敵より離隔して翌朝の決戦を機するを可とす」とされていたように、戦艦を積極的に夜戦に投入するという頭はなかった。

　ただし、薄暮期・黎明期を含めて敵艦隊を視認できる程度の光量がある状態であれば、昼間砲戦と同様の要領で戦闘を実施し、薄暮期で交戦が発生した場合は続いて夜戦の準備も行われる。

　夜戦は近戦になるのが前提で、周到に射撃準備を整えた上で、咄嗟の間に全砲火を発揮するのが肝要とされ、このため主砲副砲を併用するのが可であるともされていた。夜戦実施がより重要性を増した戦時中には、敵戦艦隊が存在すればこれに集中射撃を実施すると共に、協同する夜戦部隊の行動を容易とすることを念頭に置いて、戦艦隊の砲戦指揮を行うことが求められた。

　昭和19年初頭時期までは戦艦を夜戦に投じることはやはり以前と同様に避けるべきと思われれていたが、第一艦隊の解体後は全戦艦が「高速戦艦」と同様の扱いとなったため、戦艦を巡洋艦以下と共に積極的に夜戦の主戦力として投じる方針へと変わっている。

甲鐵城の咆哮

扶桑型戦艦の戦歴

日本海軍の有力な決戦兵力として整備された扶桑型戦艦だったが、その艦歴は必ずしも恵まれたものではなかった。だが、その最後の戦いにおいて、扶桑型両艦は戦史に永遠の名を刻むこととなる。両艦の辿った航跡をここに紐解く。

文／松田孝宏（オールマイティー）　イラスト／長谷川竹光

世界最強の第一戦隊誕生 震災以外は平穏な大正時代

大正4年（1915年）11月に「扶桑」が、同6年3月には「山城」が竣工、第一艦隊第一戦隊を編成した。当時において、世界最強の戦艦戦隊の一つである。大正4年の『官報』は、伏見宮博恭王殿下参列のもと、11月3日に「山城」が軍艦行進曲とともに進水した様子を伝えている。

日本海軍は大正時代、シベリア出兵などを除けば平穏な日々を送り、「扶桑」「山城」も中国方面での行動が主立ったものであった。しかし、大正12年（1923年）9月1日に関東大震災が発生、大連沖で演習中の連合艦隊主力が内地へ急行した。当時は予備艦だった「扶桑」も9月6日から22日まで、「山城」も9月3日から30日まで救援活動に就いた。連合艦隊の総力を挙げた活動は、戦時の奮闘にも遜色のないものであった。

大正時代における扶桑型の軍艦らしい話題と言えば、航空兵装であろう。軍艦から飛行機を発進させる試みはすでに明治43年（1910年）、米巡洋艦「バーミンガム」で成功していたが、日本海軍も大正11年（1922年）、「山城」の二番砲塔に滑走台を設け、英国製グロスター スパローホーク艦戦の離艦に成功。

以後、連合艦隊の戦艦は大正15年の「長門」を皮切りに「日向」「扶桑」「金剛」らに順次、水上機が搭載された。「山城」には昭和4年（1929年）以降、四番砲塔に水上機の搭載設備が設けられている。

さらにカタパルトも発明され、搭載機の性能向上とともに航空兵装は強化されていった。横須賀が母港の「山城」（や「比叡」）は、横須賀航空隊、横須賀砲術学校、横須賀通信学校らの観測や実験に、搭載の水上機で協力した。

さらに後年となる昭和16年（1941年）、「山城」は射出した九四式水上偵察機のリモートコントロール実験を行った。前年の実験では30分の飛行に成功したが、「山城」の実験は失敗、海面に墜落した機体は没し去った。

■扶桑型戦艦関連地図

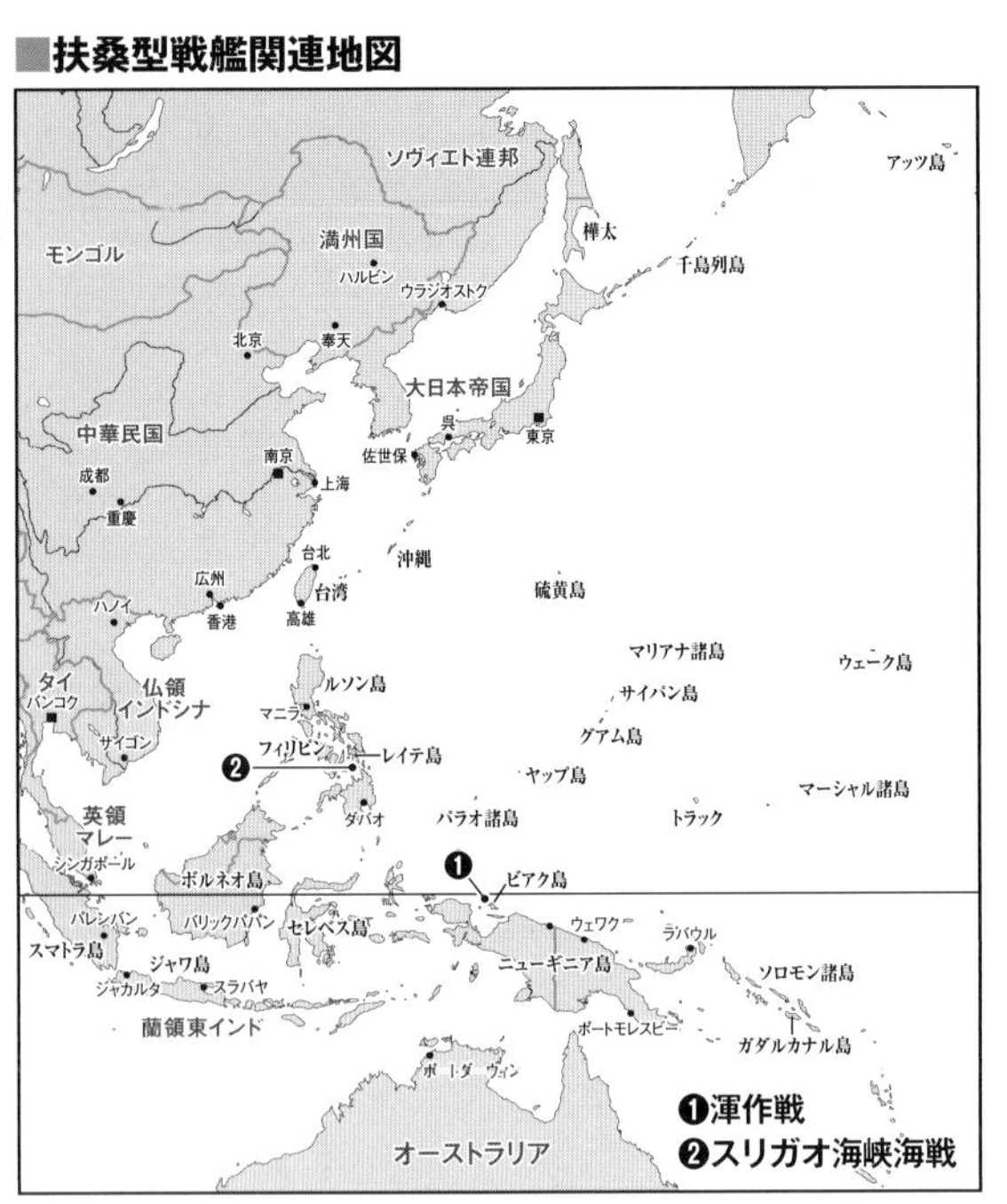

暮らしの中に軍艦あり「山城」を報じる各種記事

ここで余談ながら、激動の太平洋戦争について記す前に、大正と昭和期、雑誌や書籍に記された「山城」について紹介してみよう。

まず、竣工から日の浅い大正8年（1919年）、『婦人之友』9月号に山田菊水記者による「家庭眼で観た戦艦山城」が掲載された。「中流以下の住宅ではこの窮屈な軍艦生活を参考とする必要がある」と、いささか失礼な意図で「山城」に乗艦、取材の上、記事としたものである。装飾もない12畳ほどの長官室に衝撃を受けたものか「気の毒なほど狭い」と評しつつ、合財袋の活用など「次第に窮屈になる陸上の生活」にも参考になると結んでいる。

艦齢を重ねた昭和8年（1933年）に発行された『軍港と名勝史蹟』には「戦艦山城の話」という項目において各種要目（発射された主砲弾を「飛ぶ弾道の高さ富士山頂より高く」と表現）や、運動や娯楽も充実した艦内生活を紹介している。

二番砲塔上の滑走台よりグロスター スパローホークを離艦させる「山城」。写真は大正11年（1922年）3月29日撮影

戦後のことだが、昭和34年（1959年）の『講談倶楽部』に掌編「戦艦山城の亡霊」が掲載された。かつてスリガオ海峡で西村艦隊と戦った元米海軍軍人が、戦後14年目に「山城」らしき艦と遭遇するというもの。著者の百谷泉一郎は『連合艦隊ついに勝つ』で架空戦記の先鞭をつけ、神津恭介シリーズで人気を博した故・高木彬光の別名義であった。現在は『高木彬光探偵小説選』（論創社）に収録されている。

「皇国ノ興廃ヲ双肩ニ担フ」太平洋戦争開戦

昭和を迎えてからの扶桑型は、「山城」が昭和2年（1927年）7月末に連合艦隊演習御召艦となり、翌8月10日まで横須賀～佐伯湾～奄美大島～小笠原を行動した。

昭和8年には「扶桑」が館山より南洋方面へ、昭和14年（1939年）は「山城」が淡路島より南洋方面へ遠洋航海を行っている。その前年の昭和13年、来日したドイツのヒトラー・ユーゲントが見学したのは「三笠」と「山城」であった。「山城」は昭和15年および16年にも練習艦として遠洋航海に出たが、時に「イルカの大群見学、手あき露天甲板」との号令がかかったこともある。

「山城」は昭和10年（1935年）5月、連合艦隊旗艦として土佐沖での演習に参加した。主な内容は水雷戦隊による戦艦戦隊への襲撃である。

演習開始と同時に両軍は最大戦速、迫る水雷戦隊に対し、戦艦戦隊は探照灯を照射する。しかしなおも「山城」の右艦首300mまで接近した水雷戦隊旗艦「神通」に対し、危険を感じた近藤信竹参謀長は「艦長、取舵！」を連呼したが、南雲忠一艦長は「参謀に指揮権はない。面舵一杯！」と一喝、紙一重でかわした。演習後「神通」からは「ヒヤヒヤサセルジャナイカイナ」の発光信号が送られてきたが、水上部隊を指揮しては冴えに冴える実戦派・南雲忠一の面目躍如であった。

昭和2年（1927年）7月、「山城」（イラスト左）は演習天覧の御召艦となり、供奉艦の「扶桑」と護衛の第四駆逐隊とともに行動した。演習では豊後水道において、空母「赤城」「鳳翔」の艦上機訓練、「長門」「陸奥」の夜間射撃訓練などが天覧の栄に浴している

昭和16年12月8日、扶桑型戦艦は太平洋戦争開戦を第一艦隊第二戦隊の一員として迎えた。その前日、「山城」の小畑長左衛門艦長は南方作戦の重要性を説きながらも「結局ハ主力ノ決戦ニ依リテ定マルモノ」「主力艦乗員ノ責務ハ最モ重大ニシテ皇国ノ興廃ヲ双肩ニ担フト云フモ過言ニアラズ」と訓示した。

しかし、正午に柱島を抜錨した第一艦隊の任務は「機動部隊援護」と称した出迎えで、敵影を見ることなく13日に帰投。「論功行賞目当ての航海」との批判を浴びる結果となった。帰投の際は装填した弾薬を処理するため、各艦は南鳥島の無人島に実戦を想定した一斉射撃を実施。曲りなりにも最初の実弾射撃を行ったことになる。

19日には「山城」の九五式水偵が岩国空の九九艦爆に協力、瀬戸内海方面で敵潜水艦らしきものを攻撃した。

出撃を繰り返すも第一艦隊は敵影を見ず

昭和17年（1942年）2月7日、埼玉の大和田通信隊が米空母来襲の可能性を報告してきた。第一艦隊の高須四郎司令長官は第二戦隊を含む警戒部隊を臨時に編成したが、通信隊が傍受した電波は米本土の民間航空機によるものと判明したため、出撃はなかった。

3月5日も本土に向かう怪しい飛行機が報じられ、第二戦隊にも出撃用意が命じられた。しかし、これも誤報と判明。同じく10日にも傍受した敵の無電に、ウェーク島に米空母がいると判断、第二戦隊が出港した。しかし当の「エンタープライズ」はハワイにいたため、これも空振りの結果となった。

4月18日はドーリットル隊が本当に東京を初空襲、第二戦隊は出撃して2日ほど東進した。しかし米空母に追いつけるはずもなく、「山城」は大時化で水偵1機を流されながら空しく帰投した。

後年の燃料不足を思うと、実にもったいない出撃を繰り返している感は否めない。

練習戦艦「扶桑」「山城」巨艦で学ぶ若武者たち

扶桑型および伊勢型戦艦を含む第二戦隊は、昭和17年6月のミッドウェー海戦に主力部隊の一員として出撃しながら、まったく戦況に関わることなく帰投した。

戦いの中心が空母をはじめとする航空戦力に移ったことは明白で、ことに出撃の機会が激減した扶桑型、伊勢型は戦闘以外の使い道として、練習艦としての運用が考慮された。香取型の練習巡洋艦は旗艦として前線に赴き、「八雲」「出雲」「磐手」ら日露戦争の艦艇では古すぎるという事情もあった。

そこでまず昭和17年11月15日、「扶桑」が海兵71期の少尉候補生たちを受け入れ、翌18年（1943年）1月15日まで実習を行った。彼らの多くは終戦時、大尉として特攻隊の指揮官クラスにあった。

翌18年2月1日、柱島を発った「山城」は横須賀に進出、4月8日から6月30日まで木更津航空隊との訓練に従事した。「山城」は一式陸上攻撃機による雷撃や爆撃の目標となったと伝えられ、日を置いて計9回が行われている。

6月11日には、三宅島付近で

昭和8年5月10日、大改装第一期工事を終えた後の「扶桑」。三番砲塔上にカタパルトが設置されている

手前から「山城」「扶桑」、金剛型戦艦。練習艦として運用された扶桑型だが、「鬼の山城、地獄の金剛」などと謳われるほど軍規が厳しいことで知られていた。写真は昭和10年（1935年）以降、東京湾において撮影されたもの

米潜水艦によって被雷、行動不能となった味方空母「飛鷹」の救援に赴くが、たまたま付近にいた軽巡「五十鈴」が曳航していった。

これよりわずかに前の6月8日、電探や機銃の増設工事を終えた「扶桑」は、柱島にあった。この日、「扶桑」と「長門」「陸奥」は実習のため土浦の飛行予科練習生を乗艦させたところであったが、12時10分頃に「陸奥」が大爆発を起こして沈没した。その朝、「陸奥」の三好艦長の訪問を受けていた「扶桑」の鶴岡艦長は「陸奥」の爆沈を発信、かつ「長門」とともに17m内火艇を2隻ずつを出し、作業隊として生存者の救助に当たった。「陸奥」には予科練の候補生も含む1474名が乗艦していたが、死者・行方不明者は1121名にも及んだ。

300名ほどの生存者は「扶桑」と「長門」に収容されたが、8月になってそのままトラックへと運ばれた。もちろん口封じのためであり、彼らはギルバートおよびマーシャル諸島のタラワ、マキン、クェゼリン、サイパンの各島で玉砕することになる。残念なことに、これが第一艦隊ひさびさの出撃であった。

トラックに進出した「扶桑」は船舶不足解消のため、9月4日から18日まで17m内火艇2隻をニュージョージア島方面の輸送任務に出している。

続いて瀬戸内海で行われる砲術学校の試験実験艦として参加することになった「山城」は、9月7日よりこれに従事した。

9月15日には海兵72期の少尉候補生受け入れのため江田島に投錨、訓練を行った。候補生は総員起し1時間前に起床、居住区は15cm副砲の砲廓、夜は前甲板で気合いを入れられるなど、目の回るような忙しさと過酷な艦内生活であった。

輸送戦艦「山城」さらに続く裏方任務の日々

米軍は本格的な反攻作戦の一環として昭和18年9月、ギルバート諸島のタラワに攻撃を開始。これを受けて第二および第三艦隊がトラックを出撃するが、同地にいた第一艦隊の「扶桑」「長門」と、連合艦隊司令長官直率の「大和」「武蔵」は低速のため置いてきぼりとなってしまった。扶桑型は何度もの改装にも関わらず思うように速力が向上しなかったため、幾度もこういう局面で悲哀を味わうのである。

しかし第二、第三艦隊は米艦隊の捕捉が叶わず、続く10月17日のギルバート諸島防衛作戦（Z作戦）には「扶桑」ら先述の4戦艦も出撃したものの、敵情は誤報と知り引き返した。これは別にして米軍の進撃が止むことはなく、12月にタラワ、マキン両島は玉砕してしまった。

このZ作戦の少し前、太平洋諸島へ陸兵増強するための輸送作戦・丁号輸送が行われ、船舶不足もあって戦艦も投入された。3回目となる丁三号輸送は軽巡「龍田」を旗艦とした6隻の輸送部隊で、これに参加する「山城」は1年4カ月ぶりの前線であった。

昭和18年10月13日から14日にかけて宇品を出発した部隊は20日にトラックへ入港、第五十二師団を降ろした。

帰路には空母「隼鷹」も加わったが、同艦は11月5日、米潜水艦「ハリバット」の雷撃で損傷してしまう。実は「山城」に向けて放たれた8本の魚雷のうち、1本だけが不運にも「隼鷹」に命中したのであった。

丁三号輸送を終えた「山城」の任務は11月9日、新鋭潜水艦・呂百十三との合同訓練であった。しかし攻撃の目標艦を務める「山城」は呂百十三に衝突、お互い死者はなかったものの同艦の出撃を1カ月以上遅らせてしまった。

渾作戦にビアク島へ出撃「扶桑」、初めての発砲

昭和19年（1944年）を迎え、トラックが危険になったこともあって同地の「扶桑」は「長門」や第七戦隊（最上型）や駆逐隊とともにパラオへと脱出。途

昭和17年（1942年）6月29日、ミッドウェー攻略を企図して柱島を出撃する「扶桑」（手前）と「山城」。本作戦で両艦は主力部隊の第一艦隊第二戦隊として出撃したものの、機動部隊の敗北により成すことなく帰還している

中、米潜水艦「パーミット」に発見され雷撃を受けたが、運良く被雷は免れて無事に到着した。これが2月4日のことで、パラオは燃料の確保も容易な土地であった。

2月25日、第二戦隊は解隊され連合艦隊付属となる。その2日前の23日、「扶桑」には阪匡身大佐が、約2カ月後となる5月6日には篠田勝清大佐が「山城」に、それぞれ最後の艦長として着任する。

海軍記念日となる5月27日、米軍はニューギニアの北西岸、ビアク島に上陸してきた。ここを奪われるとニューギニアやパラオが危なくなり、マリアナにおける「あ」号作戦にも支障が出るため、現地守備隊に増援を送るとともに、艦艇による突入も実施することになった。

これが渾作戦で、輸送隊、警戒隊が編成されたほか、「扶桑」は駆逐艦2隻とともに間接護衛隊に組み込まれた。輸送艦には同行しないものの、はるか遠くを航行、敵艦隊が出てきたら交戦するという、扶桑型戦艦の使いにくさを体現したような計画であった。さらに「扶桑」は敵機の吸収やビアク島の艦砲射撃も課せられており、5月30日にタウイタウイを抜錨した。

間接護衛隊は途中、4隻もの米潜水艦に発見され「扶桑」も「レイ」の接近を許したが、一度も雷撃されることなく31日、ダバオに到着。6月2日に同地を出撃するが、「日本艦隊ビアク島に向かう」の報告を受けた米第7艦隊司令長官のキンケード中将は、計13隻の米豪合同艦隊で日本艦隊を迎え撃つよう命じた。しかし3日の正午頃、輸送隊がB-24に発見されたため連合艦隊司令部は作戦の中止を命じた。

あまりにも消極的であり、もし米豪艦隊と対決すれば、「扶桑」と警戒隊である第五戦隊（「妙高」「羽黒」）は米・豪巡洋艦相手に善戦したと思える。よしんば敗れても、「扶桑」はスリガオ海峡戦よりははるかにまともな戦いができたものと惜しまれる。

昭和19年（1944年）6月2日、渾作戦に間接護衛隊として出撃した「扶桑」。奥は護衛の駆逐艦「風雲」（手前）および「朝雲」。この作戦は米軍のビアク島上陸に呼応して行われたものだったが、結局「扶桑」は敵艦を見ることないまま終わっている

■レイテ沖海戦

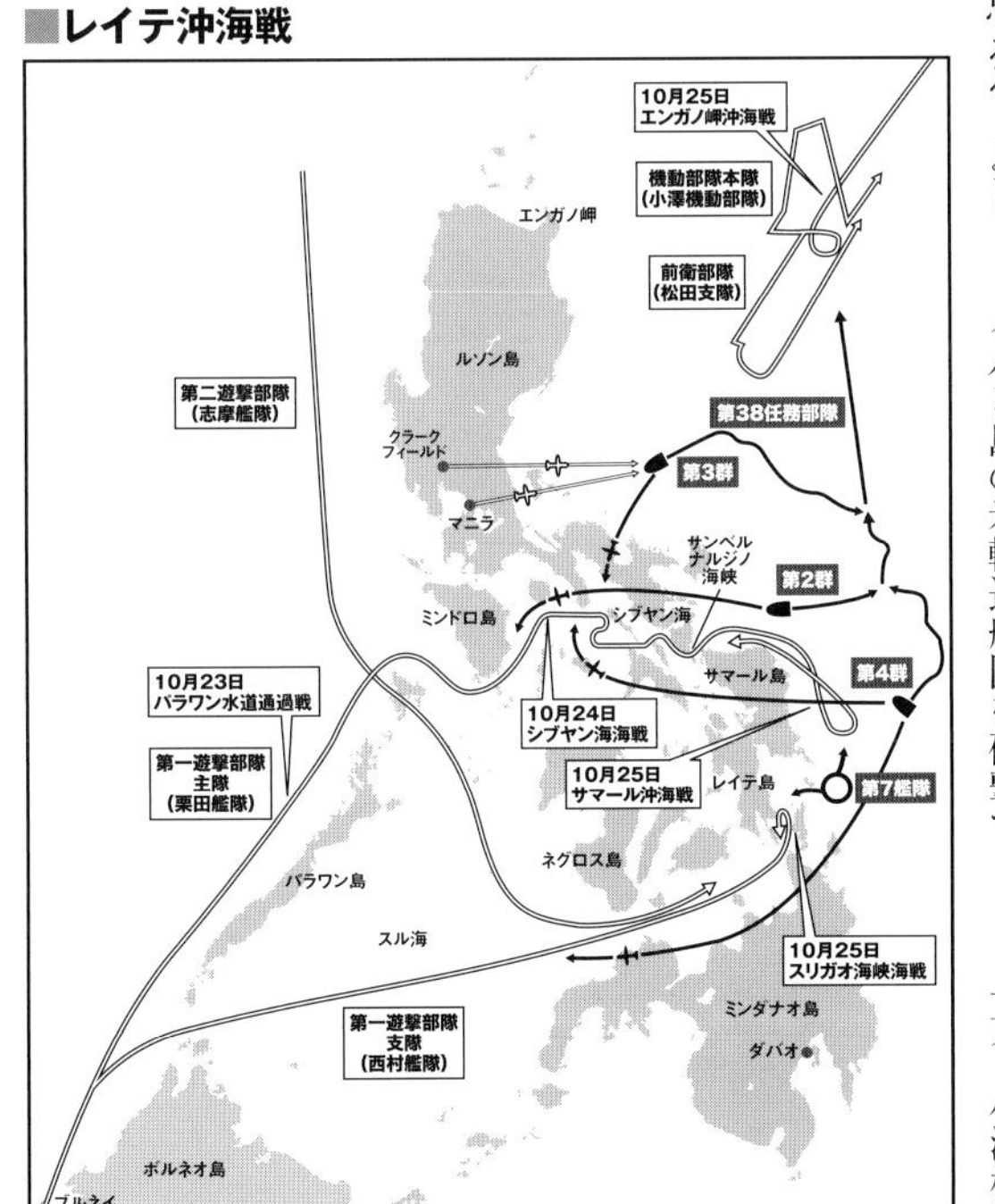

米軍のレイテ島上陸の報に接し、連合艦隊は捷一号作戦を発動、4つの部隊により進撃することとした。栗田艦隊はパラワン水道からシブヤン海を経てサンベルナルジノ海峡を抜け、南下してレイテ湾を目指す。西村・志摩艦隊はスル海からネグロス島南方を回ってスリガオ海峡に至り、北上してレイテ湾に至る計画だった。小澤機動部隊は北東方より比島方面へ進出、米空母部隊を北方へ誘致する囮任務を担っていた

6月4日、今度は「扶桑」ら間接護衛隊と警戒隊がB-25に触接され、攻撃を受けた。これに応戦した「扶桑」は「B-24 1機と対空戦を交え、そのうちの1機に白煙を吐かしむ」との記録を残している。「白煙を吐かし」めたのが「扶桑」かほかの艦か、あるいは主砲か高角砲かなどは不明だが、太平洋戦争開戦から2年半、ようやく「扶桑」が敵を攻撃したことには間違いない。

「扶桑」の渾作戦は不発 「山城」もサイパン突入ならず

6月5日、渾作戦中止の命令を受けた「扶桑」は、フィリピンのミンダナオ島ダバオに入港。17日には間もなく始まるマリアナ沖海戦に備え、新たにダバオ付近のマララグで待機するよう連合艦隊から命じられた。小澤機動部隊が退却した場合、サイパン島の米輸送船団を砲撃できる有力な艦艇と見込まれてのことだった。しかしマリアナ沖海戦は日本側の一方的な敗北に終わったため、待機任務は解かれた。

「扶桑」の周囲には燃料もタンカーもいないため、やむなくボルネオ島タラカンへ移動することとなり、護衛の駆逐艦とともに6月末にダバオを出発。またも浮上していた米潜水艦「ロバロ」を発見するものの、駆逐艦が爆雷を投下、7月2日タラカンに入港して給油することができた。

14日、内地を目指す「扶桑」は今度は米潜「ポンフレット」に捕捉され、記録によれば砲撃を行うものの、ついには雷撃を受けてしまう。しかし幸いにも「扶桑」は満月に照らされた雷跡の回避に成功、今回も事なきを得た。この幸運が、スリガオ海峡で発揮されていたら……。

一方、小澤機動部隊は敗れた

もののサイパン島ではいまだ健在な地上部隊が戦闘を続けていた。逆上陸作戦のため兵力の増強も叫ばれ、陸兵を緊急輸送するY号作戦が決定された。この際、横須賀で練習艦任務に就いていた「山城」も第五艦隊に組み入れられて出撃が決定。軍令部教育局の神重徳大佐は「山城」を突入させて陸上砲台とすべく、叶えられなかったものの艦長就任を希望している。神大佐はレイテ沖海戦で連合艦隊参謀として、艦隊の突入作戦を立案することになる。

Y号作戦に当たり、「山城」は上陸に使用する大発を6隻搭載できるよう6月21日から28日の短期間で工事が行われた。しかし24日にサイパン島の放棄が決定、渾作戦同様にY号作戦は計画倒れとなってしまった。

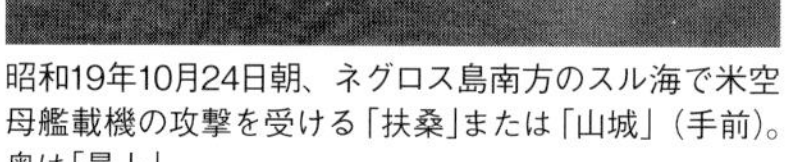

昭和19年10月24日朝、ネグロス島南方のスル海で米空母艦載機の攻撃を受ける「扶桑」または「山城」（手前）。奥は「最上」

同じく、スル海にて航空攻撃を受ける「扶桑」または「山城」。一連の空襲で「扶桑」「最上」「時雨」が損傷している

第二戦隊の新編成と捷一号作戦発動

昭和19年9月、久しぶりに第二戦隊が復活、旗艦「山城」に西村祥治中将が司令官として着任した。

第二戦隊は来るべき決戦のため、リンガ泊地で待機中の第二艦隊（栗田艦隊）に合流すべく9月23日に呉を出港。途中で米潜水艦の追撃を受けるものの、敵潜が正体不明の潜望鏡に混乱しているうちに彼方へと消え去った。「信濃」を含む全艦が潜水艦の攻撃を受けた大和型などと違い、扶桑型は敵潜と無縁の生涯となった。

当初の予定では第一戦隊の「長門」が第二戦隊旗艦として配属とされていたが、宇垣纏第一戦隊司令官の猛反対もあって実現しなかった。

やがて昭和19年10月17日、米軍はレイテ湾口のスルアン島に上陸。豊田連合艦隊司令長官は捷一号作戦警戒を下令、米軍撃滅のため残存艦艇をレイテへ突入させることとした。

これに際して栗田司令長官は、速力の遅い第二戦隊を第一遊撃部隊の第三部隊として別動させることにして、まず第一、第二部隊から成る主隊を率いて22日朝にブルネイ湾を出撃した。その前夜、1000箱余りあった「山城」艦内のビールは、尾崎俊春副長の許可を取り付けた兵らが500箱を呑んでしまったという。

支隊となった第三部隊は、スリガオ海峡方面からレイテ島タクロバン方面に突入する方針が定められ、同日15時30分に見送りもないまま出撃した。

「山城」「扶桑」に従うのは、航空巡洋艦に改装された「最上」と、駆逐艦「満潮」「山雲」「朝雲」「時雨」のわずか5隻であった。

西村艦隊の進撃「扶桑」、痛恨の誤射

西村艦隊は24日未明、「最上」より零式水偵を飛ばし、戦艦4隻、巡洋艦2隻、駆逐艦2隻、輸送船80隻ほかレイテ湾の状況をつかんだ。栗田艦隊の小柳参謀長は「西村司令官一流のなかなか用意周到な手堅いやり口」と評したが、これぞレイテ沖海戦で日本海軍が唯一得た敵情であった。

同日の9時30分頃から西村艦隊は最初で最後となる空襲を受け、わずか5分程度の戦闘で「扶桑」「最上」「時雨」が損傷した。この戦闘で撃墜された「エンタープライズ」戦闘機隊長機はゴムボートで漂流、7日後にフィリピン原住民に救助されたという。

同18時30分、西村司令官はパナオン島に蝟集する魚雷艇を掃討すべく「最上」「満潮」「山雲」「朝雲」を分離させた。しかし掃討隊は会敵できず、皮肉にも23時前に後方の本隊が米魚雷艇の襲撃を受けた。統一訓練を行っていなかったにも関わらず、西村艦隊は回避運動で照準を許さず、PT-152号に命中弾すら与えた。

これらの戦闘を後方に見た掃討隊も魚雷艇に襲われ、交戦しながら本隊と合流の途につく。しかし25日1時頃、「最上」は「扶桑」より副砲の射撃を受け、3名が戦死。「最上」乗員らには箝口令が敷かれたが、後味の悪い出来事となってしまった。

スリガオ海峡へ「山城」「扶桑」の順に突入する第二戦隊。魚雷艇(PTボート)の襲撃を受けた両艦は、「時雨」の放った星弾の光芒が照らす中、副砲の射撃によりこれを撃退した。「山城」「扶桑」を擁する西村艦隊はさらに海峡を北上するが……

暗夜のスリガオ海峡突入「扶桑」落伍、「山城」被雷

栗田艦隊がシブヤン海で甚大な被害を受け、進撃が大幅に遅れたのに対し、西村艦隊はほぼ予定通りにスリガオ海峡を目指していた。このため西村司令官は単独での突入を決意、これを栗田長官にも打電した。

対してオルデンドルフ少将が指揮する米艦隊は、戦艦6隻と巡洋艦8隻を基幹に、前衛に数十隻の駆逐艦、魚雷艇を配して待ちかまえていた。彼我の戦力差、7対79！

2時2分、前衛に「満潮」「朝雲」を配し、後方に「山城」「扶桑」「最上」が続き、「山城」の右舷に「山雲」、左舷に「時雨」の隊形により、西村艦隊は20ノットで突入の態勢を取る。この直後から再び米魚雷艇の攻撃が開始されたが、西村艦隊はPT-493号を座礁に追い込み、同130号、152号、490号を損傷させた。

戦力差をものともしない西村艦隊の一方的勝利だが、3時過ぎ、駆逐艦「メルヴィン」の放った魚雷が「扶桑」に命中。急速に速力が低下した「扶桑」は落伍したものの、西村司令官らはこれに気づかず進撃を続ける。

生還した乗員によれば、「扶桑」の艦首は水中に没し、一番砲塔が水を切っていたという。

しかも、総員退去が命じられるまでは群がっていた魚雷艇群の姿も見えなくなり、「扶桑」の周囲は「不気味なほど」と記される静寂に覆われていた。

これに続く雷撃で「山雲」が沈没、「満潮」「朝雲」も航行不能に陥る。「山城」も二度の被雷で五番、六番砲塔が使用不能となるものの、不屈の西村司令官は突進を止めない。実質的に最後となる命令が「山城」から残存部隊に発せられた。

「我魚雷を受く、各艦は前進して敵艦隊を攻撃すべし」

凄絶な砲撃戦に西村艦隊壊滅

「山城」が2本目の魚雷を受けた直後の3時44分、3度の大爆発が生じた。これは後続していた第二遊撃部隊（志摩艦隊）からも認められており、「扶桑」の弾薬庫の爆発と推定されている。

志摩艦隊は崩れ落ちる「扶桑」の艦橋や二つに割れた船体を目撃したというが、総員退艦から間もない3時40分頃、「扶桑」は爆発も起こさないまま左舷に傾斜、艦首から沈み、持ち上がった艦尾には空転するスクリューが見えたとの証言もある。いずれにせよ、「扶桑」が雷撃によって沈んだことに変わりはない。

3時50分の時点で、スリガオ海峡を進む西村艦隊は「山城」「最上」「時雨」のみ。直後、オルデンドルフ少将の命令によって米艦隊は砲撃を開始。「山城」も左に回頭しつつ砲門を開く。「山城」とまともに射撃できた米戦艦は新型射撃レーダーを持つ「ウェストヴァージニア」「テネシー」「カリフォルニア」のみだったが、巡洋艦戦隊も含む文字通り雨あられの砲撃が「山城」を包み込む。

それでも「山城」の36cm主砲は巡洋艦4隻に夾叉（きょうさ）を出し、同じく夾叉された駆逐艦「クラックストン」艦長も極めて正確な砲撃だったと証言する。そして、副砲はついに駆逐艦「A・W・グラント」を直撃、同艦は味方の砲撃も受ける乱戦となった。

万丈の気を吐いた「山城」だが、米駆逐艦「ニューカム」の雷撃が致命傷となり、4時19分に横転して波間に没した。一番、二番主砲塔は最後まで砲撃を止めなかったと米軍記録は伝える。

米軍によれば、ほぼ同時刻に「扶桑」の船体前部が沈み、約1時間後に艦尾部が巡洋艦「ルイヴィル」の砲撃で沈んだという。

西村艦隊で生還したのは「時雨」1隻のみ。海上を漂う漂流者たちは米軍の救出を拒み、近くの島に流れ着いた乗員も多くが原住民に虐殺された。「山城」の生存者は准士官以上2名、下士官・兵が8名。「扶桑」は全員戦死と伝えられることが多いが、『文集 戦艦山城』では10名が生還と記されており、戦後手記や証言も残されている。彼らを含む西村艦隊の将兵約4000名で生還したのはわずか26名と伝えられており、圧倒的な戦力を誇る敵艦隊にその身をさらして戦い果てた「扶桑」「山城」の最期は、太平洋戦争でも最大級の苛烈なものであった。

しかも旧式・低速と誹（そし）られながらも米戦艦と真っ向から交戦した日本戦艦は「山城」と「霧島」のみ。スリガオ海峡における「山城」そして「扶桑」の奮闘は、日本戦艦戦史に消えることのない輝きを放ち続けている。

■スリガオ海峡海戦　参加艦艇

■日本軍

第一遊撃部隊第三部隊（西村祥治中将）

第二戦隊	戦艦「山城」「扶桑」、重巡「最上」
第四駆逐隊	駆逐艦「山雲」「満潮」「朝雲」
第二十七駆逐隊	駆逐艦「時雨」

■連合軍

第77.2任務群（ジェシー・B・オルデンドルフ少将）

中央隊	戦艦「ミシシッピ」「メリーランド」「ウェストヴァージニア」	
	第2戦艦戦隊	戦艦「ペンシルヴェニア」「テネシー」「カリフォルニア」
	駆逐艦6隻	
左翼隊	第4巡洋艦戦隊	重巡「ルイヴィル」「ポートランド」「ミネアポリス」
	第12巡洋艦戦隊	軽巡「デンバー」「コロンビア」
	駆逐艦9隻	
右翼隊	豪重巡「シュロプシャー」、軽巡「ボイシ」「フェニックス」	
	駆逐艦14隻	
魚雷艇39隻		

■スリガオ海峡海戦

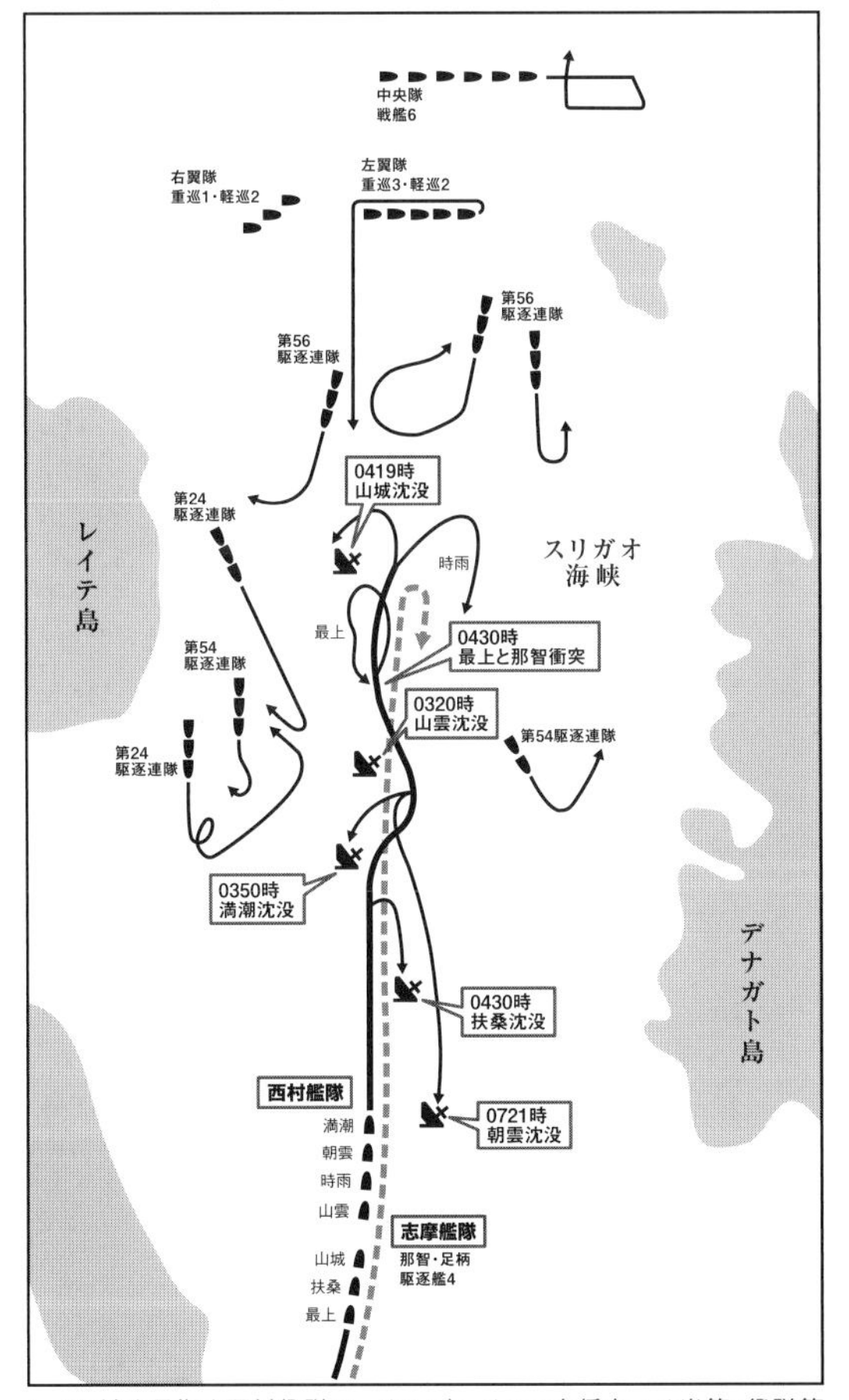

レイテ湾を目指す西村艦隊は、オルデンドルフ少将率いる米第7艦隊第77.2任務群の迎撃を受けた。米側は海峡入口に魚雷艇、駆逐艦を配置し、西村艦隊を執拗に攻撃、さらに進撃する「山城」「最上」「時雨」に対しては戦艦6隻、巡洋艦8隻による砲撃を見舞った

図説 扶桑型戦艦

イラスト・解説／こがしゅうと

語弊はあるだろうが、戦艦の存在価値というのは敵の戦艦を沈めることにあると筆者は考える次第だ。強力で堅固な戦艦をブチ壊す程の火力があれば、他の艦艇らは容易く破壊出来る。その敵戦艦に撃ち勝つ為、どうしたらいいのだろうと知恵を巡らせてきたのが戦艦発達の歴史だ。

どうやって敵戦艦を破壊するかという直接的手段であるが、軍艦が搭載する艦砲こそが、当時最も実用的であり、かつ最も効果のある兵器だった。故にその艦砲を主砲とし、それをより大口径でより数多く、かつ、効果的に発射できるようにすることが、戦艦を戦艦らしくさせる到着点であると考えられていた。

…さて。ここで紹介する扶桑型戦艦だが、まず本見開きを御覧くださると幸甚だ。中心線上に規則正しく一直線に主砲塔を並べた様は、日露戦争当時に活躍した、砲塔配置にも迷いがある容姿も寸詰まった鈍くさい戦艦らと比較すると隔世の感を抱く、非常に精悍な姿に進化した。しかし、戦闘・戦争という行為は常に考え、進歩・強化しないと勝てない。

勝つ為には訓練も必要だが、次々と登場する新技術や新しい知恵、新装備らを常に導入する必要がある。これらを見越し、受け入れを容易とする余裕あるデザインにするというような深い思慮を持つカミサマみたいな人は居ない。そのため、扶桑型戦艦らにはこれら新装備の毒味役に加え、国産戦艦の礎としての役割、知恵の蓄積等々、『戦艦に勝つ為』以外に大きな役割があったフネだと考える次第だ。

結果、装備を付けたり外したり移動したりと、常に答を求め砂を噛むような思いを続けてきたフネであると筆者は考えている。

ではそれらのモガキの代表格みたいのを後半で述べて行こうと思う。

「八九式四十口径十二糎七聯装高角砲」。
艦橋根元にこっそりと設置。三番主砲塔の筒先近くという配慮だろう、首を捻挫したときに巻くポリネックのような頑強なブルワークで囲っているのだが…間近で主砲を発射されたら…操作員は捻挫どころじゃ済まないだろう。ここは色々あって射界は狭い。

意外に思えるのだが艦橋裏には平面がある。

三番主砲塔詳細は別項参照のこと。

時代がどんどん進んで行き大戦末期となると、何も無い上甲板上に続々と機銃が追加されていく。

「扶桑」一番主砲塔俯瞰図

「砲台長観測塔」。
四角い部分の先端は開閉式だ。

「旋回式給気筒」。

「外膅砲用照準演習機」。

「演習外膅砲用観測窓」。

扶桑型戦艦は六つの砲塔を持っている。全て同じものではなく容姿は異なり、大きく分けて三種類の容姿がある。それらは順に本編で述べて行こうと思う。この差違は細やかというか軸が無いと言うか、このバラバラさは実に日本人の設計らしさが出ている。

搭載する砲は「四一式四十五口径三十六糎主砲」。驚くのは砲塔上部、「天蓋」と呼称される屋根部分だ。当然、ここは被弾を考えて重装甲が施されているのだが、そんな重要な箇所なのに、左右には「旋回式給気筒」が潜望鏡のように飛び出している。つまりは装甲を貫通する孔が左右に二つも多くあるということでもある。

…ここから砲弾が飛び込んだら『運が悪い』、諦めろということなのだろうか。…砲弾が飛び込んだら、砲塔内には発射薬と敵戦艦に痛撃を加える砲弾が満載だ。結果は述べるまでもないだろう。それだけ砲塔内は暑いのだろうし、発射煙が立ちこめて苦しい空間なのだろう。

天蓋の話が出たついでに述べるが天蓋の固定方法も凄いと思う。太いマイナスネジ留めだ。砲の交換時などはこの構造は有難いものだろうが、「旋回式給気筒」同様、被弾には誠に不都合な手段だ。被弾により無理な力が掛かると連鎖的にネジが折損する。設計者側もそれは承知のようで、木材を堅固に固定する『継ぎ』技術を、天蓋固定にも採用しており安全度を高めている。

…こんなことを述べたら詮無いが、扶桑型戦艦らの最期の海戦時に、戦没する原因のひとつになっていないことを祈るばかりだ。

「扶桑」一番主砲塔背面図

　ここではあまり描かれない砲塔背面について述べる。大和型戦艦の主砲塔背面には出入口とそれに関する装備品が付くのだが、「扶桑」のは何も無いつるりとしたシンプルなものとなっている。…砲塔内に入る場合は、一度艦内を経由しないとダメなのだろうか。それとも「砲台長観測塔」頂部はハッチとなっていて、ここからの出入りも可能なのだろうか。疑問は尽きない。「一番主砲塔」と述べたが扶桑型戦艦の六番主砲塔も同じ構造だ。

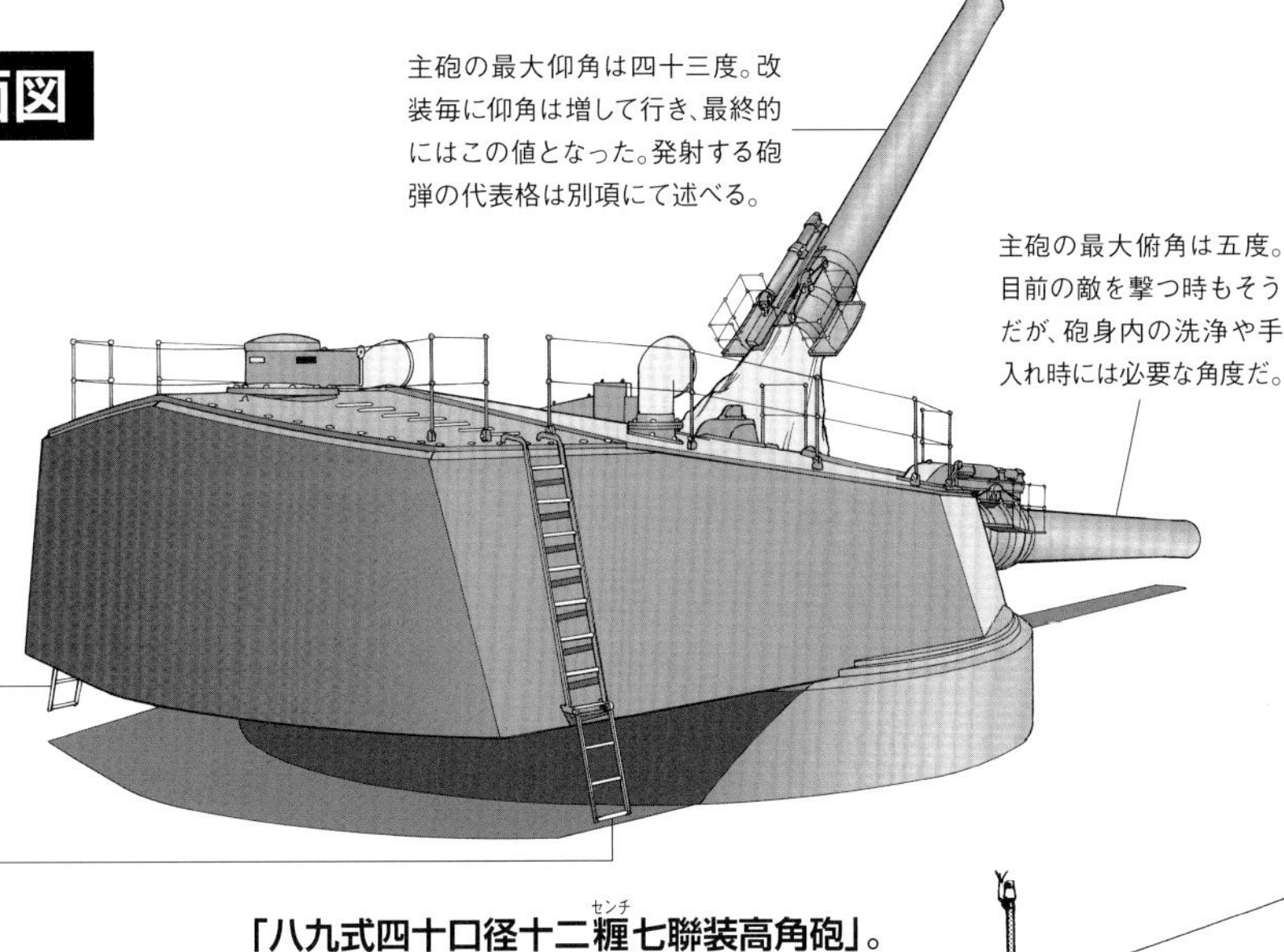

主砲の最大仰角は四十三度。改装毎に仰角は増して行き、最終的にはこの値となった。発射する砲弾の代表格は別項にて述べる。

主砲の最大俯角は五度。目前の敵を撃つ時もそうだが、砲身内の洗浄や手入れ時には必要な角度だ。

「梯」。

「一・六番主砲塔」の梯は後部にある。特筆すべき点として、砲塔より下の部分は可動式になっており、旋回時に甲板上の物体を引掛けないようになっている。

各種砲弾

「風帽」。

これ自体は貫通力はない。飛行距離を稼ぐ為の空力的な覆いだ。この下に弾頭がある。

「時限信管」。

測距儀からの情報をここに入力、炸裂距離を設定させる。

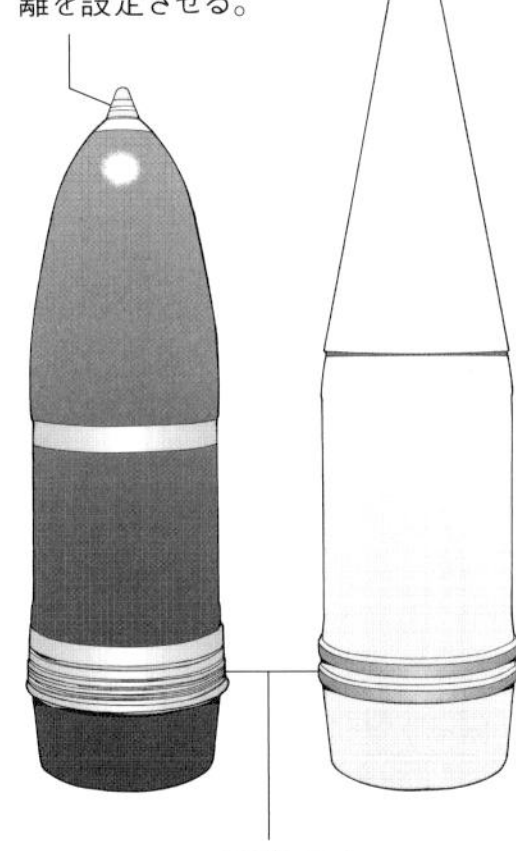

「九一式徹甲弾」（右）
「三式焼散弾」（左）

「九一式徹甲弾」は、砲弾が標的手前に着弾すると、先端の尖った部分が折れ吹き飛び、残った後半部分が水中を魚雷のように進み、脆弱な吃水線下を破壊する（水中弾効果）という日本海軍の秘密兵器だ。本体色は白色。

「三式焼散弾」は、敵機撃墜用として開発された対空砲弾だ。一定飛翔後に弾頭部信管が作動、内蔵弾子を砲弾飛翔方向に円錐状に放出するというものだ。本体色は赤さび色。

「導環」。

砲身内の施条にこれが食い込んで砲弾に回転を与える。

「八九式四十口径十二糎七聯装高角砲」。

ここは高い位置にあるので射界は広そうだ。主砲とは異なり、反対舷には発射は出来ない。

大改装により煙突は一本に統合された。大戦末期、戦訓により付加された電探空中線装置はこの煙突両舷に設置されていた。「扶桑」の煙突の特筆すべき点だ。

砲の旋回に必要な空間以外、色々と詰め込もうとする努力が各所に見受けられる。

四番主砲塔のバーベットは三番主砲塔より高くなっている。本来背負い式に採り入れられる配置なのでこれは変に感じる。この理由だが、装載艇らの設置場所として砲身下に空間を確保する必要からのようだ。

推進軸は四。

舵は二枚。左右舵はハの字になるように傾斜が付けられている。この二枚舵は、被弾で両方の舵が同時に破壊されうるという欠点は内包しているものの、旋回には素晴らしい効果が出るのも確かだ。

「砲郭」。

大和型戦艦以外はすべてこの形式で副砲が設置されたが、使い勝手はどうだったのだろうか。これがあると『動く城』という表現がぴたりと来る。扶桑型に搭載された副砲は「四一式五十口径十五糎単装砲」だ。しかし、小柄な日本人にはこの砲への装填作業は酷であると判明、次級の戦艦である伊勢型では十四糎砲が採用された。

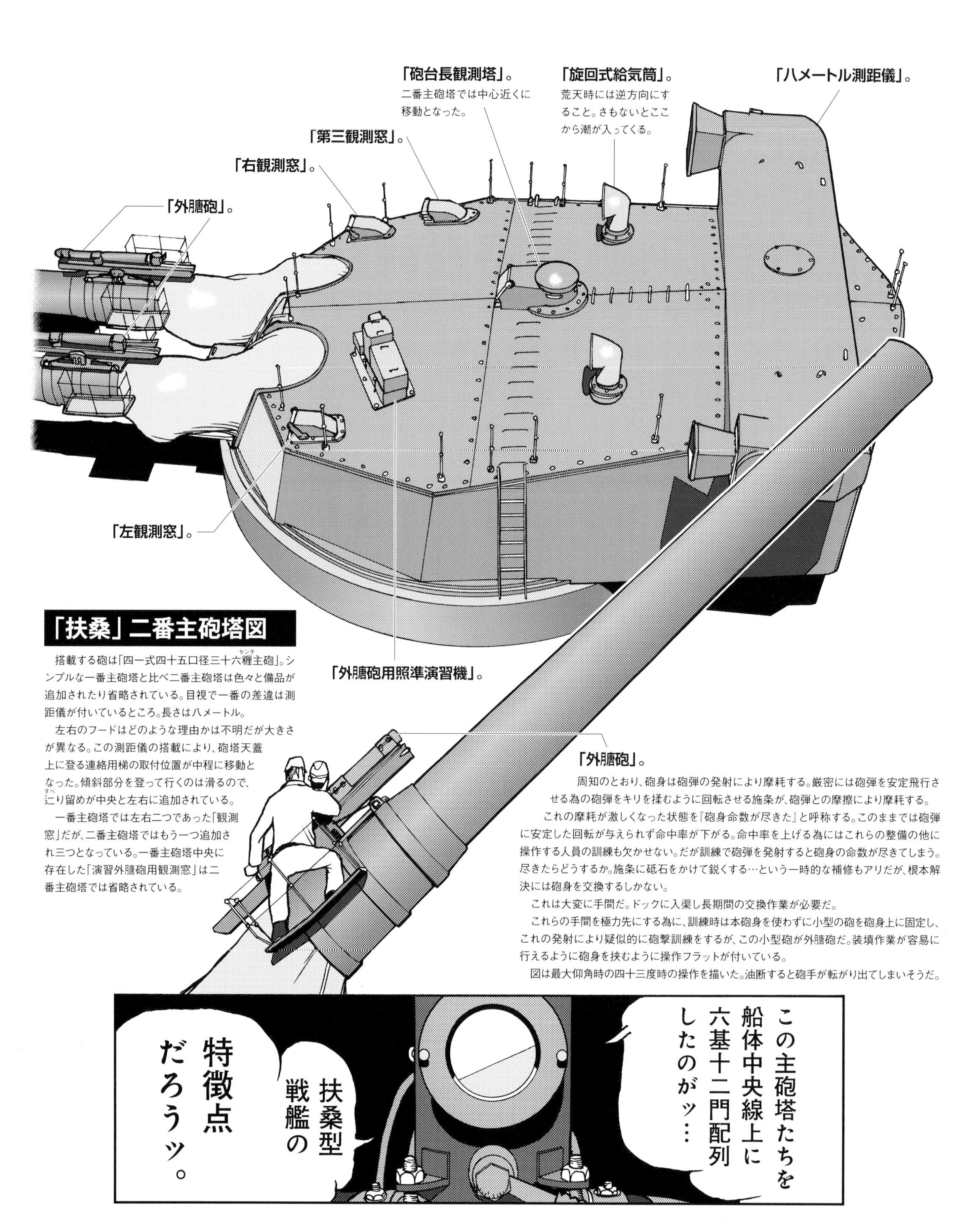

「扶桑」二番主砲塔図

搭載する砲は「四一式四十五口径三十六糎（センチ）主砲」。シンプルな一番主砲塔と比べ二番主砲塔は色々と備品が追加されたり省略されている。目視で一番の差違は測距儀が付いているところ。長さは八メートル。

左右のフードはどのような理由かは不明だが大きさが異なる。この測距儀の搭載により、砲塔天蓋上に登る連絡用梯の取付位置が中程に移動となった。傾斜部分を登って行くのは滑るので、辷（すべ）り留めが中央と左右に追加されている。

一番主砲塔では左右二つであった「観測窓」だが、二番主砲塔ではもう一つ追加され三つとなっている。一番主砲塔中央に存在した「演習外膅砲用観測窓」は二番主砲塔では省略されている。

「外膅砲」。

周知のとおり、砲身は砲弾の発射により摩耗する。厳密には砲弾を安定飛行させる為の砲弾をキリを揉むように回転させる施条が、砲弾との摩擦により摩耗する。

これの摩耗が激しくなった状態を『砲身命数が尽きた』と呼称する。このままでは砲弾に安定した回転が与えられず命中率が下がる。命中率を上げる為にはこれらの整備の他に操作する人員の訓練も欠かせない。だが訓練で砲弾を発射すると砲身の命数が尽きてしまう。尽きたらどうするか。施条に砥石をかけて鋭くする…という一時的な補修もアリだが、根本解決には砲身を交換するしかない。

これは大変に手間だ。ドックに入渠し長期間の交換作業が必要だ。

これらの手間を極力先にする為に、訓練時は本砲身を使わずに小型の砲を砲身上に固定し、これの発射により疑似的に砲撃訓練をするが、この小型砲が外膅砲だ。装填作業が容易に行えるように砲身を挟むように操作フラットが付いている。

図は最大仰角時の四十三度時の操作を描いた。油断すると砲手が転がり出てしまいそうだ。

サブ兄さん…職業：伏龍。米上陸用舟艇を海中から爆雷で爆破する。マッチョ。

ユガシャウト…フクロウ人間。サブ兄さんに粛清される。

マリンくん…こがしゅうとの相棒。いつもサブ兄さんに嬲られる。

チハ兄さん…職業：歩兵支援用アニキ。ときどき触手を出す。

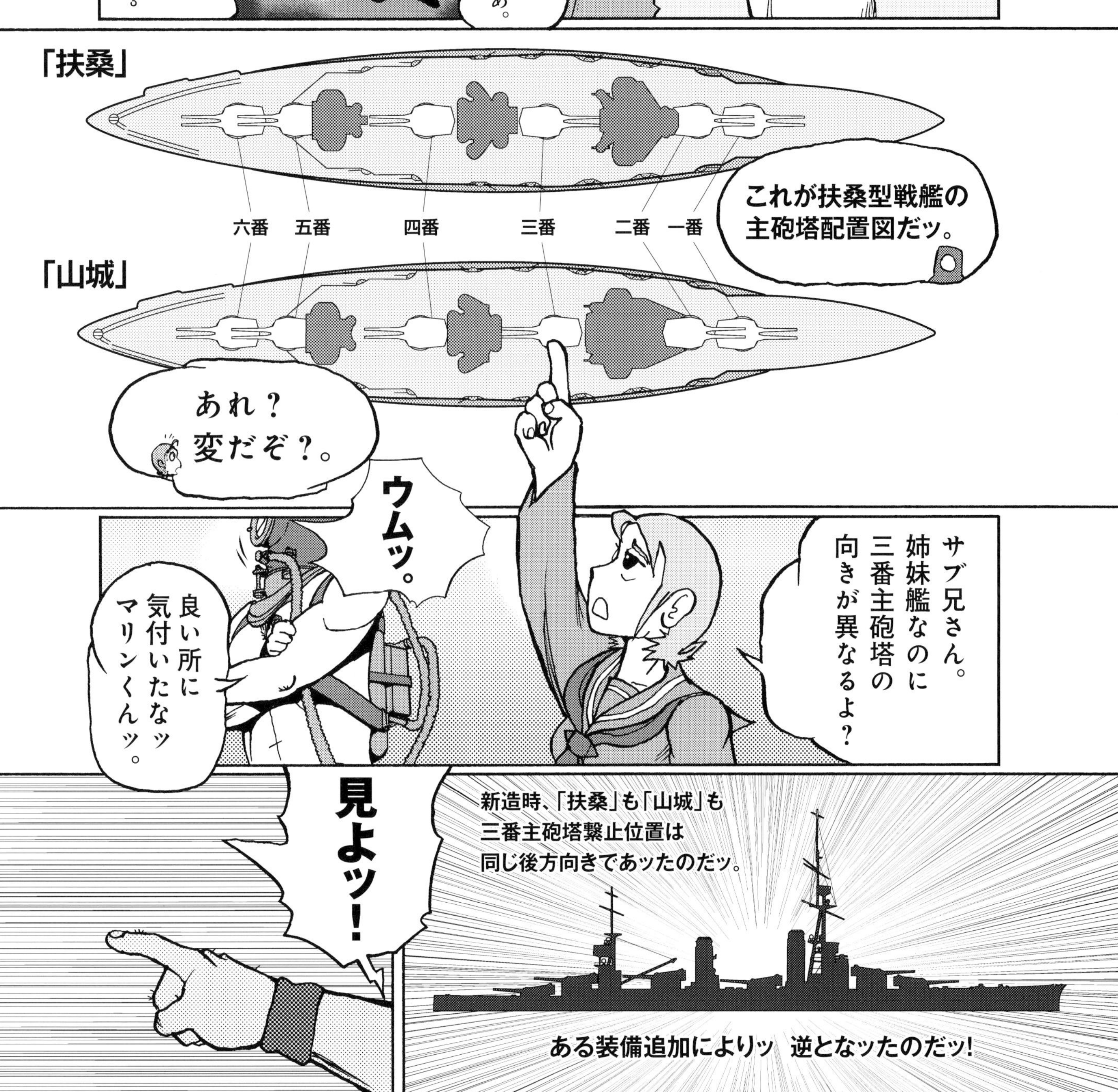

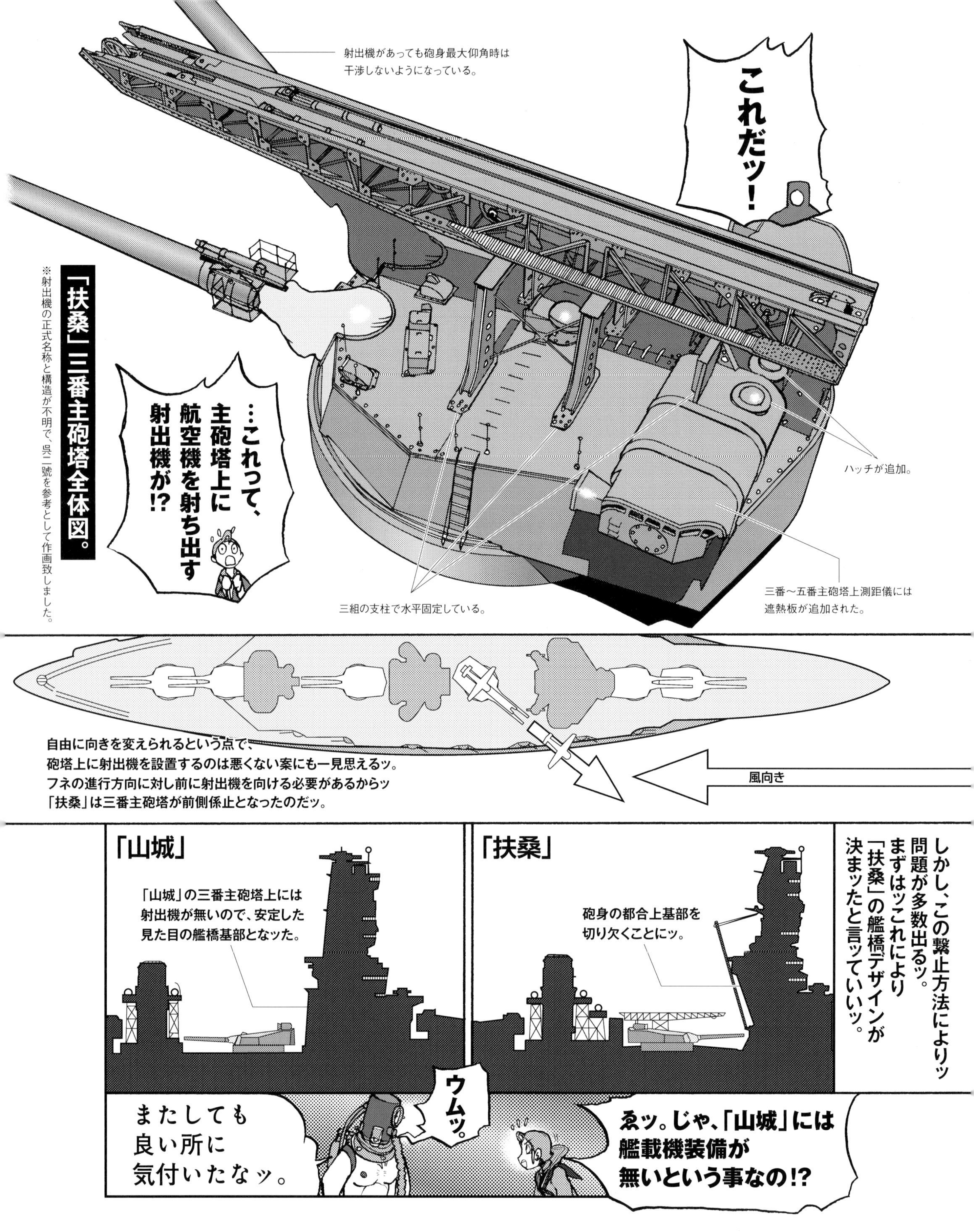

これだッ!
射出機があっても砲身最大仰角時は
干渉しないようになっている。
「扶桑」三番主砲塔全体図。
※射出機の正式名称と構造が不明で、呉二號を参考として作画致しました。
…これって、主砲塔上に航空機を射ち出す射出機が!?
ハッチが追加。
三番〜五番主砲塔上測距儀には
遮熱板が追加された。
三組の支柱で水平固定している。
自由に向きを変えられるという点で、
砲塔上に射出機を設置するのは悪くない案にも一見思えるッ。
フネの進行方向に対し前に射出機を向ける必要があるからッ
「扶桑」は三番主砲塔が前側係止となったのだッ。
風向き
しかし、この繋止方法によりッ問題が多数出るッ。
まずはッこれにより「扶桑」の艦橋デザインが決まッたと言ッていいッ。
「扶桑」
砲身の都合上基部を
切り欠くことにッ。
「山城」
「山城」の三番主砲塔上には
射出機が無いので、安定した
見た目の艦橋基部となッた。
ゑッ。じゃ、「山城」には艦載機装備が無いという事なの!?
ウムッ。
またしても良い所に気付いたなッ。

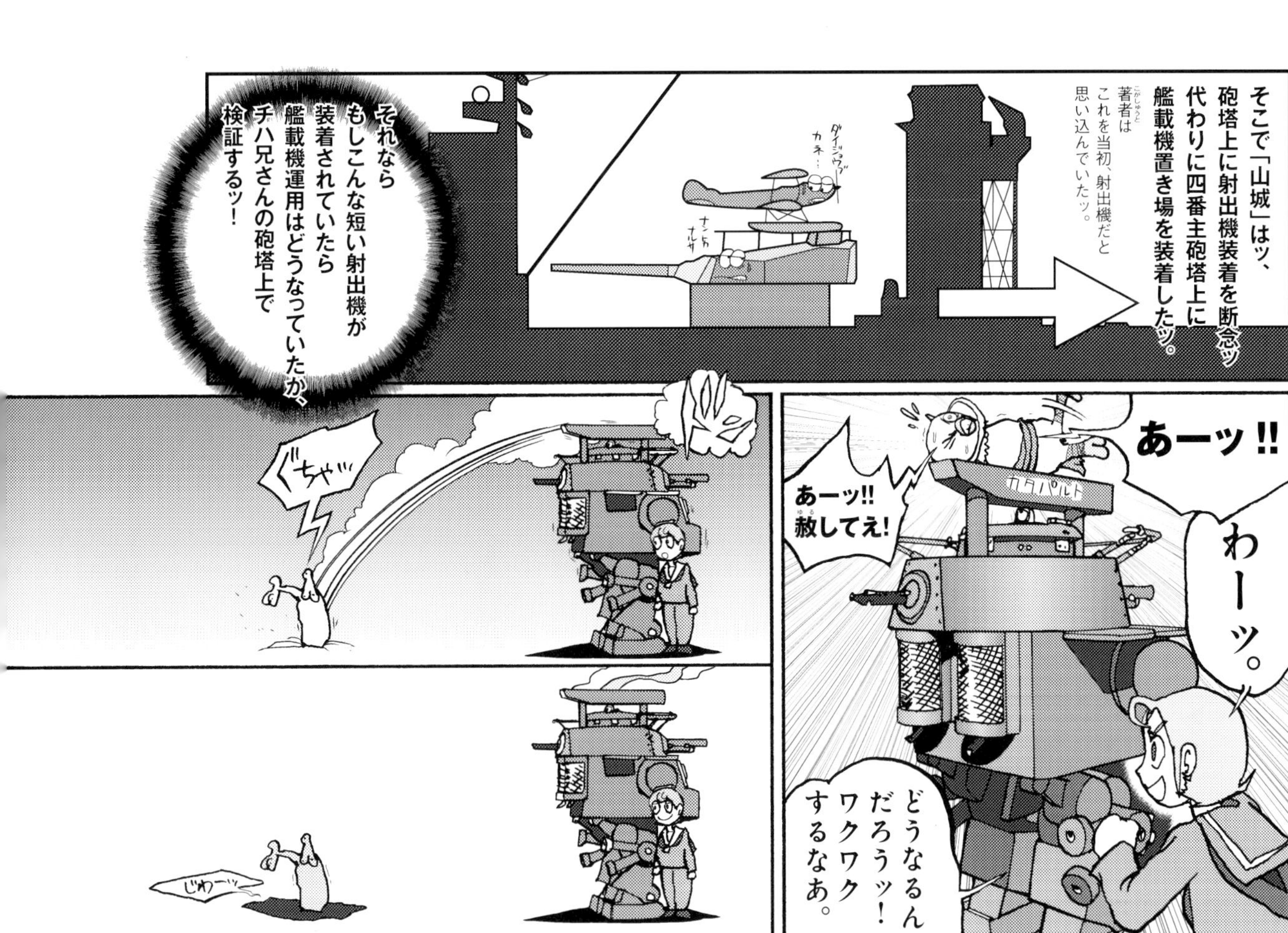

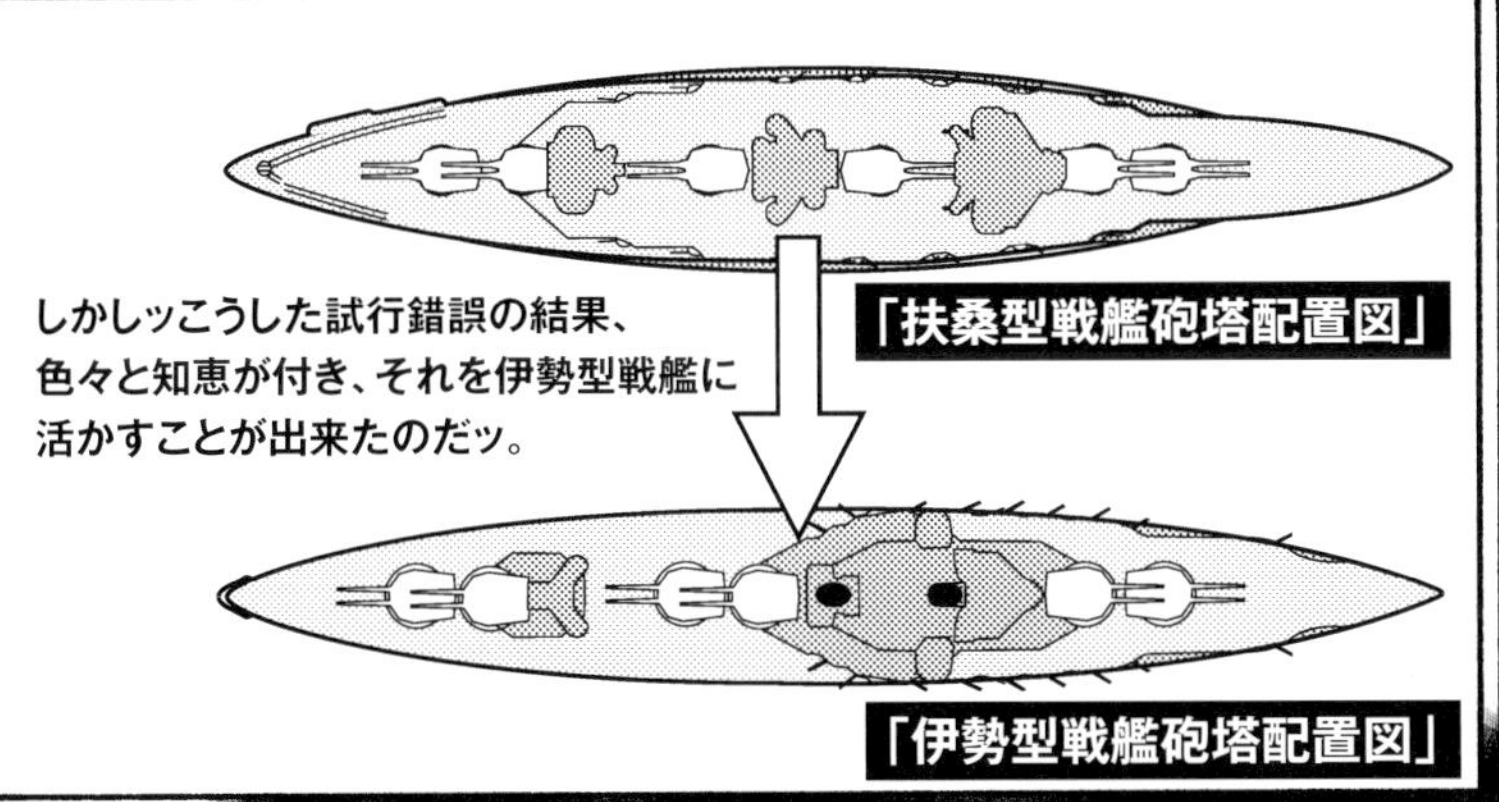

しかしッこうした試行錯誤の結果、色々と知恵が付き、それを伊勢型戦艦に活かすことが出来たのだッ。

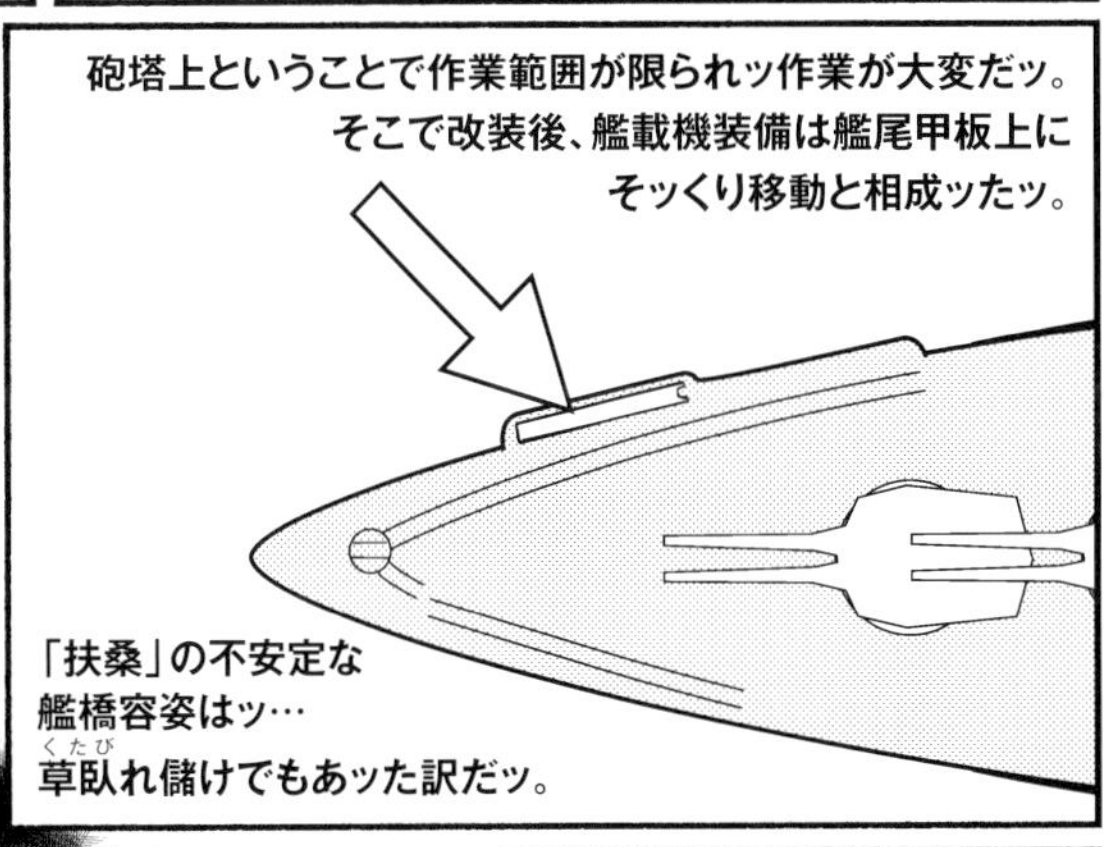

砲塔上ということで作業範囲が限られッ作業が大変だッ。そこで改装後、艦載機装備は艦尾甲板上にそっくり移動と相成ッたッ。

「扶桑」の不安定な艦橋容姿はッ…草臥れ儲けでもあッた訳だッ。

近代戦艦に様々な知恵を齎した扶桑型ッ。砲の向きで容姿も決まッた扶桑型ッ。

スリガオの海では相手の砲によッて眠ることになッた扶桑型ッ。

これらは記憶に留めておくべきことだッ。

扶桑型と同世代のライバルとの比較

様々な弱点を指摘されることも多い扶桑型だが、同世代の戦艦と比べてその実力はどうだったのだろうか。ここでは扶桑型が竣工した1915年〜17年付近に竣工した同世代の戦艦と、扶桑型の戦闘力を比較してみよう。　文／本吉隆

VS. ネヴァダ級（米）

米海軍の超ド級艦の二代目にして、以後の第一次大戦型米戦艦の発達の礎となった艦としても知られるネヴァダ級は、カタログ上の要目ではその砲門数は扶桑型より少なく、また砲塔数が少ないので、総じての砲力及び第一次大戦時の砲戦距離で重要視された「出来る限り早く撃つ」能力に関しては、扶桑型に一歩譲る面がある。

ただし「世界最初の集中防御艦」である本級の装甲防御は、水線部の舷側装甲帯が343mm、水平部76mmと扶桑型を大きく上回る。この装甲防御は、当時扶桑型が使用していた徹甲弾では、到底貫徹できる見込みが無い。

これに対し、米の14インチ（35.6cm）45口径砲弾は、言われている貫徹性能が完全に発揮出来るのであれば、15km以内で扶桑型の舷側装甲を貫徹できる。また当時の徹甲弾の性能を考慮しても、扶桑型の垂直側の多くを防御する152mm〜203mmの装甲帯を、当時の戦艦の主要交戦距離（通例15km以下、10km以下になることも珍しくは無い）であれば充分に貫徹できる能力がある。

このため竣工時の両者が、当時の戦艦の決戦距離で交戦した場合には、扶桑型はかなりの苦戦を強いられるはずだ。

■戦艦「ネヴァダ」（1929年改装時）

基準排水量:29,065トン／全長:177.7m／全幅:32.88m／吃水:8.7m／主缶:ビューロウ・エクスプレス缶6基／主機:パーソンズ式蒸気タービン2基/2軸（オクラホマはレシプロ2基/2軸）／出力:28,000馬力／最大速力:20.3ノット／航続力:10ノットで15,700浬／兵装:45口径35.6cm三連装砲2基、同連装砲2基、12.7cm単装砲12基、12.7cm単装高角砲8基、12.7mm機銃8挺、水偵3機／装甲:水線343mm、甲板127mm、主砲塔456mm、司令塔406mm／乗員:1,400名／同型艦:オクラホマ

この両者が共に大改装を受けた太平洋戦争開戦前の時点では、扶桑型は完全な戦術的機動性優位を確保出来る速力を持つ利点がある。一方で、扶桑型は九一式徹甲弾採用後も、恐らくは17kmかそれ以下の距離でないとネヴァダ級の舷側装甲を貫徹できない（日本海軍資料によれば、14インチ45口径砲での距離20kmの貫徹力は307mm）。

対してネヴァダ級は、主砲が額面通りの性能を出せれば、扶桑型の主砲への安全圏を22〜25km程度とすることが出来る。このため扶桑型にとってネヴァダ級は強敵となるのは間違いないが、主砲門数の優位と戦術的機動性優位を持つ扶桑型は、これと伍して戦う能力はあると思われる。

1933年、パナマのコロン湾に停泊している改装後の「ネヴァダ」。竣工時は籠マスト2本だったが、1927年〜29年の大改装時に三脚檣2本に換装した。他に主砲の仰角増大（15度から30度）、主機換装、バルジの追加、航空機運用能力の追加などの変更が施されている。主砲は35.6cm砲10門で、扶桑型より2門少ない

VS. ペンシルヴェニア級（米）

ネヴァダ級戦艦に続いて整備された本級は、同級の設計を元にしつつ、主砲門数の増大を含めた改正を実施した拡大改良型と言える艦だ。

竣工時点で砲力は扶桑型と同等、防御力は圧倒的に優越していて速力は同等以上という艦であるので、扶桑型は圧倒的に不利となる。当時の日本の兵科士官が記した様に、「姑息なる薄鋼鈑は徒らに徹甲弾の内部爆発を誘うだけ」として、米の集中防御方式万歳になるのは、この様な差異を見れば仕方が無い面があった。

ただ扶桑型に比べて砲塔数が少なく、砲塔の揚弾機数が少ない（2基）本級は、「交互射撃か砲塔毎の射撃で、射撃門数は確保出来なくても短時間（出来れば20秒以下）でとにかく主砲斉射を行う」という第一次大戦式の射法では不利な艦であり、その点では扶桑型の方が優れているとも言える。

太平洋戦争開戦前の、両者共に大改装後の状態であれば、やはり舷側装甲・水平装甲共に勝る本級は、主砲威力の観点から見て扶桑型より安全圏を大きく取れる、という利点がある（読者諸兄は意外に思うかも知れないが、艦内主水平甲板部の装甲厚も前級及び本級共々扶桑型より厚い）。ただ扶桑型はほぼ完全な戦術的機動性優位を持つ速力があるので、より優位な態勢での砲戦実施を見込めるという利点はある。

■戦艦「ペンシルヴェニア」（1931年近代化改装後）

基準排水量:33,125トン／全長:185.4m／全幅:32.4m／吃水:9.1m／主缶:ビューロウ・エクスプレス缶6基／主機:ウェスティングハウス製蒸気タービン4基/4軸／出力:33,375馬力／最大速力:21ノット／航続力:10ノットで19,900浬／兵装:45口径35.6cm三連装砲4基、12.7cm単装砲12基、12.7cm単装高角砲8基、12.7mm機銃8挺、水偵3機／装甲:水線343mm、甲板120mm、主砲塔456mm、司令塔406mm／乗員:1,400名／同型艦:アリゾナ

これらの点を考慮すれば、本級は扶桑型にとって非常な強敵であり、扶桑型は辛うじて伍して戦えるものの、不利な局面が生じる可能性が高い難敵だ。海外資料ではこの両級を比較して「ペンシルヴェニア級の方が、扶桑型より攻防性能で勝り、戦艦としてはより優良」と評されることが多いが、それには充分な根拠があると言わざるを得ない。

ネヴァダ級とほぼ同様の改装が加えられた、1931年の大改装後の「アリゾナ」。大改装後のペンシルヴェニア級を同じく大改装後の扶桑型と比較すると、砲力は14インチ砲12門で同等、防御力で大きく勝り、機動力で劣る。殴り合いになればペンシルヴェニア級のほうに明らかに分があるだろう

VS. クィーン・エリザベス級（英）

世界最初の「高速戦艦」にして、15インチ砲搭載艦でもあり、その攻防走能力から「第一次大戦時での最良の戦艦」と言われるクィーン・エリザベス級（QE級）。本級は主砲の門数が少ないため、一斉射当たりの砲弾投射能力は扶桑型に劣るが、より大型の砲弾を使用出来るため、一弾宛の威力には大きく勝る。竣工当時、この両者の使用する徹甲弾の重量は、QE級が871kg、扶桑型のものが635kgと大差があった。

防御は、水線部主装甲帯の厚みはQE級の方が勝り、一方でそれ以外の舷側部の補助装甲帯、水平装甲部の装甲は扶桑型と同等かそれ以下の部分も多い。この点から見て、QE級も扶桑型も相手の主水線装甲帯は貫徹できないものの、それ以外の部分に命中すれば、相手の艦内に相応の被害を生じせしめることが期待できる。

戦闘時の速力性能はQE級の方が勝り、扶桑型に対し完全では無いが戦術的優位を取る能力がある。このため砲威力と機動性に勝るQE級の方が、基本的には優勢に戦えると予想されるが、扶桑型はこれと充分に戦いうる能力はあるだろう。

第二次大戦前の、両者共に改装後の状況では、砲弾の装甲貫徹力改善もあって、旧式砲弾を使用する「バーラム」「マレーヤ」と比較すると扶桑型の方が砲戦能力は勝り、新型砲弾の運用能力付与がなされた「ウォースパイト」以降の3隻（他は「クィーン・エリザベス」「ヴァリアント」）には、安全圏含めて大きな優位は持たない。

装甲防御力は改装範囲が限られた「バーラム」「マレーヤ」に対しては扶桑型の方が勝る面があるが、より大規模な耐弾性能改善が図られた「ウォースパイト」以降の3隻については、その優位性は特にない。

速力性能は扶桑型の方が勝り、「バーラム」のみには限定的だが戦術的な機動性優位を見込める可能性もある。このような特性を見れば、扶桑型は「バーラム」「マレーヤ」に対しては優位に戦え、QE級の大規模改装艦に対しては互角に戦い得る、と評して良いと思われる。

1938年、第二次改装後のQE級2番艦「ウォースパイト」。大改装では、キング・ジョージV世級のテストベッドの意味も兼ねての大型塔型艦橋の搭載、主砲の仰角増大（20度から30度）による砲戦距離の延伸などが行われた。大改装後の扶桑型とほぼ互角の性能を持つ

■戦艦「クィーン・エリザベス」（1941年第二次改装後）

基準排水量:31,500トン／全長:195.1m／全幅:31.7m／吃水:10.0m／主缶:海軍省式缶8基／主機:パーソンズ式蒸気タービン4基/4軸／出力:80,000馬力／最大速力:23.5ノット／航続力:12ノットで7,400浬／兵装:42口径38.1cm連装砲4基、11.4cm連装高角砲5基、40mm八連装ポンポン砲4基、12.7mm四連装機銃4基、水偵4機／装甲:水線330mm、甲板127mm、主砲塔330mm、司令塔76mm／乗員:1,260名（バーラム）／同型艦:ウォースパイト、ヴァリアント、マレーヤ、バーラム

VS. ロイヤル・サブリン級（英）

さて、QE級と同じ砲力と防御力を持つが、速力を抑えて純粋な「戦艦」化が為されたことで小型化したため、「QE級の値引き品」とも言われるロイヤル・サブリン級（R級）の場合はどうだろうか。

竣工時点なら、本級の攻防性能は基本的にQE級と同等であり、この面では前者と大きな差異は生じない。機関出力は抑えられたが建造途上で一応の強化が図られた結果、最大で約22ノットと扶桑型と大差無い最高速度が発揮可能だ。戦闘速力の維持の面では本級の方が優位にあるが、戦術的優位を発揮出来る様な大きな速力差はこの両者には無い（改装前の扶桑型の戦闘状態での最大速力が20ノットとされるのに対し、本級は実戦で21～22ノットを維持して作戦を継続した例が多々ある）。

このような両者の能力特性を考えれば、竣工時点のR級と扶桑型はほぼ互角か、R級の方がやや優位と言えるだろう。

一方、第二次大戦開戦前時期だと、この両者には明瞭な性能差が現れる。QE級と異なって大規模な近代化改装の機会を失したR級は、新型砲弾の運用能力を持たないので、砲弾重量は大きいが装甲貫徹力の面で大きく不利となる。

装甲は、戦前に装甲強化の大改装の機会を得た「ロイヤル・オーク」を除けば、第一次大戦時に水平部の一部強化がなされたのみの状態であった。また機動力も水中防御改善のためのバルジ追加等による船型悪化と排水量増大もあり、最大で20.5ノット、艦によっては19～20ノットと報じる艦があったように、改装後の扶桑型に完全に戦術的機動性優位を取られる程度へと低下していた。

この結果として、R級と扶桑型の戦闘は、扶桑型が優勢を以て進め得ると思われる。戦前に英の造船官が「これらの艦（R級）に乗って戦ってこい、というのは、彼等に『死んでこい』と言うのと同じ」と慨嘆したのは、充分に理由のある話であったのだ。

第二次大戦中の「ロイヤル・サブリン」。第一次大戦時は相応の戦闘力を持っていたR級は、竣工時は扶桑型と互角かやや上回る性能を持つ。だが、竣工時とあまり変わらない性能のままで第二次大戦に臨んだため、大改装後の扶桑型には攻防走すべてで劣っていた

■戦艦「ロイヤル・サブリン」（1938年時）

基準排水量:29,150トン／全長:190.3m／全幅:30.9m／吃水:10.1m／主缶:バブコック&ウィルコックス缶18基／主機:パーソンズ式蒸気タービン2基/4軸／出力:40,000馬力／最大速力:22ノット／航続力:10ノットで4,200浬／兵装:42口径38.1cm連装砲4基、15.2cm単装砲12基、10.2cm連装高角砲4基、40mm八連装ポンポン砲2基、12.7mm四連装機銃2基／装甲:水線330mm、甲板102mm、主砲塔330mm、司令塔279mm／乗員:1,040～1,240名／同型艦:リヴェンジ、ロイヤル・オーク、レゾリューション、ラミリーズ

VS. 伊勢型（日）

元々は同型艦として計画された伊勢型と扶桑型は、竣工時点で砲力は変わらない。だが伊勢型は主砲配置・装甲配置変更による耐弾性能の向上や、機関強化による速力性能改善等が図られており、総じて戦艦としての能力は伊勢型の方が高くなっている。

伊勢型は、加速性能・運動性能が基本的に扶桑型より悪い、という問題はあったが、扶桑型より高速であることから、その戦術的価値は扶桑型より高い、と艦隊側からは評価されてもいた。

大改装後では、扶桑型の方がより旧い決戦距離を想定して改装されたこともあり（扶桑型:20～25km、伊勢型:20～30km）、水平装甲の強化を含めて、伊勢型の方が徹底した防御配置が取られており、攻撃力の面では大きな差異は無いが、耐弾防御性能面ではこの両者でかなりの能力差が生じる格好となった。

また扶桑型は改装後も機関出力の相違が生じたことで、要求された速力は発揮可能だったが、伊勢型に比べると戦闘速力発揮・高速性能維持の面でも劣ってしまっていた。

扶桑型は改装完了時点では射撃指揮の面でも、方位盤が旧式の一三式のままで、より新しい九四式方位盤を搭載した伊勢型と比べて能力的に劣る面があり（ただ開戦前の出師準備で、「扶桑」のみは方位盤を九四式に換装した）、砲塔の揚弾機構が伊勢型及び第二次改装後の金剛型に比べて旧式な面があるなど、色々な点で見劣りがする艦であったことも確かであった。

ただし砲塔の機構はやや旧いが、扶桑型の連続射撃時の装填速度の維持能力は伊勢型より高く、平均秒時がより短い金剛型に対しても、装填数の時期によっては扶桑型の方が早い、という利点はあった。

大和型の計画時期に扶桑型が「決戦兵力として限界」とされたのに対して、伊勢型が長門型と共に当面の就役を予定したのは、この様な能力的差異があったことが大きく影響している。

■戦艦「日向」（1936年大改装完成時）

基準排水量:36,000トン／全長:215.80m／全幅:33.83m／吃水:9.21m／主缶:ロ号艦本式缶8基／主機:艦本式蒸気タービン4基/4軸／出力:80,000馬力／最大速力:25.3ノット／航続力:16ノットで7,870浬／兵装:45口径35.6cm連装砲6基、14cm単装砲16基、12.7cm連装高角砲4基、短7.6cm単装砲12基、25mm連装機銃10基、水偵3機／装甲:水線305mm、甲板135mm+32mm、主砲塔305mm、司令塔356mm／乗員:1,376名／同型艦:伊勢

近代化改装後の「日向」。仰角増大による砲戦距離の延伸、装甲増厚による防御力の強化、機関出力の増大などにより、大きく戦闘力が向上した。伊勢型は扶桑型の改良型であるため、当然ながら全般的な性能で扶桑型を上回っていた

VS. バイエルン級（独）

第一次大戦時、ドイツが完成させた唯一の15インチ（38.1cm）級砲艦との交戦では、扶桑型は如何に戦い得るだろうか。

ドイツ艦の38cm砲は英艦の物より砲弾重量はかなり軽量（750kg）だが、より高初速であり（英の15インチMk.Ⅰの初速732m/秒に対して、ドイツの38cmSK/L45は800m/秒）、砲弾性能の差異もあって当時の砲弾としては装甲貫徹力に秀でる。

ジュットランド海戦時の独の28cm砲弾や30.5cm砲弾を受けた英艦の被害から類推して、近戦でも扶桑型の水線最厚部を抜く能力は無いと思われるが、その前後及び上部の8インチ（203mm）～9インチ（229mm）の補助装甲は貫徹できる能力があるはずだ。

一方、扶桑型もバイエルン級の主水線装甲帯は貫徹不能だが、上部の250mm部分は辛うじて貫徹出来る可能性があり、より上部の150mm部分は確実に貫徹できるだろう。砲塔部分はどちらも完全に装甲を貫徹できる可能性は殆どない。

一方でバーベット部分に関しては、バイエルン級のバーベット部装甲は扶桑型の砲弾では装甲貫徹は困難だが、扶桑型は命中箇所によっては貫徹される可能性が否定出来ない。

速力は両者共に大きな差異は無い。バイエルン級は計画速力は21ノットとより低いが、公試で22～22.5ノットと、扶桑型と大差無い速力を発揮したことがある。

この様な両者の性能特性から見て、バイエルン級は扶桑型に対して、優勢に戦い得る戦艦であると評せる。ただし第一次大戦時の戦艦同士の交戦は、砲弾の装甲貫徹力不足もあって、相手に多数の砲弾を叩き込むことで、相手を戦闘不能・戦闘困難状態として戦列離脱に追い込む、という例が非常に多い。その点、手数が多く、理論上は同一時間内に多数の砲弾を叩き込むことが可能な扶桑型は、充分に本級を相手にして戦う能力を持つ、と評して良いのでは無いだろうか。

バイエルン級2番艦の「バーデン」。なおバイエルン級は第一次大戦後に自沈しているため、第一次大戦時の扶桑型と比較する。堅艦ぶりに定評があるバイエルン級は防御力で扶桑型にやや勝るが、決定的な差ではない

■戦艦「バイエルン」（1916年竣工時）

常備排水量:28,600トン／全長:180m／全幅:30m／吃水:9.35m／主缶:海軍式缶14基／主機:蒸気タービン3基/3軸／出力:35,000馬力／最大速力:22ノット／航続力:12ノットで8,000浬／兵装:38cm連装砲4基、15cm単装砲16基、8.8cm単装高角砲2～4基、60cm水中魚雷発射管5門／装甲:水線350mm、甲板30+40+30mm、主砲塔350mm、司令塔400mm／乗員:1,171名／同型艦:バーデン

VS. ブルターニュ級（仏）

本級の搭載した1912年型340mm45口径砲の砲弾重量は555kgと、扶桑型のものより80kg軽く、初速は794m/秒と大差が無いので、基本的にその打撃力・装甲貫徹力は我が14インチ(35.6cm)砲より劣ると見て良いだろう。

また竣工時点では主砲仰角が最大12度と低く、その影響で最大射程も約14.5km程度と低かったため、扶桑型は理論的には射程外から主砲弾を一方的に叩き込むことが可能だ。

舷側装甲は主装甲・補助装甲共に基本的に扶桑型より薄いが、主水線装甲は、70mmという比較的厚い下甲板部傾斜部の助けを借りられるので、相応の耐弾性能を持つと思われる。対して水平装甲は当時の戦艦として可もなく不可もない部類で、砲塔部及びバーベットは部位によって差異が有り、扶桑型より薄い部分と厚い部分が混在する。

速力はこの両者で明確な機動性優位が出ることは無い。これから見て、この両者が対戦した場合は、砲口径の優位を含めて砲力優位な扶桑型が、優位に戦闘を進めることは確実と思われる。

第二次大戦までの間に本級も能力改善の改装を受けているが、その工事内容は日米英の戦艦と比べて限定的なものに過ぎず、第二次大戦開戦前時期には、この両者の能力差異はより乖離したものとなる。仰角増大がなされた主砲射程は26.6kmと有視界内の交戦では必要な能力を持つが、砲弾重量575kgの新型砲弾も、「扶桑」の九一式徹甲弾には一弾宛の威力・装甲貫徹力が劣る。

対して14インチ砲用の九一式徹甲弾は、本級に全距離で安全圏を発生させないだけの威力があり、運動性能の面でも、扶桑型は完全な戦術的機動性優位を持つ速力を持つなど優位にある。

これらから見て、この時期扶桑型はブルターニュ級に対しかなりの優勢を以て戦えるはずで、状況によってはその戦闘はかなり一方的なものになる可能性もある。

フランス初の超ド級艦であったブルターニュ級だが、主砲は34cm砲10門と、砲力で扶桑型に大きく劣る。そのため竣工時でも扶桑型に対してはかなりの苦戦が予想される。また第二次大戦直前時では攻防走でさらに大きな格差がついており、両者が戦った場合、扶桑型の圧勝となる可能性が高い。写真は第二次改装直前時の3番艦「ロレーヌ」

■戦艦「ブルターニュ」（1934年最終改装完成時）

基準排水量:22,189トン／全長:165.8m／全幅:26.9m／吃水:9.8m／主缶:インドル式缶6基／主機:パーソンズ式蒸気タービン4基/4軸／出力:43,000馬力／最大速力:21.4ノット／航続力:10ノットで3,500浬／兵装:45口径34cm連装砲5基、13.9cm単装砲14基、7.5cm単装高角砲8門、13.2mm四連装機銃3基／装甲:水線250mm、甲板70mm、主砲塔400mm、司令塔314mm／乗員:1,124名／同型艦:プロヴァンス、ロレーヌ

VS. カイオ・ドゥイリオ級（伊）

第一次大戦時のイタリアの最新鋭戦艦であるが、主砲がより小口径の12インチ(30.5cm) 46口径砲であるため、基本的に砲力は扶桑型に大きく劣る。

装甲防御は垂直部は砲塔前盾を除けば扶桑型より薄いが、水平部は甲板部は24mm〜44mm、舷側部の傾斜部が44mmと、扶桑型に近い厚みの装甲が配されていた。

速力性能は同レベルで、両者共に戦術的優位は持てない。この時期の主砲弾の装甲貫徹力を考慮すると、扶桑型は本級の主水線装甲を貫徹できる可能性があるが、本級の12インチ砲は扶桑型の主水線装甲を貫徹できないことを含めて、砲口径が小さい本級の方が不利であることは確かだ。このため扶桑型はドゥイリオ級に対し優位に戦えることは確かだろう。

一方で、第二次大戦開戦前、極めて大規模な近代化改装を実施してその面目を一新した後のドゥイリオ級ではどうだろうか。主砲は新型で威力が増加した32cm44口径砲（徹甲弾重量525kg）となったが、基本的に砲力では扶桑型に劣るのは変わらない。

装甲は舷側装甲はそのままだが、水平部は機関部80mm、主砲弾薬庫部100mm（一部135mm）、主砲塔天蓋部も前部は230mmと扶桑型より厚い部分が存在するなど、かなりの強化が図られている。速力は最大で27ノット程度が発揮可能なため、扶桑型に限定的な戦術的機動性優位を見込むことが出来る。

この改装により、カタログ上は強力な中型戦艦となったと言える本級だが、その高初速の主砲は散布界過大等の問題を抱えていたため、有効に砲戦が行えなかった。また相応に強化された装甲も、その配置の不備から垂直装甲を貫徹した砲弾がかなりの距離でも機関区画へ突入する恐れがあるなど、優良な防御力を持つとは言えない物だった。

このため改装後も、扶桑型はその砲威力と防御力を活かして、ドゥイリオ級に対して優位に戦闘を進めると思われ、多少の速力優位ではこれを覆すことは出来ないと筆者は考える次第だ。

■戦艦「カイオ・ドゥイリオ」（1940年大改装後）

基準排水量:28,680トン／全長:186.9m／全幅:28.0m／吃水:10.3m／主缶:ヤーロー缶8基／主機:ブルッゾー式蒸気タービン2基/2軸／出力:86,300馬力／最大速力:27ノット／航続力:20ノットで3,400浬／兵装:44口径32cm三連装砲2基、同連装砲2基、13.5cm三連装砲4基、9cm単装砲10基、37mm連装機銃15基、20mm連装機銃8基／装甲:水線250mm、甲板135mm、主砲塔280mm、司令塔260mm／乗員:1,440名／同型艦:アンドレア・ドリア

[総 評]

これら他の各級戦艦との比較を見れば、扶桑型が竣工当時、対米戦での「決戦兵力」として使用する戦艦としては能力不足の面があったことは否めないが、改装後は相応に能力が改善されたことが窺い知れるだろう。相対的に見て、改装後の本型は中速戦艦として有用に使える艦で、より砲口径の劣る戦艦に対しては恐るべき敵となり得た、と評して良いのではなかろうか。

竣工時は30.5cm砲13門装備と、ド級戦艦としては強力だったドゥイリオ級だが、超ド級戦艦の扶桑型には大苦戦するだろう。ドゥイリオ級は大戦間に大改装を施し、超ド級戦艦に準じる性能を手に入れるが、それでも改装後の扶桑型に勝るのは速力のみで、攻防力では圧倒されている。写真は大改装後、1937年の「カイオ・ドゥイリオ」

扶桑型戦艦関連人物列伝

古武士と共に死地に赴いた忠勇の海将たち

ここでは、「扶桑」「山城」を率いて宿命の戦いに挑んだ、司令官・艦長たちの生き様と最期について記していこう。階級は戦死時のもの。

文／松田孝宏（オールマイティー）

海上勤務ひとすじ スリガオに消えた勇将
西村祥治中将

悲壮な最後の戦闘とともに、日本海軍の水雷屋を代表するのが西村であろう。明治22年（1889年）秋田県に生まれ、海軍兵学校を39期で卒業。以後、その経歴はほんのわずかな期間の海軍大学校在学や軍令部出仕を除き、呆れるほど海上での勤務で重ねられた。「潮っ気がある」と評されるあまたの提督たちでも、西村と肩を並べられるのはどれだけいるのだろうか。

太平洋戦争開戦時は、第四水雷戦隊司令官として南方作戦に従事、バリクパパン沖海戦では味方船団への奇襲を許し、著作にしばしば私的感情を記述する米歴史家・モリソン博士は「日本海軍で最も無能な提督」と冷笑した。以後はスラバヤ沖海戦、第二次ソロモン海戦、南太平洋海戦、ガダルカナル島飛行場砲撃などの主要海戦に参加。特に雪辱に燃えたスラバヤ沖海戦では、西村の指揮する四水戦は真っ先に突撃を行っている。

扶桑型戦艦で編成された第二戦隊司令官に就任した際は麾下艦艇と統一訓練もできず、最も危険な任務を命じられた西村は、壮行会でもニコニコしながら杯を交わしていた。

しかしリンガ泊地へ行く直前、同期の親友・伊藤整一を訪ねて一夜痛飲した際、何度も伊藤に繰り返したという「今度こそ、俺は禎治（西村の長男）のところへ行くんだぞ、伊藤ッ！」との言葉に西村の本心が感じられてならない（以上は秋田県立秋田高等学校同窓会ホームページより）。次男と三男は夭折、長男の禎治は開戦間もなく戦死するなど家庭的には恵まれなかったのである。

出撃後、旗艦「山城」艦橋は落ち着きと闘志に満ちていたと伝えられ、空襲の最中も西村に動じた様子はなかったという。

スリガオ海峡への単独突入は批判もあるが、栗田長官との連絡はほとんど途絶に近く、また苦戦が伺われた。かくなる上は、単独で予定通りに突入、敵を減殺すると考えたのではないだろうか。生死より名を惜しむ武人、と西村を知る者たちが想像するところである。

スリガオ海峡戦の終焉時、西村は「機動部隊指揮官に報告。われレイテ湾に向け突撃、玉砕す」と落ち着き払った声で命じた。その後、急速に沈みはじめた「山城」艦橋においても、西村と篠田艦長は静かに腰掛けていたと伝えられる。レイテ沖海戦で唯一、作戦（囮任務）を成功に導いた小澤治三郎は「まともに戦ったのは西村だけ」、戦場から生還した元「山城」主計長江崎久人は「日本海軍のどの指揮官を持って来ても西村司令官以上の有効指揮は出来なかったと思います」との発言を残している。西村の人物評として、まさに正鵠を射たものではないか。

レイテ沖海戦では第二戦隊司令官として、第一遊撃部隊第三部隊を率いた西村中将。老戦艦2隻とともに壮絶な最期を遂げた

水雷屋らしからぬ 温厚な艦長は従容と死地へ
篠田勝清少将

「山城」の死に水をとった篠田は、明治28年（1895年）福岡県に生まれた。海軍兵学校44期を卒業後は水雷に進むが、壮年期を知る同期生は「水雷屋らしくない」風貌と述懐する。

性格は温厚、職務には忠実であり、艦隊勤務ばかりでなく軍令部や参謀職などもバランスよくこなしてきた。

開戦時は総務部で裏方任務に就いていたが、以後は軽巡「長良」艦長、第三艦隊司令部附、「大淀」艦長などを歴任。一時は連合艦隊旗艦だった「大淀」を任せられるあたり、篠田への信頼が伺える。

昭和18年末から年明けの輸送作戦時、「大淀」ら4隻は106機もの米軍機の空襲を受けたが、八幡大菩薩の破魔矢を振りかざして対空戦闘を指揮する篠田の姿を、乗員は「戦神の化身」と後年まで語った。

「衆寡敵せず」そのものとなったレイテ沖海戦では、「山城」艦橋で落ち着いて指揮を執る姿が伝えられており、「総員退去」の命令もしっかりした声だったという。その時の心境を問いただすことはできないが、最期まで忠実に任務にあたった気がしてならない。戦死後、昇進して海軍中将となった。

典雅な家柄の正反対をゆく 豪傑・奇行の水雷屋艦長
阪匡身少将

「扶桑」最後の艦長となった阪は明治26年（1893年）、宮中御歌所の寄人だった阪正臣の長男として愛知県に生まれた。恐ろしく毛並みのよい家柄であり、匡身は父の遺稿を『樅屋全集』として編纂したこともある。

海兵42期を卒業後は砲術学校に進みながらも駆逐艦長を歴任、豪傑肌の艦長として部下の人望も厚かった。

開戦以来、軽巡「夕張」ついで重巡「足柄」艦長として多くの海戦に参加したが、軍艦旗おろし方に酒に酔い赤ふんどし姿で現れたり、緊急出動のため前進微速で動き始めた「足柄」に上陸地から帰艦の遅れた阪はロープをつたって乗り移るなど、その奇行には枚挙にいとまがない。下士官兵には優しく出撃前に酒を勧める一方、士官には平気で鉄拳制裁を行った。「足柄」が空襲を受けた際は、艦橋の天蓋から身を乗り出し、見事な回避運動を指揮した。

横紙破りながら実戦には抜群の強さをみせた阪は、「扶桑」艦長としてレイテ沖海戦に出撃、個人の技量でいかんともしがたい兵力差の前に戦死した。その様子を知る手段はないが、伊藤正徳氏による児童向けの『太平洋海戦史』（あかね書房）に「扶桑は、よこだおしになるまで、主砲をうちつづけた。」という、いささか脚色のある記述は、鬼神をも哭かしめた阪の最期と思えてならない。戦死後中将に昇進。

扶桑型2隻の艦歴

文／松田孝宏
（オールマイティー）

「扶桑」

起工／明治45年（1912年）3月11日
進水／大正3年（1914年）3月28日
竣工／大正4年（1915年）11月8日
大改装工事／昭和5年（1930年）～昭和8年（第1期）
昭和9年（1934年）～昭和10年（第2期）
沈没／昭和19年（1944年）10月25日
造船所／呉海軍工廠

扶桑型戦艦1番艦「扶桑」の計画は古く、明治30年（1897年）の第3期海軍艦艇拡張計画で「第三号甲鉄艦」として計画され、明治44年（1911年）度計画で超ド級戦艦に艦型が変更されたものである。

口径の増大を続ける各国戦艦の主砲に対抗すべく36センチ砲の搭載が決定、三連装や四連装砲搭載も含む34種もの案から連装6基とされた。

竣工は大正4年、常備排水量で世界で最初に3万トンを超え、22.5ノットも当時の仮想敵である米戦艦より約2ノット速い。竣工の翌月は横浜沖で挙行の大礼特別観艦式に参加、新鋭艦「扶桑」に臨御された大正天皇は世界最強戦艦の登場に意を強くされたと伝えられる。

期待を担って竣工した「扶桑」は、しばらくの間中国方面などで行動していたが、公試より露呈した主砲の爆風が艦全体を覆う現象のほか、防御にも欠陥を内包していた。

小さな改良は大正8年（1919年）より行われていたものの、「扶桑」は昭和5年より第一次大改装工事を開始。攻守走すべてにわたった工事は昭和8年に終えたが、砲塔の向きを変えたり各種指揮装置を設置したりした結果、「扶桑」の特徴たらしめた不安定な形状の艦橋がこの時に形成された。しかしこれで完了とはならず、翌9年から10年にまで再度の工事が実施された。さらに昭和12年に武装の増減と、開戦間近の昭和15年に至ってようやく航空兵装が艦尾に移された。

太平洋戦争開戦時は伊勢型戦艦と僚艦「山城」で第一艦隊第二戦隊を編成していたが、長らく戦闘の機会は訪れなかった。ミッドウェー海戦後は練習艦任務に就き、トラック出撃を前にした昭和18年7月には二一号電探や25ミリ機銃の増設が行われた。

トラックでも実戦の機会は訪れず、昭和19年5月にようやく渾作戦の間接護衛隊として出撃するものの、作戦は中止となった。

トラックでは訓練を行っていたがマーシャル方面に米機動部隊来襲のおそれもあり、ブラウン、トラック、パラオ、リンガと各地を転々とした。7月、呉に帰投して電探や機銃をさらに増備、これが最後の状態となった。9月に呉を出港、10月22日にリンガ泊地へ到着。22日は第一遊撃部隊第三部隊（西村艦隊）の一員としてブルネイを出撃。24日は空襲により艦尾に命中弾1発を受け、搭載機が2機炎上した。

以後は空襲も途絶え、25日の2時2分より「山城」に後続してスリガオ海峡へ突入を開始、しかし被雷して行き足が止まり沈没した。昭和20年8月31日、除籍。

「山城」

起工／大正2年（1913年）11月20日
進水／大正4年（1915年）11月3日
竣工／大正6年（1917年）3月31日
大改装工事／昭和6年（1931年）～昭和10年
沈没／昭和19年（1944年）10月25日
造船所／横須賀海軍工廠

扶桑型戦艦2番艦「山城」は、大正2年（1913年）度計画の「第四号甲鉄艦」を出自として、大正6年に竣工した。「扶桑」より約1年半遅れた竣工であったため、いくつかの改良もなされている。新造時から高角砲と方位盤照準装置を搭載した、最初の日本戦艦は「山城」であった。なお3、4番艦として計画されていた「伊勢」「日向」は設計を見直すこととなり伊勢型として竣工している。

「山城」も昭和6年から大改装工事に入り、「扶桑」やほかの戦艦が2回に分けて行った工事を、主砲、対空兵装、艦橋、副砲、主機、船体の順に工程を区切って行った。このため工事は昭和10年初頭までという長きにわたり、「入渠している期間のほうが長い」と印象づけられる原因となってしまった。ただし何度もの改装によって扶桑型の航続距離は16ノットで11,800浬と、改装後の日本戦艦では最長となった。総じて「山城」のほうが「扶桑」より優れた性能ではあったものの、日本戦艦のなかでは二線級に甘んじたのは否めない。

昭和11年から13年にかけては武装や測距儀を換装、開戦の年となる昭和16年は舷外電路や注排水装置の設置など、他艦同様に出師準備がなされた。ヒトラーユーゲントの一行が来艦した昭和13年は、艦上で剣道や柔道などの武技が公開されている。

開戦時の行動は「扶桑」と同様で、ミッドウェー作戦では南雲機動部隊の壊滅後アリューシャン列島近くまで進出した。空母4隻の喪失により、扶桑型は空母または航空戦艦への改造が検討されたこともあった。

以後は「扶桑」ともども練習艦任務に従事するが、その期間は戦前から横須賀鎮守府で練習兼警備艦を何度も務めていた「山城」の方が長い。その一方、「閻魔」「蛇」などの陰口を叩かれるなど畏怖される存在でもあった。練習艦や輸送任務は長く続いたが、昭和19年7月には四番砲塔付近の艦載艇を降ろして大発6隻を搭載する工事のほか、機銃を大幅に増強。9月には「扶桑」とともに第二戦隊を編成して旗艦となる。

レイテ沖海戦に際しては第一遊撃部隊第三部隊（西村艦隊）を率いて、別動隊としてレイテをめざすべく10月22日にブルネイを出撃。25日、スリガオ海峡で米艦隊の猛烈な砲雷撃を受けて沈没した。昭和20年8月31日に除籍。

昭和59年（1984年）に「山城会」が創立され、昭和も終わりに近づいた昭和62年（1987年）にはレイテ湾海面で初めての洋上慰霊祭が実現した。

大改装後の「山城」。6基の連装主砲塔が艦全体に配置されているのが分かる。艦橋構造物は複雑ではあるが「扶桑」ほど不安定な印象はない

扶桑型仮想戦記

「扶桑」「山城」、ビアク島沖海戦に吠える

史実では戦果に恵まれることなく、スリガオ海峡に散った扶桑型戦艦の二隻。そこで本項では、「もしも渾作戦が中止されることなく、ビアク島沖で「扶桑」「山城」が連合軍艦隊と砲火を交えていたら……」というシチュエーションに基づく仮想戦記をお送りしよう。

文／伊吹秀明　イラスト／六鹿文彦

風雲、渾作戦

南方を行動する日本海軍の艦艇では「総員スコール入湯用意」「スコール浴びかたはじめ」という号令はおなじみだった。

スコールは日本でいう夕立のようなものだが、熱帯ではそのスケールは大きく、夕立の数十倍の降雨量がある。艦艇では貴重な真水を節約するため、その自然の恵みを大いに活用した。スコール時に手空きの士官、下士官兵たちが上甲板に出て、体を洗ったり、洗濯をしたのである。

しかし、そのようなのどかな時代はとうに過ぎ去っていた。戦艦「山城」の戦闘艦橋から見える景色は、暗灰色に塗りつぶされていた。

空一面に黒雲が覆いかぶさり、土砂降りの雨が主砲塔の天蓋や上甲板をたたいている。開戦時に第四水雷戦隊司令官として蘭印（現インドネシア）攻略に参加した西村祥治中将は何度もスコールを体験していたが、これほどの規模、これほどの長時間のものは初めてだった。

雨音が大きすぎて、すぐ近くにいる人の声もよく聞き取れない。航海長と掌航海長、艦橋伝令の予備少尉などが大声を出し合っている。

圧倒的な暴風雨だ。艦橋の窓から巨大な黒いうねりの中に対潜警戒中の駆逐艦の姿は見いだせず、僚艦「扶桑」の特徴的な細長い檣楼がシルエットとして上下しているだけだった。

何とも暗鬱とした眺めではあるが、悪天候が功を奏するのかもしれないと西村は思った。この中を飛行機は飛ぶことができない。連合軍の航空哨戒の網の目をかいくぐれるとしたら、これは天運というものだ。

海軍大学校の航海学生を経て、舵取り畑を歩んできた西村は自ら海図台に目をやり、ビアク島方面に双眼鏡を向けた。目指すは、ニューギニア島北西部、大きくくぼんだチェンドラワシ湾沖のビアク島である。

ビアク島に連合軍が上陸してきたのは、昭和19年（１９４４年）５月27日のことだった。その前にフィリピン奪回を目標とするマッカーサー大将は、巨大な兵站基地に適したニューギニア西部のホランジアを攻略。さらに地固めとして、日本軍が三つの飛行場を有するビアク島をねらってきたのである。

驚いたのは日本海軍上層部だった。同島は絶対防衛圏上で決戦を企図する「あ号作戦」の想定地から外れていたからだ。しかし、むざむざ島を敵に渡しては今後の作戦に大きな影響が出かねない。急遽、逆上陸部隊を送りこみ、ビアク島を死守することを決定。作戦名は「渾作戦」、参加艦艇は「渾部隊」と命名された。

31日、フィリピンのミンダナオ島ザンボアンガで陸軍海上機動第二旅団を乗せた輸送隊は、警戒隊、間接護衛隊らとダバオに集結、作戦の打ち合わせを行った。その中には、海軍諸学校練習艦から前線に復帰した「山城」、姉妹艦とふたたび第二戦隊を組むこととなった「扶桑」の姿もあった。戦隊司令官は半年前に中将に昇進していた西村祥治である。

「電探に感あり。艦影多数」

「多数？　何隻だ？」

「山城」艦長、篠田勝清大佐は電探室から報告のあった方向に双眼鏡を向けたが、車軸を流すような雨の向こうには何も見えない。

練習艦時代は電探試験目標艦としての役割をもっていた「山城」にも、対水上見張り用の二号二型電波探信儀が

巨大な艦橋が霞むほど猛烈なスコールの中を進撃する「扶桑」（手前）と「山城」。この悪天候で連合軍の航空哨戒は機能せず、ビアク島突入を目指す渾部隊にとっては僥倖となった

搭載されている。しかし、いまだ装置の信頼性は低く、その効果に懐疑的なものも少なくなかった。

「味方の輸送隊ではないのか」

同じ渾部隊として、巡洋艦「青葉」「鬼怒」などの輸送隊本隊、敷設艦「津軽」「厳島」などの輸送隊支隊がビアク島に向けて行動中だった。

「120度方向に艦影13、90度に艦影5」

「13ハイ（隻）！」

本隊と支隊を合わせても、それだけの数はない。敵艦隊と見た篠田艦長は「戦闘用意」を下令した。

「司令官、どうぞ、司令塔に」

「いや、私はここで指揮を執る。艦長が行ってくれ」

「分かりました。では、また後で」

戦闘時、一度にやられて艦が指揮不能とならないよう、幹部は一箇所に集まることがない。西村は戦闘艦橋に残り、艦長は前檣楼基部の司令塔に向かった。副長は艦橋の後方にある応急指揮所、砲術長は檣楼トップの主砲射撃指揮所という配置である。

それから5分と経たぬうちに陽光が射した。黒雲の空から数条の光が射したとみるや、つい先ほどまで夜のような暗さだったのが、たちまち明るくなった。この急激な変化も南方のスコールの特徴だ。僚艦「扶桑」、第一〇駆逐隊の「風雲」「朝雲」が無事な姿を見せ、そして電探が捉えていた数群の艦艇も水平線近くに現れた。

見張員から友軍輸送隊とそれに近づく敵艦隊の存在が報告されるや、西村司令官は戦闘隊形などにかまわず、ただちに砲撃用意を命じた。まだ必中の距離とはいえないが、陸兵を満載した輸送隊の「青葉」「鬼怒」は応戦できる状態ではない。一秒でも早く攻撃して敵の注意を引きつける必要があった。

「砲術科、戦闘準備よろし」

「右砲戦用意」

司令塔にて彼我の対勢観測を行った艦長から目標が示された。

「射ち方はじめ」

主砲発射のブザーが全艦に鳴りわたる。距離28キロから「山城」は砲撃を開始。2分後には「扶桑」も砲声を轟かせた。

輸送隊を襲おうとしていたのはクラッチレー少将率いる巡洋艦「オーストラリア」「ナッシュビル」など豪米13隻の艦隊だった。圧倒的に有利と思っていたクラッチレーは、巨弾の吹き上げる水柱に行く手をふさがれ、仰天した。戦闘隊形を組み直そうと試みるが、フネはそう簡単には動かない。混成艦隊なら尚更である。「山城」の放った第4射が「ナッシュビル」を直撃し、火柱が上がると混乱に拍車がかかった。

見張員から敵艦炎上の報告がもたらされると、「山城」艦内はわきかえった。開戦以来、出番のなかった戦艦部隊である。つい先日まで練習艦に身をやつしていた「山城」である。感極まって泣き出すものさえいた。

もちろん手を休めることはない。艦長が示した次の目標に向かって、主砲射撃指揮所、発令所、各砲塔員、一丸となって動く。興奮の中、艦橋のすべての目がいっせいに敵の動きを追った。

その中で、西村中将は宙をにらんでいた。スコールが通過して陽光が広がった南洋の空。このままで終わるはずがない。いつ敵機が姿を現すか。

苦闘する大和と武蔵

ビアク島への逆上陸を目指す「渾作戦」であったが、連合艦隊司令部ではもうひとつの思惑もあった。それはニューギニア北部にて積極的な行動をとることによって米機動部隊を誘致し、決戦となる「あ号作戦」の戦機を作りだそうとするものだった。

そのため「山城」「扶桑」だけではなく、第一戦隊の強力な「大和」と「武蔵」も投入することになったのだ。ハルマヘラ南方のバチャン泊地に集結した二大戦艦と重巡「妙高」「羽黒」以下の攻撃隊8隻は、ビアク島に向けて進撃を開始した。

超巨大スコールに見舞われた第二戦隊とちがって、隠れミノを持たない攻撃隊は米軍の哨戒機に捕捉された。わずか10日前に占領されたばかりのワクデ島から飛来したB-24リベレーター

輸送隊を手にかけんとした米重巡「ナッシュビル」（右手前）や豪重巡「オーストラリア」（奥）を切り伏せつつ進む「扶桑」。旧式戦艦と言えど、その戦闘力は巡洋艦の比ではなかった

である。日本軍からはメーカー名コンソリデーテッドを縮めた「コンソリ」と呼ばれる同機は、日本艦隊にピタリと張りつき、高角砲の届かない高空から触接をつづけた。

やがて1時間が過ぎたころ、米軍機の群れがやってきた。単発の大小2機種、グラマンのTBFアベンジャー雷撃機とF4Fワイルドキャット戦闘機だ。

この時期、米海軍の艦上戦闘機は新型のF6Fに更新されていたが、F4Fが来たのには注釈の必要がある。正確にはF4FではなくFM-2と呼ぶべき機種だった。これは自動車メーカーのジェネラル・モーターズが設立したイースタン航空機がF4Fをマスプロ生産したものだ。FM-2の特徴は軽量化がなされ、小型の護衛空母でも運用が容易になっている点である。

スコールに恵まれた輸送隊とは対照的に、敵機の触接と猛攻に晒される攻撃隊の「大和」（右下）と「武蔵」。手傷を負ったまま米旧式戦艦群との砲戦に挑むことになるが……

そう、米軍機の母艦は、正規空母ではなかった。マッカーサーの陸軍を支援するため米海軍が送りこんでいた第77任務部隊の護衛空母だったのである。合計18隻もの護衛空母が3つのグループに分かれてニューギニア北部海域で行動中だった。

FM-2は、113kg爆弾2発もしくは5インチ高速ロケット弾6発の搭載が可能で、果敢に攻撃をかけてきた。重装甲の「大和」や「武蔵」にとって深手を負うものではないが、それでも無視はできない。注意を払わねばならない雷撃機と連係してしかけてくるとなると尚更だ。

日本側に上空直掩機はなかった。渾作戦では、マリアナ、カロリン方面の第一航空艦隊（基地航空隊）の兵力を西部ニューギニアのソロン基地に転進させ、ビアク島方面の攻撃につかせることにしていたが、上層部の思う以上に各航空隊の消耗が激しく、整備や補給も追いついていなかったからだ。

およそ2時間以上にわたって波状攻撃を受けながら進撃する第一戦隊の前に、またもや新手の敵が立ちふさがる。オルデンドルフ少将麾下の上陸用砲火支援群である。その数、戦艦6、巡洋艦8、駆逐艦21隻（旗艦は重巡「ルイヴィル」）。

戦艦群はウェイラー少将が直率していた。旗艦「ウェストヴァージニア」以下、「メリーランド」「ミシシッピー」「カリフォルニア」「テネシー」「ペンシルヴェニア」という陣容。「ミシシッピー」以外の5隻は、日本軍の真珠湾攻撃で沈むか大中破したのが復活したものであった。復讐の念に燃えている。

一方の第一戦隊「大和」「武蔵」も宇垣司令官以下、ついに世界最大の46cm砲を敵戦艦に向けられるということで士気が大いに揚がった。艦隊決戦の「あ号作戦」の主役は空母で、戦艦は脇役とされていたから、この会敵は願ってもないことだった。

檣頭の戦闘旗は千切れんばかりにはためき、艦首は波を切り裂いて進む。長大な砲身は空を仰ぎ、水平線上の敵影を睨みつけた。そして——轟音をとどろかせ、砲門をひらく。巨弾が超音速で飛び交い、海面を瀑布と化させていく。

戦艦同士の殴り合いが始まって10分もしないうちに、日本側の劣勢は明らかとなった。初弾から夾叉され、米戦艦に一弾も当てられないうちに「大和」「武蔵」ともに2発の直撃弾、無数の至近弾を受けていた。

2対6の戦いなのだから当然ではある。その数に対し、質で対抗するのが46cm砲ではなかったか。しかし、いかなる豪腕とはいえ、空振りでは勝てない。リングに上がる前から日本戦艦は傷ついていた。米護衛空母機による度重なる空襲。護衛空母は米海軍内で「ベビー空母」と揶揄され、その搭載機パイロットの腕も二線級であること、少数機ずつの散発的な攻撃のおかげで致命傷こそは受けていないものの、少なからぬ被害は受けていた。「武蔵」は魚雷2本を受けて速度が低下し、「大和」は被弾によって檣楼トップの測距儀が使用不可能となっていた。指揮所が使えないとなると、各砲ごとの砲測照準となるが、それだと命中率は三分の一になると言われていた。

対する米戦艦6隻は旧式艦とはいえ、修復工事時には新型の射撃管制レーダー等を搭載して近代化がなされている。質においても優っているのだ。

「勝てる。これは勝てるぞ」

ウェイラーの砲撃の邪魔にならぬよう、なおかつ日本艦隊を取り逃がさぬよう麾下の巡洋艦、駆逐艦を動かしていたオルデンドルフだった。彼のような生粋の船乗りにとっても、水上艦同士の決戦は夢の舞台ではあったが、次の瞬間、信じられないものを目にする。

ウェイラーの旗艦「ウェストヴァージニア」が水柱に取り囲まれた。3万4000トンの船体が大瀑布の中に消えた直後、火柱が吹き上がったのである。

逆襲の日本戦艦

「命中！　敵戦艦、炎上中！」

「山城」の主砲発令所長がスピーカーで全艦に伝えると、歓声が巻き起こった。

艦の奥底で汗を流す弾庫員も、弾薬を装填する砲手も、自分たちが扱った砲弾の行方を見ることはできない。それを発令所長が気を利かせて実況してくれたのだ。士気が上がらぬわけがない。

「ウェストヴァージニア」を血祭りに上げたのは、部隊の逆上陸を見とどけた第二戦隊の「山城」と「扶桑」だった。2隻合わせて24門の36㎝砲が米戦艦に集中したのである。

第二戦隊は、ちょうど米艦隊を第一戦隊と挟撃するかたちとなっていた。

「敵はまだまだいるぞ！」

「急げ急げ」

開かれた砲尾から装薬の甘酸っぱい燃焼ガスが吹きだし、砲室内に立ちこめた。洗浄装置が働いて砲身内の燃えかすとガスを外に追いだす。上がって来た次の砲弾と装薬の詰まった薬嚢を四つ、装填機に乗せて押しこむ。蝶番になった尾栓をグルリとまわし、尾栓口にはめこむと一丁上がりだ。

「右、装填よし！」

「左、装填よし！」

打てば響く、この連係。巡洋艦の次は、戦艦とまで撃ち合えるとは！

すっかり大戦の舞台の隅に追いやられたと思っていた旧式戦艦の砲員たちだけに、この瞬間は格別のものがあった。

発令所から送られてくる方位盤受信器の目盛りを見ながら射手が砲の仰角を調整し、旋回手が砲塔全体をまわす。警報ブザーが鳴って一拍後、轟音とともに砲弾が発射される。その反動で巨大な砲身が後退。復座用シリンダー内の空気が圧縮され、砲を発砲位置まで押しもどす。砲尾が開くと、外気に押された燃焼ガスがまた砲塔内にあふれ、砲員たちは再装填を続ける。

「命中！　敵テネシー級戦艦、炎上！」

「山城」「扶桑」の砲撃によって、戦況は逆転に転じたかに見えた。最初に旗艦がやられたことによる米戦艦群の混乱が原因だが、戦力差が大きく縮まったというわけではない。

無数の褐色の砲煙が浮かぶ中、異様な金属音が聞こえてきたと思ったら、「山城」の中央部にて爆炎が吹き荒れた。直後、はるかに大きな爆発音。「山城」の艦橋で戦闘記録をつけていた主計中尉は、爆煙に包まれる僚艦の姿を目にした。

「扶桑がやられたか！」

「いや、まだだ」

戦隊幕僚たちが言うように「扶桑」の艦首、そして前檣が爆煙の中から姿を見せた。黒褐色の長い煙をひきずったまま、前部砲塔にて砲撃を再開する。

「さすが阪君だ」

西村司令官は「扶桑」艦長の阪匡身大佐の敢闘精神を讃えた。阪大佐は、2年前の第一次ソロモン海戦にて軽巡「夕張」を率い、敵陣に突入した豪傑だ。

「扶桑も頑張っているぞ！　さあ、もう一合戦といこうじゃないか」

戦後、西村中将はその「一合戦」後、傷ついた「扶桑」が沈没を免れようとビアク島に乗り上げ、米軍陣地に向けて艦砲射撃を行ったことを回想することになる。

西村は部下たちを鼓舞し、立て直しを図った。日本海軍では旧式低速の扶桑型だが、それでも24ノットは出る。米戦艦は20ノットと鈍足だった。2隻は速度差を活かし、第一戦隊との挟撃態勢を維持した。それが勝利につながったのだ。

進撃時に見たスコールの暗黒に劣らぬ砲煙弾雨の中、古武士のような「山城」と「扶桑」は火閃を放ち、敵の前に立ち続けた。

暗雲渦巻く昭和19年において、「渾作戦」は珍しく成功した作戦といえるだろう。

目的であるビアク島への逆上陸。そして、米機動部隊を誘い出すことができたのだ。

本来、米軍の次の攻略地はマリアナ諸島のはずだった。だが、「ウェストヴァージニア」「カリフォルニア」「ペンシルヴェニア」の3隻を沈められた米海軍は矛先を変えざるを得なかったのである。

「武蔵」（右）との挟撃で米戦艦「メリーランド」に命中弾を与える「山城」。大和型の窮地に駆け付けた第二戦隊の活躍により作戦は成功、扶桑型戦艦の戦歴に栄光ある勝利が刻まれた

扶桑型戦艦ランダムアクセス

某ゲームの大型建造で建造されるとがっかりされてしまう不幸な扶桑型戦艦に、前檣楼後方根元の食い込み部分から抉りこむようにアクセスしてみよう！

文／本吉隆　図版／田村紀雄

【実現しなかった改装計画】

「ワシントン条約前の能力向上案」

ワシントン条約の前から、第一次大戦末期以降の16インチ（40・6cm）砲艦の就役を含めた各国での新型戦艦建造の動向もあり、日本の扶桑型を含む14インチ（35・6cm）砲艦は急速にその戦術価値を失いつつある、と判定される状況にあった。このためこれらの艦の能力改善を考慮して、主砲戦闘距離延伸に伴う遠距離砲戦能力の向上、水平防御を主体とした耐弾防御力の改正と、脆弱な水中防御の改善等、後の大改装に通じる大規模な改装実施の要求がなされることになった。

これを受けて、扶桑型も他の14インチ砲艦と共に改装の検討が行われた。現存する平賀文書の中に、ワシントン会議実施中の大正11年（1922年）1月に纏められた『扶桑』級改造案」が残されている。

この中で基本的な案は、水平甲板部への63㎜～102㎜厚の装甲追加、主砲天蓋装甲の152㎜厚への強化、バルジ新設による水中防御の強化や一部汽缶の重油専焼化等の機関改正を含むものとされた。

この他に舷側装甲の傾斜装甲化による垂直防御の強化と主砲前盾の装甲厚増大（305㎜）、水平装甲の102㎜～152㎜の増厚を図る防御強化案の「A」案や、旧来の主砲を全数撤去して、41cm連装砲塔を前部に背負い式配置で2基、艦中央部と艦尾側に41cm三連装砲塔を搭載する41cm砲10門艦とし、より本格的な檣楼型の艦橋と、大容量汽缶の採用により単煙突化を図る等の大規模な改正を図る「B」案も提示された。

だがワシントン条約の締結で、既存の戦艦の改装に関する条項は、日本が考えているより制限が厳しいものとされた。軍令部も当面同条約内制限の範囲内での改装実施を是とする方針を固めたことで、これらの改装案はいずれも日の目を見ること無く終わっている。

扶桑型の41cm砲10門搭載案のイメージ。艦前部に41cm連装砲塔2基、中央と後部に三連装砲塔を1基ずつ搭載し、長門型を凌駕する砲力を持たせるものだった

「空母改装案」

ミッドウェー海戦直後の昭和17年（1942年）8月、大和型を除く全戦艦の空母化改装案の検討が航空本部で実施されており、この際に扶桑型も、隼鷹型や大鳳型に類似した傾斜式直立煙突が一体化したアイランド型艦橋を持つ空母改装案が検討されたとされる。

本型は、210m×34mサイズの飛行甲板を持ち、54機の搭載機を持つ速力25ノットの空母へ改装可とされた伊勢型と同様の能力を持つ空母へと改装できると判断されたと言われる。またこの検討では、空母改装後に兵装として12・7cm連装高角砲8基、25㎜機銃多数を搭載することが考慮されていたという。しかし戦艦の空母改装は、改装に要する工事量が膨大で、軍令部が望んだ昭和18年（1943年）末までの戦列化が困難とされたこともあって

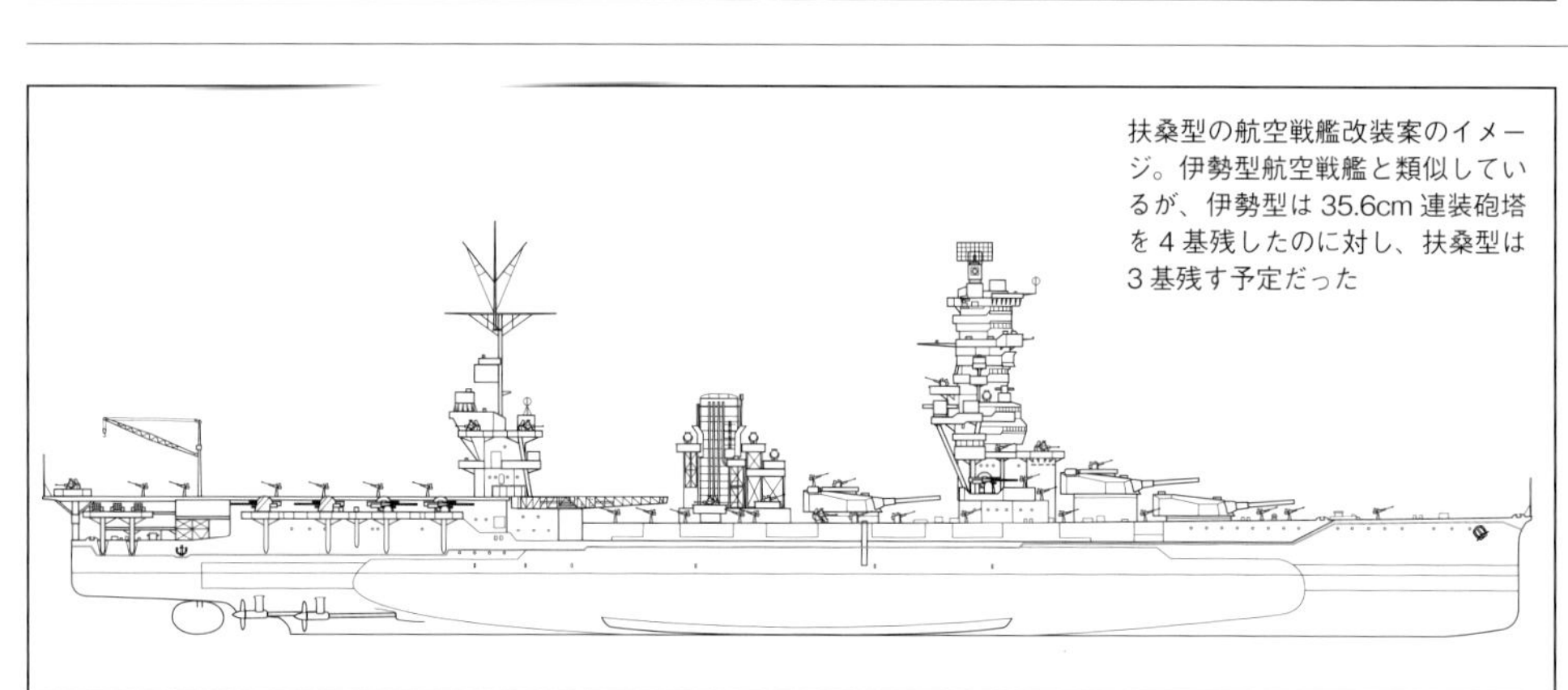

扶桑型の航空戦艦改装案のイメージ。伊勢型航空戦艦と類似しているが、伊勢型は35.6cm連装砲塔を4基残したのに対し、扶桑型は3基残す予定だった

実施には至らなかった。

航空戦艦改装案

　戦艦の空母化が断念された後、軍令部では所要工事量が少なく、改装に長期を要さないで済む航空戦艦への改装が検討される。

　軍令部側から、①主砲は6門あれば良く、副砲は全数撤去、②可能な限り多数の航空機を搭載する、③高角砲及び機銃を含めた対空兵装の大幅な強化、という航空戦艦の大前提となる三項目の要求を受けて、扶桑型では要求通りに煙突後方の四／五／六番の主砲塔を撤去した改装案が纏められる。

　この「戦艦」として最低限の能力を持ち（主砲6門は有効な交互射撃を実施するのに最低な必要門数と見なされていた）、航空戦艦改装後の伊勢型と同等の航空機運用能力を持つ扶桑型の航空戦艦案は受け入れられ、一旦は伊勢型に続く形で工事の実施が発令されてもいる。だがしかし、戦局の変化及び搭載機の製造難、海防艦等の小艦艇建造がより優先度が高いとされたこと、航空戦艦の効果の見直しが行われる等の問題から、昭和18年6月に工事中止が決定して、これも日の目を見なかった。

【「扶桑」「山城」両艦の相違点】

　この両者の竣工時点では、「山城」では下部艦橋甲板室が二番砲塔に繋がっているのに対し、「扶桑」は司令塔部側面で切れている。また司令塔の形状が「扶桑」の楕円形に対し、「山城」では操舵室を包括して大型化が図られてより円形に近い形となっている。さらに司令塔部に配置されている対勢観測用の測距儀が「扶桑」は並列で二基装備なのに対し、「山城」では前部中央位置に一基装備となっている。

　司令塔の差異の影響で航海艦橋の形状は「山城」の方が簡素で、三脚檣頂部のクロスツリーの形状やトップ部の信号ヤードの位置も異なる。方位盤装備後の主砲指揮所の形状も両者で異なる。後部艦橋も上部の天蓋形状に相違がある。艦尾部のスターンウォークは「山城」にはあるが、「扶桑」は竣工直前かその直後に撤去したので装備していない。

　以後の檣楼化の改装では、「山城」は工事が段階的に実施されたため、「扶桑」では檣楼化改装当初からある戦闘艦橋部分が無く、三脚檣前部に隙間がある。

昭和2年（1927年）に「山城」の檣楼化改装が完了した後も主砲射撃所及び高所観測所、副砲指揮所、戦闘艦橋の形状に差異があり、また航海艦橋近辺の形状も「山城」の方がより簡素だ。

　また「山城」では昭和4年（1929年）頃に後部煙突に探照灯台を設置しているが、これは大改装前の「扶桑」には存在しない。更に大正11年（1922年）に試験用に設置した二番砲塔上の滑走台や、昭和4年に設置した四番砲塔上の水偵搭載用の架台も「山城」にしか存在しない特徴である。後部艦橋は昭和2年に「山城」に後部見張所が設置され、これはこの時期の両艦の有力な識別点となっている。

　大改装後は前檣形状が「扶桑」と「山城」で全く異なる形状とされたという一大相違点がある。前檣部ではこの他に高角砲の装備位置が「山城」の方が一段高いほか、「扶桑」では航空艤装の艦尾移設前、前檣後方基部に航空機揚収用の大型のデリックが設置されているのも大きな相違点となっている。

　「扶桑」では当初三番砲塔上にカタパルトを装備した関係で、主砲の繋止位置が旧来の後方から前方繋止となったのに対し、「山城」は旧来のまま、という点も大きな相違点である。「扶桑」は出師工事終了後に航空艤装を艦尾に移すが、それまでは航空艤装の配置相違もこの両艦の大きな識別点となっている（「扶桑」が改装の第一期終了時点で、艦尾部を延長していないのも相違点である）。

　煙突部の探照灯台の形状は、「扶桑」の方が大型だった。機銃装備は改装完了時で異なるだけでなく、25㎜機銃装備後は数量自体は同じだが、前檣前部の機銃座の位置が「扶桑」は司令塔上部、「山城」は航海艦橋上部の機銃座に設置されるという相違点があった。

　後部艦橋は基本的な形態は同様だが、前部側面の測距儀台の形状、高角砲台の支基形状を含めて、細かい点ではか

前檣を檣楼化する前の「山城」。司令塔上には、前方に3.5m測距儀、後方に2.7m測距儀を装備している

昭和5年（1930年）の「山城」。奥には三段飛行甲板時の「加賀」が見える。後部煙突の前に探照灯台があり、また四番砲塔の上に水偵搭載用の架台があるのが、同時期の「扶桑」との大きな違い

第一期大改装後の昭和8年（1933年）、豊後水道で訓練中の「扶桑」。三番砲塔上にカタパルトが設置されている

なりの相違がある。クロスツリー上部の後檣トップマスト部も、信号ヤードの取付等に相違がある。また艦尾旗竿も「山城」では下部に支えがあるが、「扶桑」はこれが無く、位置も「扶桑」の方がやや前部にあって後方にやや傾斜した形状とされている、という違いがあった。

太平洋戦争開戦直前に「扶桑」は方位盤を新型の九四式に換装して艦橋を一段低くする、という改正を実施しているが、「山城」は喪失するまで方位盤の換装を実施していない、と見られている。戦時中には「扶桑」には二号一型電探が装備されたが、「山城」は非装備という一大相違点がある。二号二型と一号三型の両電探の装備は時期・数量共に同様であるが、その装備位置が大きく異なっているのも相違点に挙げられる。

【海外からの評価】

海外に置ける扶桑型の評価は、その装甲配置を含めて早期にその設計の概要が知られていたこともあって、当初より米の14インチ45口径砲搭載艦とは戦術価値は同等だが「戦艦」としての能力は若干劣り、英のクィーン・エリザベス級や米の14インチ50口径砲搭載艦には劣る艦であるというのが一般的評価で、現在に至るまでこの概ね正鵠を得た評価が踏襲されている。

改装後の本型については、船体の延長は把握されておらず、船体にバルジが張られているのは確認されていたが、それによる拡幅がどの程度かは判明しなかったようで、戦時中の米海軍識別帳でも幅及び排水量は最後まで竣工時の数値が使用されていた。

主砲仰角も大改装時に43度に増大したことは把握されておらず、その最大有効射程は29・2kmと短めとされている。開戦前には大改装完成後の写真が初期のものしか公開されなかったこともあり、副砲の門数は竣工当時と同数とされていたが、戦時中に「山城」の新しい写真を入手した後、片舷7基（両舷合計14門）装備となったことが特記された。カタパルトの数と搭載機数は正確だが、「扶桑」が開戦前にカタパルトを艦尾に移設したことは、比島沖海戦時まで把握されていなかった。

防御関係は砲塔前盾の数値がやや厚いことを除けば、垂直側の防御は概ね正確な数値が把握されており、対して水平部は114㎜（初期は51㎜）～178㎜と実艦より高い耐弾防御を持つと誤解されていた。水中防御性能もバルジの設置のお陰で「大変良好」とされ、応急能力も「優良」判定されるなど、防御面ではかなり高い評価を受けていたのも事実である。

機関は正確な情報は比島沖海戦時まで取得できなかったようで、先の1944年7月の資料でも、竣工時のデータに基づく推定値が出されている。ただし同資料の注記では、「改装時に機関改装がなされて」、最高速力は25ノットに増大している、という注記がなされているので、一応の無視できないレベルの情報は把握していたようだ。

これらの点から見れば、米海軍が本型を相応に強力な戦艦とみていたことは確かで、1945年6月に出された最後の詳細な日本軍艦艇に関する情報で、伊勢型はペンシルヴェニア級やニューメキシコ級に相当する艦で、若干高速で副砲火力に秀でるが、装甲防御に若干欠ける艦として扱われている。恐らくは扶桑型もこれと同等か、やや劣る評価がなされていたものと思われる。

【運用側からの評価】

計画時及び竣工当時より、本型は設計に起因する欠陥があると指摘されていたことを含めて、色々と問題点が指摘されていた艦でもある。本型はその主砲配置もあって上部構造物への爆風圧力の影響が懸念されていたが、果たして「扶桑」の主砲公試でこれが現実に確認され、その対策に頭を悩ますことになった。またこの主砲配置の結果、艦上の配置に色々と制限が生じたことも、運用面で問題視された点となった。

竣工後特に問題視されたのは、艦形に比べて機関がやや非力で、連続して高速発揮をするのが困難という問題だった。実際に速力は実用状態では最大21ノット程度、昭和3年時期には「高速時」の速度が20ノットとされたことは、戦術上不利であると見なされた。また速力20ノットで最大舵角（35度）に切った場合、120度旋回時点で10ノット速力が低下、180度旋回では速度計測が注視されるほどに著しく減速する、大舵角時の運動性にも欠点があり、これも運用上注意すべき点であることは認識されていた。

大改装後は速力性能の維持を含めてある程度以前の欠点は改正されており、「戦艦」としてより有力で有用に使用出来る艦となったと評されたのは確かだ。ただし、当初は浮力不足（「扶桑」）や、艦尾部の強度不足が発覚する等の問題もあって、開戦時まで従前同様に各種の改正に追われた艦でもあり、特に大改装の計画がやや旧い時期に確定したせいか、砲塔の機構を含めて搭載機器にやや旧い面があるなど、他の戦艦より見劣りする点も多く、決戦兵力として能力的に限界に達しつつある、と見なされていたこともまた事実である。

一方で主砲の門数・主砲塔数の多い本型と伊勢型は、遠距離射撃の有効射程が長門型や金剛型等の8門艦に比べて長いという利点を持ってもいた（九八式遅延発砲装置の搭載前、扶桑型の最大有効射程は30km、対して長門型は24・3km）。

また金剛型や伊勢型に比べて、計画時点から居住スペースの確保に一定の努力がなされた本型は、堀元美中尉（当時）の回想に曰く、「新式の巡洋艦に比べて何となくだだっ広い、そして薄暗い」「後檣の下のガンルームはいやに広かった」「流石戦艦では艦内のスペースに余裕があり、全ての装置が頑丈に大きく出来ていた」とされるなど、艦内スペースには比較的余裕のある艦でもあり、この面では乗員からそれなりの評価を受けていたという。

多数の乗員の手によって魚雷防御網の試験を行っている大正６年（1917年）時の「山城」。戦闘力は日本戦艦の中では低い扶桑型だったが、乗員の居住性は金剛型や伊勢型より良好だった

扶桑型戦艦 フォトギャラリー

大正12年（1923年）9月、同月に発生した関東大震災の救援に駆け付けた米海軍艦艇から撮影された、東京湾に集結した日本戦艦群。
一番手前の戦艦が「扶桑」、その右が金剛型、「扶桑」の左に長門型、伊勢型の姿もあり、4クラスの日本戦艦が一同に会している

大改装後の「扶桑」で、三番主砲塔上には独特の艦橋シルエットを形成する要因となった、射出機が確認できる

昭和9年、「長門」(右)とともに艦隊運動をとる「扶桑」。艦尾の延長が実施される前の第一次改装後の艦容で、本艦は同年9月から翌年にかけて第二次改装が実施された

「扶桑」の後部主砲塔群。砲身基部やキャンバスのほか、舷側手摺のディテールもうかがえる。昭和11年(1936年)5月

大改装前の扶桑型戦艦の三番主砲塔。写真上には「YAMASHIRA」と書き込まれているが、「扶桑」とする説もある

竣工から間もない大正6年(1917年) 7月4日、横須賀にて停泊中の「山城」。
二番砲塔と下部艦橋の間の甲板室、司令塔上の測距儀配置、艦尾部スターンウォークなど、新造時の「扶桑」との相違点がよくわかる

昭和9年12月、館山沖にて大改装公試にいどむ「山城」。本艦はこの後、翌10年初頭に長期に渡る改装工事を終えた

昭和16年1月の「山城」。三番主砲塔の繋止方向を艦尾向きとしたことで、姉妹艦「扶桑」と異なり均整のとれた艦橋シルエットとなっている

伊勢 日向

レイテ沖海戦中のエンガノ岬沖海戦（10月25日）において、襲撃してきた米艦上機に対して猛烈な対空砲火を撃ち上げる航空戦艦「日向」。35.6cm砲12門を搭載した超ド級戦艦伊勢型の2隻は、大戦途中から船体後部を飛行甲板とした「航空戦艦」に改造され、航空打撃力の一端を担うことを期待された。結局、爆撃機を運用しての敵艦隊への攻撃は実現しなかったが、強力な対空火力や豊富な搭載量を活かし、エンガノ岬沖海戦や北号作戦で活躍している。

画／佐竹政夫

※67～128ページの記事は季刊「ミリタリー・クラシックスVOL.26」（2009年夏号）の巻頭特集に加筆修正を加え、再構成したものです。

ミッドウェー・アリューシャン作戦に臨む「伊勢」（手前）と「日向」。航空戦艦に改造される前の姿だ。ミッドウェー海戦の直前、「伊勢」は二一号電探（レーダー）、「日向」は二二号電探を装備し、実用試験を行った。電探は試験後撤去するはずだったが時間がなく、2隻はそのままミッドウェー・アリューシャン作戦に出撃した

画／吉原幹也

史上唯一の航空打撃力を備えた戦艦

航空戦艦「伊勢」「日向」

扶桑型に続いて整備された日本海軍の超ド級戦艦「伊勢」「日向」の2隻は、
35.6cm砲12門という大火力と、当時としては十分な高速を併せ持ち、
扶桑型の欠点を改善した戦艦として第一次大戦中の大正6年、7年に相次いで竣工した。
その後、戦間期に近代化改装を経た伊勢型2隻は、昭和16年から対米戦に挑むが、
ミッドウェー海戦での大敗により、空母への改造を計画されることとなる。
改造の結果、艦後部の1／3が飛行甲板・格納庫となり、
ここに史上空前の、戦艦と空母のハイブリッド艦「航空戦艦」が誕生したのである。
航空打撃力と砲撃力を兼ね備えた艦として期待された「伊勢」「日向」だが、
搭載機の生産と搭乗員の練成が遅れ、結局、実戦で航空機による攻撃の機会には恵まれなかった。
それでも、レイテ沖海戦での対空戦闘や本土への輸送任務で気を吐いたが、
やはり期待に沿った大活躍ができたとは言い難い。
しかしその特異な形状と、戦艦と空母の融合という魅力的なコンセプトから、
現代でも高い人気を誇ることも事実だ。
期待の超ド級戦艦として生まれた竣工時から、
異色の航空戦艦として苦闘した大戦末期まで、「伊勢」と「日向」の数奇な航跡を辿っていこう。

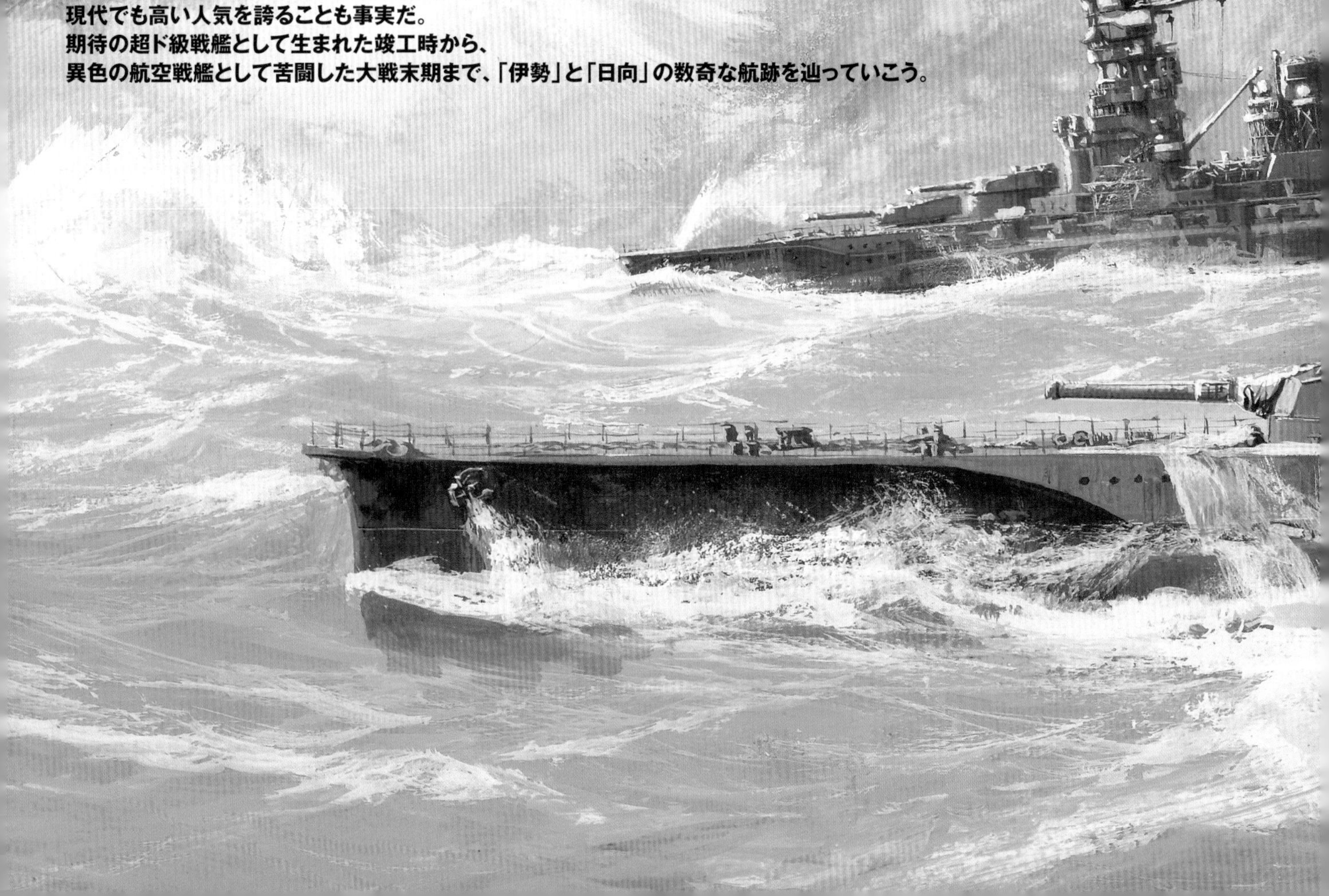

エンガノ岬沖海戦

昭和19年10月25日

　昭和19年6月のマリアナ沖海戦で母艦航空勢力が壊滅した日本海軍は、同年10月、フィリピンに襲来する米海軍を迎撃するため捷一号作戦を発動した。空母「瑞鶴」などを中心とするほとんど攻撃機を持たぬ空母艦隊を「囮」として米機動部隊を誘き寄せ、「大和」などの戦艦で成る第二艦隊が、レイテ湾の米軍の輸送船団に殴りこみをかけるという捨て身の作戦であった。こうして発生したのが史上最大の海戦、レイテ沖海戦である。

　この時の「伊勢」「日向」は、航空戦艦への改造成って艦後部に飛行甲板を備えてはいたものの、搭載機、搭乗員ともに間に合わず、普通の戦艦として決戦に参加した。両艦は対空兵装が充実していたため、空母「瑞鶴」「瑞鳳」「千代田」「千歳」を敵の航空攻撃から護衛する任務が与えられた。

　10月25日、フィリピンのエンガノ岬沖において小沢中将率いる空母艦隊が米機動部隊に捕捉され、猛烈な空襲を受けることになった。四次に亘る空襲の結果、「伊勢」「日向」をはじめとする護衛艦の対空砲火もむなしく、空母たちは次々に被弾、被雷し、4空母すべてが失われる結果となってしまった。

　空母に次ぐ大物であった「伊勢」「日向」は、その巨体故に、第四次空襲では敵機の主目標となった。しかし卓越した回避行動と（「伊勢」は取り舵、「日向」は面舵しかとらなかった）、高角砲、噴進砲、機銃などの猛烈な対空砲火が功を奏し、両艦はこの空襲をほとんど無傷で切り抜けることができた。「伊勢」は撃墜44機を、「日向」は6機を記録している。

　しかし、空母たちが囮となったのにもかかわらず、栗田中将率いる第二艦隊はレイテ沖を前にして北に反転。戦艦艦隊の殴りこみは実現することはなかった。そして連合艦隊はこのレイテ沖海戦において多数の空母・戦艦を失い、名実ともに壊滅したのである。

激烈な対空砲火と巧みな操艦で空襲を掻い潜るも 空母護衛の任は果たせず

取り舵をとりながら全力を挙げて対空戦闘を行う「伊勢」。奥の駆逐艦は松型「桑」
画／吉原幹也

本土への物資輸送の最中
前代未聞の戦艦による
潜水艦への砲撃

昭和20年2月5日、シンガポールに停泊していた「日向」「伊勢」で構成される第四航空戦隊に対し、ガソリン、生ゴム、錫（すず）などの物資を日本本土に輸送する、「北号作戦」が発令された。作戦に参加する艦艇は航空戦艦「日向」を旗艦とし、同型艦の「伊勢」、新鋭の軽巡「大淀」、第二水雷戦隊の駆逐艦「朝霜」「霞」「初霜」で、護衛の戦闘機などは付かない。東南アジアから日本本土までの海路は連合軍に制海権を握られている状態であり、非常に危険な作戦だといえた。

2月10日、四航戦司令官の松田千秋少将を指揮官とする、「日向」以下の輸送艦隊「完部隊」はシンガポールを出港した。翌11日には敵の潜水艦を発見、さらに翌12日にも浮上している敵潜を発見する。さっそく完部隊は敵潜水艦隊に捕捉されてしまったのである。

13日にはB-24重爆撃機などの編隊も襲来したが、完部隊はスコールに隠れて無事であった。さらに同日には敵潜の雷撃を受けるが、見事回避に成功する。14日にも雷撃を受けるが回避、加えて敵大編隊が飛来したが、またも悪天候に助けられ無傷で切り抜けた。なお、作戦の道中では「伊勢」が浮上していた米潜水艦に向けて35・6cm主砲を射撃して追い払ったり、発射された魚雷を高角砲で撃って爆発させるなどという、珍しい出来事が発生している。

これらの幾度かの危機ののち、完部隊はついに2月20日に呉に到着。艦艇、乗組員、物資はすべて無傷で、北号作戦は大成功となった。敵機襲撃時にスコールに遭遇できた運の良さ、指揮・操艦の巧みさなどによってもたらされた、大戦末期としては奇跡のような作戦であったのである。

左から「日向」「伊勢」「大淀」の完部隊の面々。「伊勢」は米潜に向かって主砲を放っている
画／舟見桂

昭和20年に入ると、日本周辺の制海権・制空権はほぼ米軍に奪われ、また重油の枯渇もあって、戦艦などの大型艦はほとんど外洋に出る可能性がなくなっていた。北号作戦を成功させた「伊勢」「日向」も例外ではなく、他の戦艦などと同様、ほとんど港内に引きこもる状態になる。3月19日には米海軍機の呉軍港への大空襲があり、「伊勢」は無傷だったものの「日向」は3発の命中弾を受けた。「伊勢」「日向」は昭和20年4月20日に第四予備艦に指定され、錨を停泊地に固定。航海する見込みのない「浮き砲台」となったのである。

7月24日、米艦載機が来襲。両艦の巨体は目立ち、米軍機の格好の標的となった。両艦は必死の反撃を試みるが、「日向」は10発の直撃弾と至近弾を受けて大破、草川艦長も戦死し、26日には着底した。「伊勢」は爆弾5発を被弾、牟田口艦長も戦死したものの、いまだに海上にその巨体を浮かべていた。

そして7月28日、「伊勢」にも最期の瞬間が訪れる。早朝から夕方まで呉には延べ1000機以上の米軍機が襲来、手負いの巨艦にとどめを刺さんと猛爆を加えた。「伊勢」も全砲門を開いて修羅のように奮戦し、主砲弾は24日と合わせて400発以上を撃ちあげたという。しかし多勢に無勢、10数発の爆弾が命中し、ついに「伊勢」も妹と同じく大破着底、その28年の数奇な生涯を終えたのであった。

なお空襲後、「伊勢」の二番主砲塔が上を向いたまま停止し、砲身内に主砲弾が残った。このままでは危険なため、上を向いたまま主砲弾を発射。この「伊勢」の射撃が、日本戦艦最後の主砲発射となった。

動けないながらも必死の対空戦闘を行う「伊勢」
画／佐竹政夫

呉軍港対空戦闘
昭和20年7月24日、28日
浮き砲台となっても
砲火は衰えず
航空戦艦最後の奮闘

こんにちは、千秋です。このページは、伊勢と日向姉妹の平凡な日常を淡々と描くモノです。過度な期待はしないでください。
伊勢と日向はちょっとお古の戦艦だったけど、日本の空母が足りなくなったから、船の後ろに飛行甲板をくっつけて、飛行機を飛ばせるようにしたものだバカ野郎。
後ろの主砲塔ふたつはとっちゃったけど、前と真ん中の4つは残ってるから、戦艦としても空母としても使える…って、そんなにうまい話はない気がするぞバカ野郎。

艦橋

いろんな指揮所、見張所などが付いてゴテゴテしてる艦橋。さいしょの頃はかんたんな3本マストだったんだけど、何度も改装をして、形がどんどん複雑に変わっていった。外国からはパゴダ・マストと呼ばれていたぞ。いちばん上の網っぽいのは電探（レーダー）、その下の左右に伸びてる棒は、敵との距離をはかる測距儀だ。

これは日向のお姉さんの「伊勢」だ。伊勢とは今の三重県のことで、天照大神を祭る日本で一番えらい神社の「伊勢神宮」があるところだ。飛行機の発進は「日向」にまかせて、自分はバリバリ対空砲火を撃っているみたいだね。甲板のうしろで盛大に火を噴いてるのは対空噴進砲、つまりロケット弾だ。

「伊勢」

「日向」

35.6cm連装主砲

大きないりょくを持つ大砲だ。もともと「伊勢」型はこの連装主砲を6基、あわせて12門の主砲を積んでたんだけど、航空戦艦に改装したときに後ろの2基は取り外してしまった。なので航空戦艦の「伊勢」と「日向」は8門の主砲を積んでいるのだ。飛行機で敵の足を止めて、近づいて主砲でタコ殴りにするのが理想的な戦いかただぜ！

「日向」とは今の宮崎県のことだぞ。天照大神の子孫が日本に下りてきた、という伝説のある山がある。何かどっかの国の海軍…じゃなくて海の上を自分で防衛する隊でも、おんなじ名前の空母…じゃなくて駆逐艦…じゃなくて護衛艦があるとかないとか。どげんかせんといかんね。

え／上田信

Shin.ueda 60

※…実は「伊勢」と「日向」は実戦で飛行機を発進させて敵を攻撃したことはないぞ。つまりこのイラストは妄想っていうか理想的な展開だ！

「日向」と「伊勢」だ！

彗星

カタパルトから飛び立つ、戦争後半の日本海軍の主力艦上爆撃機「彗星」だ。エンジンを水で冷やす液冷の彗星と、空気で冷やす空冷の彗星があるんだけど、この彗星は空冷エンジンを積んでるほうだね。爆弾は胴体下に入れる場所があって、そこに入ってるのだ（※）。

飛行甲板

これが航空戦艦のいちばん大きな特徴だ。後ろの主砲塔２基をとっぱらって、長さ70メートルの飛行甲板と、飛行機をしまう格納庫をくっつけたのだ。左右にカタパルトがあって、飛行機を次々に発進させることができるぞ。飛行甲板といっても狭すぎて飛行機の着艦はできないので、飛び立った飛行機は近くの基地か、空母に降りることになっていたのだ。

松田千秋提督

「まさか航空戦艦になっちゃうなんてびっくりしたけど、やっぱ日向はいいよな〜。日向の電探ってさ、俺がミッドウェーの時に使えるって言ったんだよね。あ、今度またさぁ、「ひゅうが」って名前の空母か戦艦作ってくれよ！」「日向」の戦艦時代に艦長をやった松田少将も、航空戦艦「日向」の活躍にとくいげだ！

12.7cm連装高角砲

たくさんの戦艦や空母、巡洋艦などがつけている12.7cm高角砲を連装で８基、16門装備。「大和」型は24門、「金剛」型は12門、「扶桑」型と「長門」型は８門だ。「伊勢」型は対空装備も「大和」型の次に充実していたのだ。

図版／田村紀雄

戦艦「伊勢」「日向」塗装図集

大正6（1917）年の竣工から、昭和に入っての近代化改装、さらに太平洋戦争中には航空戦艦へと大改造された「伊勢」と「日向」。ここでは、そんな2戦艦の変遷をカラーイラストでご紹介しよう。

1917 伊勢

新造時の「伊勢」。

1934 伊勢

前檣楼や高角砲など各部を改装した「伊勢」。

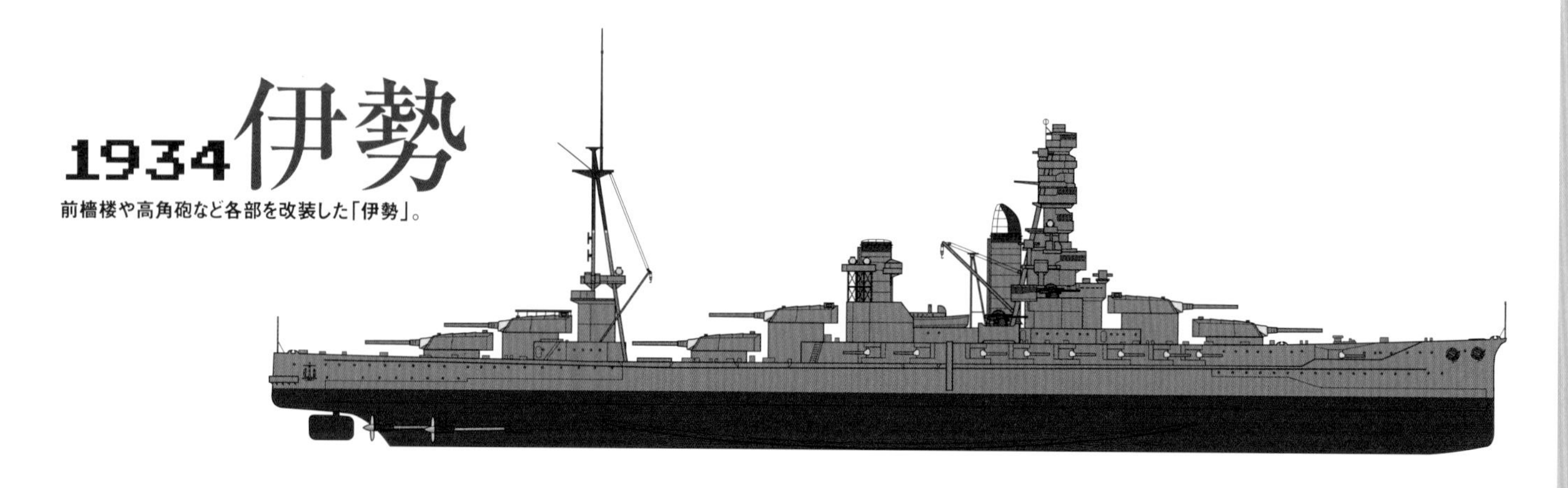

1944 伊勢

航空戦艦改造後、さらに対空兵装を増強した「伊勢」。

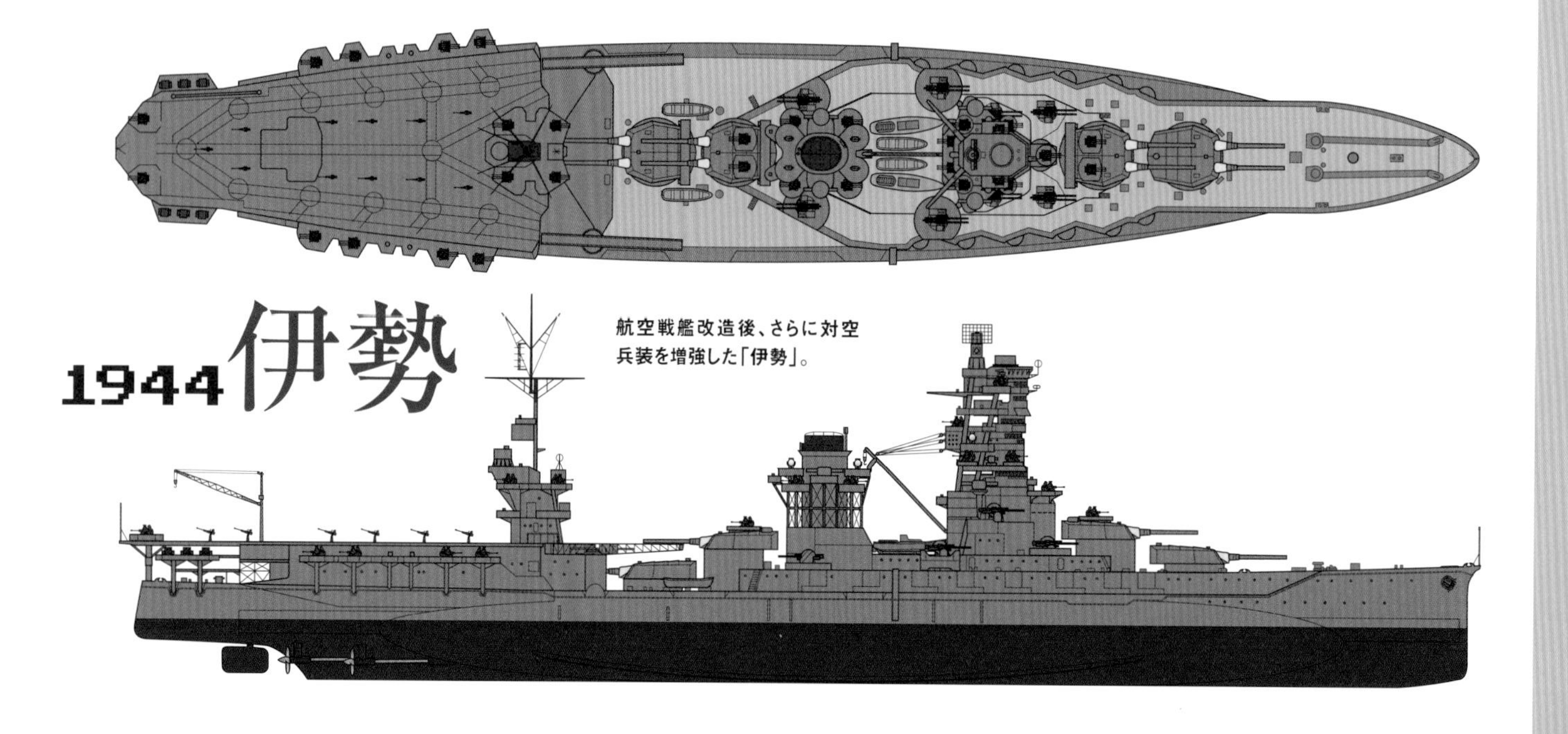

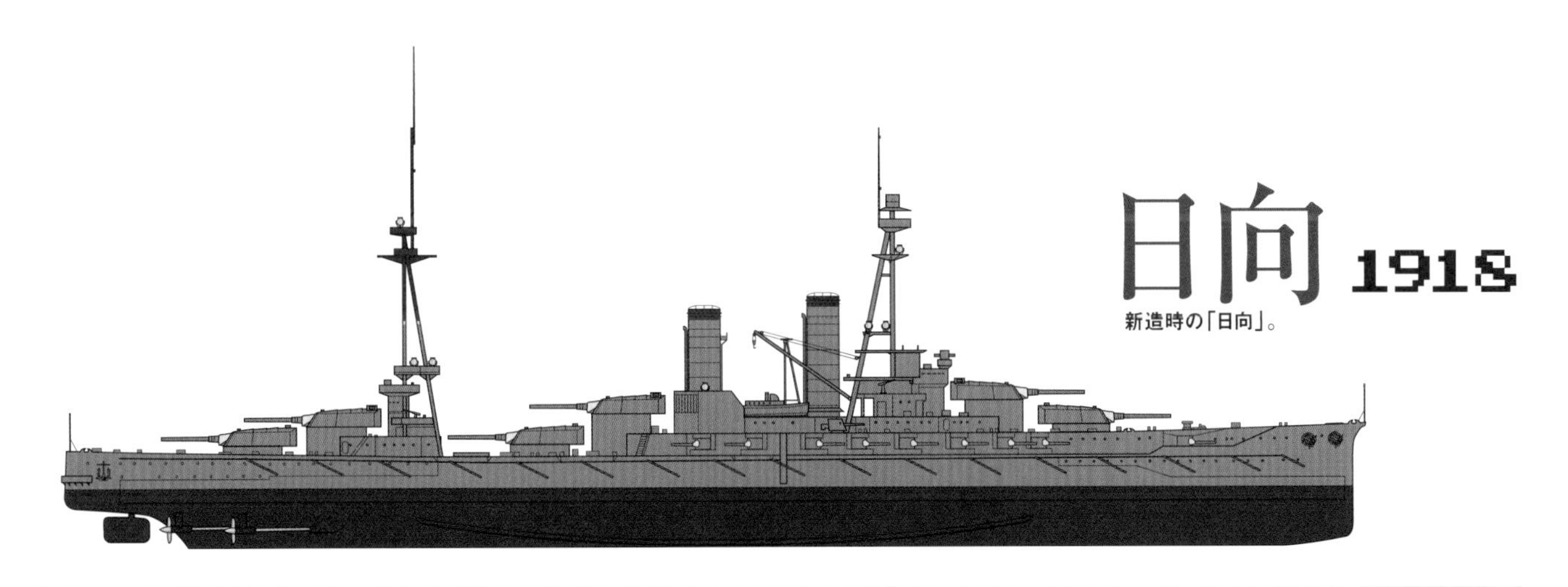

日向 1918

新造時の「日向」。

日向 1937

昭和12年、近代化改装完了後の「日向」。

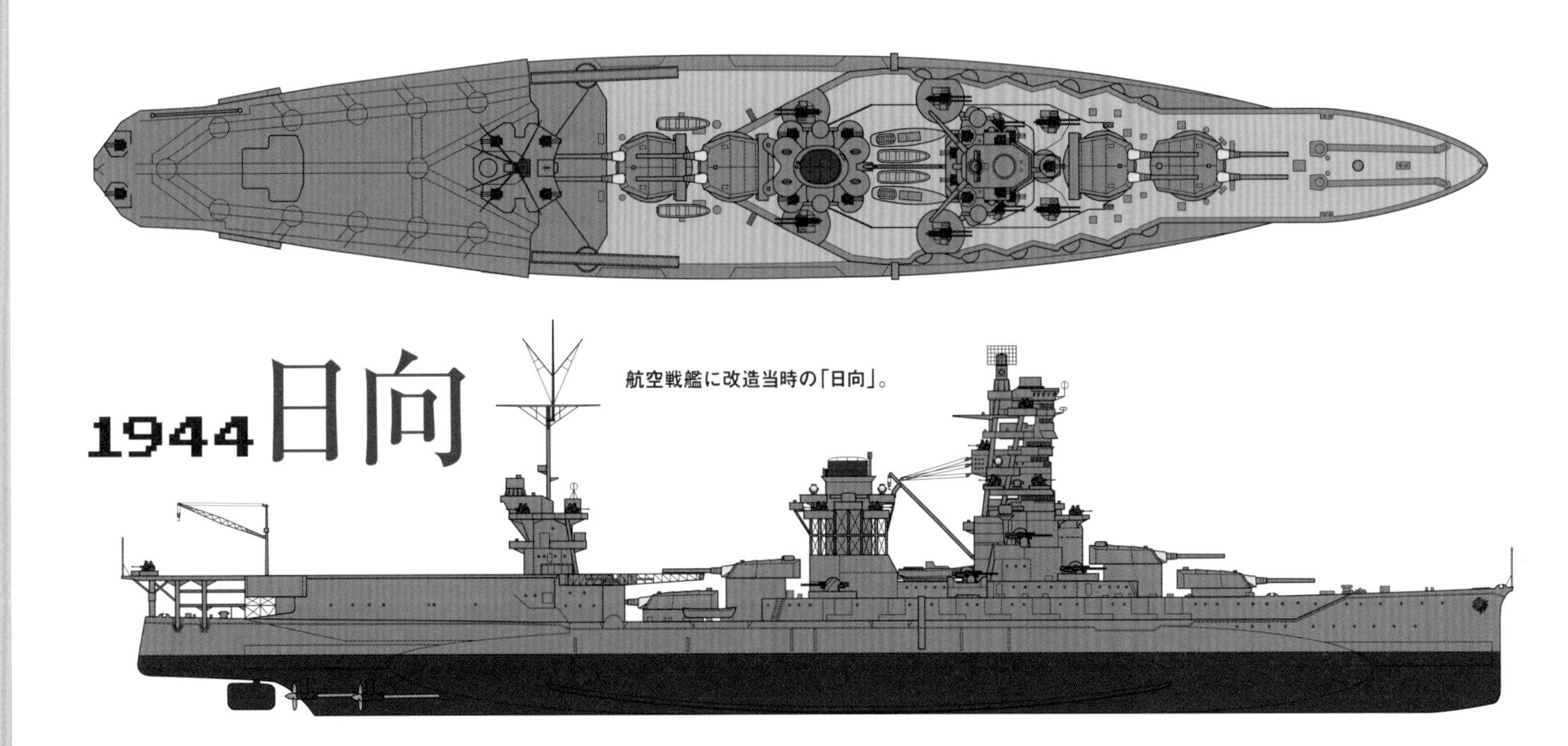

1944 日向

航空戦艦に改造当時の「日向」。

扶桑型と同じ14インチ砲12門搭載の戦艦として建造された伊勢型の「伊勢」「日向」。しかし主砲塔配置など、前級の反省を踏まえた様々な改善が図られただけでなく、太平洋戦争中には航空戦艦に改装されるなど、独自の要素も数多くみられた。本項ではそんな伊勢型戦艦のメカニズムをCG･写真とともに解説していく。

文／本吉隆　CG／一木壮太郎

■戦艦「伊勢」(太平洋戦争開戦時)

1. 菊花紋章
2. 艦首旗竿
3. 主錨
4. 一番主砲塔
5. 二番主砲塔
6. 8m測距儀
7. 副砲用4.5m測距儀
8. 艦橋
9. 九四式主砲方位盤
10. 10m測距儀
11. 九一式高射装置
12. 煙突
13. 110cm探照灯
14. 九五式機銃射撃装置
15. 三番主砲塔
16. 四番主砲塔
17. 後檣
18. 五番主砲塔
19. 六番主砲塔
20. クレーン
21. 艦尾旗竿
22. 呉式二号五型射出機
23. 主舵
24. スクリュープロペラ
25. ビルジキール
26. 9mカッター
27. 14cm副砲
28. 15m内火艇

◆戦艦「伊勢」(新造時、括弧内は「日向」)

常備排水量	31,260トン	満載排水量	36,500トン
全長	208.2m	最大幅	28.7m
吃水	8.8m		
主機／軸数	ブラウン･カーチス式(パーソンズ式)高･低圧型直結タービン4基／4軸		
主缶	ロ号艦本式重油･石炭混焼水管缶24基		
出力	45,000馬力	速力	23ノット
航続力	14ノットで9,680浬		
兵装	45口径35.6cm連装砲6基、50口径14cm単装砲20基、40口径7.6cm単装高角砲4基、53cm水中魚雷発射管6門		
装甲厚	舷側299mm、甲板53mm+32mm、主砲塔305mm、司令塔305mm		
乗員数	1,360名		

◆戦艦「伊勢」(大改装後、括弧内は「日向」)

基準排水量	35,800トン(36,000トン)
公試排水量	40183.28トン(39,657トン)
満載排水量	42302.89トン(41,401トン)
全長	215.8m
最大幅	33.9m(33.83m)
吃水	9.03m(9.21m)
主機／軸数	艦本式高･中･低圧型ギアード･タービン4基／4軸
主缶	ロ号艦本式重油専焼水管缶8基
出力	80,000馬力
速力	25.4ノット(25.3ノット)
航続力	16ノットで11,100浬(同7,870浬)
兵装	45口径35.6cm連装砲6基、50口径14cm単装砲16基、40口径12.7cm連装高角砲4基、25mm連装機銃10基、射出機1基、水偵3機
装甲厚	舷側299mm、甲板135mm+32mm、主砲塔305mm、司令塔320mm
乗員数	1,385名(1,376名)

■航空戦艦「伊勢」(十八改装後)

1. 25mm三連装機銃
2. 二号一型電探
3. 九四式高射装置
4. 一式二号一一型射出機
5. クレーン
6. エレベーター
7. 12cm28連装対空噴進砲(昭和19年10月以降)
8. 12.7cm連装高角砲

◆航空戦艦「伊勢」(十八改装後、括弧内は「日向」)

基準排水量	35,350トン(35,200トン)
全長	219.62m
最大幅	33.83m
吃水	9.03m
速力	25.3ノット(25.1ノット)
航続力	16ノットで9,449浬(同9,000浬)
兵装	45口径35.6cm連装砲4基、40口径12.7cm連装高角砲8基、25mm三連装機銃19基、射出機2基、艦上爆撃機22機

※上記以外は大改装後と同様

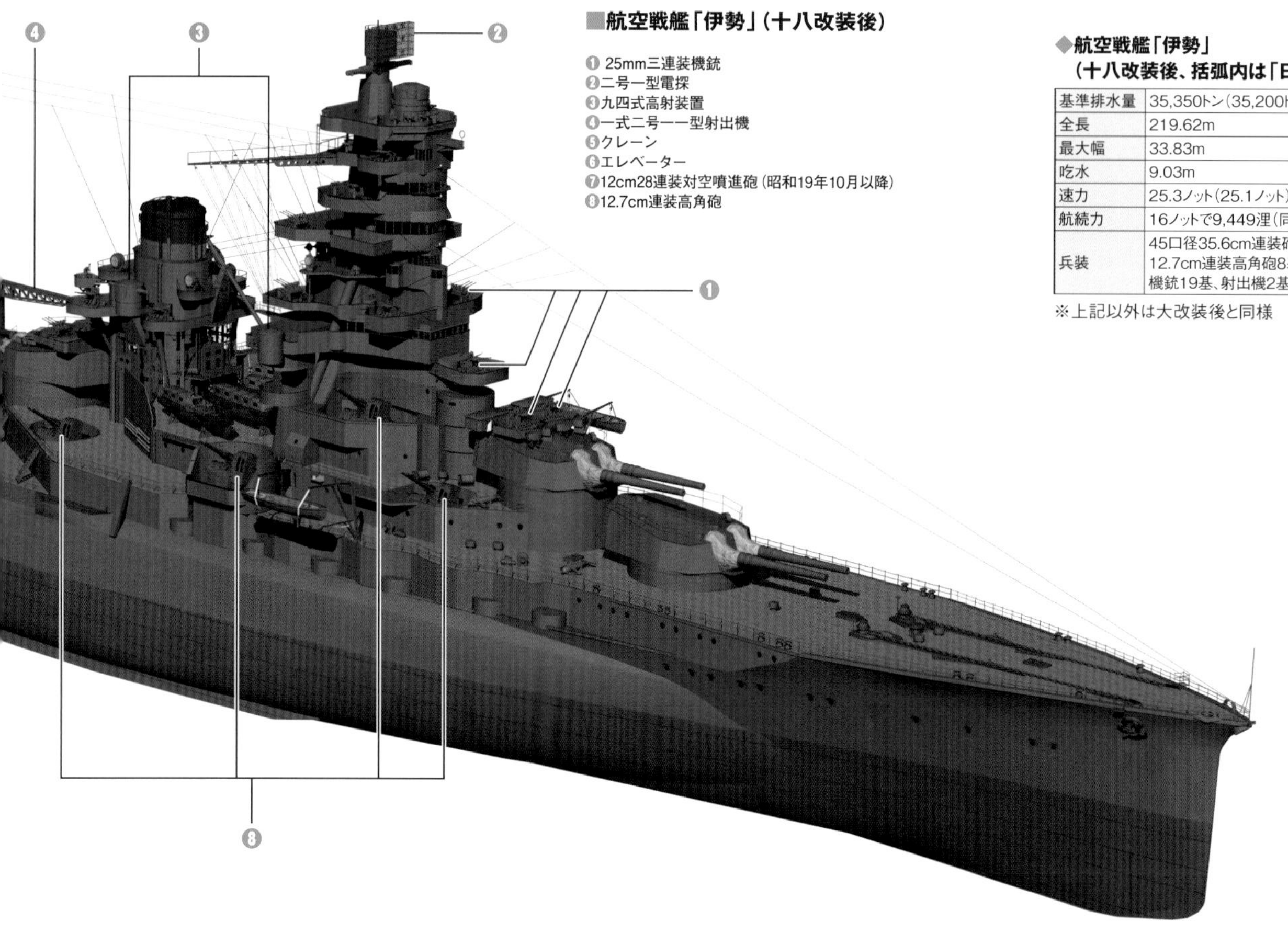

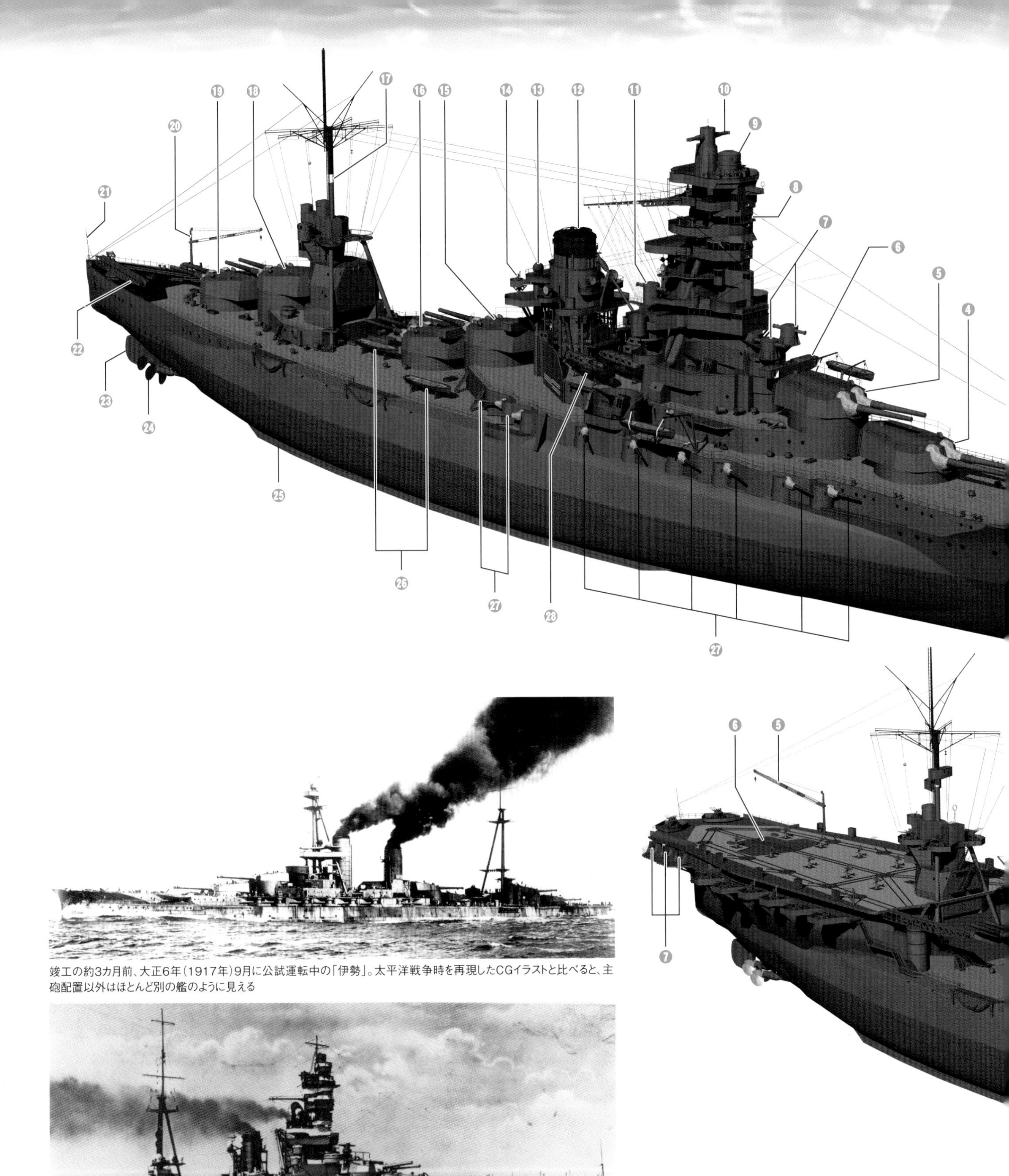

竣工の約3カ月前、大正6年（1917年）9月に公試運転中の「伊勢」。太平洋戦争時を再現したCGイラストと比べると、主砲配置以外はほとんど別の艦のように見える

こちらは大改装前の「日向」で、上掲写真「伊勢」竣工時期では三脚檣だった前檣が檣楼化されている

主砲

主砲は金剛型及び扶桑型で採用された45口径四一式14インチ(35・6cm)砲が使用された。砲塔は乗員教育等も考慮して、金剛型のものを基本とする連装砲塔とされたため、扶桑型同様に6砲塔を中心線に搭載した12門艦となっている。竣工時の砲塔の仰角は扶桑型と同じくマイナス5～プラス20度で、砲塔の機構も前2型同様に換装室経由で主砲弾・装薬を送り込む「英国式」砲塔(※)で、装填方式は金剛型類似のマイナス5～プラス20度の範囲での自由角式が採用されている。測距儀は竣工時点では二、三、五番砲塔に6m型のものを装備していた。

砲塔の装甲防御も扶桑型の建造途上で不足であると見なされたことで改正の対象とされ、砲塔前面装甲は305㎜と強化されたが、側面・後面は229㎜と同型と変わらず、砲塔上面装甲も76㎜で変化は無い。バーベット部は艦上露出部と舷側装甲が側面にない艦内部分は249～299㎜、六番砲塔の下部側面のみは299㎜+50㎜で、その下部に224㎜装甲(同部の下甲板～最下甲板の一部は防御甲板傾斜部の50㎜+51㎜装甲で防御)を施すなど、配置に弱点を作らないように考慮もされていた。ちなみに舷側装甲がある部位のバーベット部には50～162㎜厚の装甲を施していた。

砲塔の改正で最初に実施されたのは、想定砲戦距離延伸(当初20～25㎞/昭和8年以降20～30㎞)に対応した仰角増大で、本型ではまず大正11年(1922年)に「日向」が、その翌年に「伊勢」が砲の仰角を0度～30度に変更・仰角増大する改正が実施された。続いて昭和2年(1927年)時期に大落角砲弾への対処として、砲塔上面装甲を152㎜(6インチ)に強化している。またこの際に砲塔上部の測距儀も8m型となり、四番砲塔上部にも装備が行われた。昭和9年(1934年)以降に実施された大改装の際には、最大仰角の43度への増大が図られたが、六番砲塔のみは底面までの高さが足りずにこれの実施が見送られた。またジュットランド海戦の戦訓で、以後継続して実施されてきた砲塔の耐火対爆防御も大改装時には更に強化された。なお、改装後の弾火薬庫部の装甲強化の概要は防御要領の部をご覧戴きたい。

竣工時から大改装後までの各最大仰角時の射程と、使用砲弾については扶桑型の変遷と同様なので、そちらをご覧戴きたい。砲弾の搭載定数は竣工時期が1門あたり80発(戦時94発)、大改装完了後が120発と言われる。なお、本型は大改装前の昭和7年(1932年)時期に九一式徹甲弾の運用能力が付与されており、この際には大型の同砲弾を搭載するため、搭載砲弾数が減少すると報じられているが、大改装後は対策が取られて問題は解決している。

大改装から開戦時期までの間には、昭和14年(1939年)以降の主砲への対空射撃能力付与や、昭和15年(1940年)時期には30㎞以遠の遠大距離での砲戦能力向上を考慮して散布界改善を図る遅延発砲装置等の装備が行われた。太平洋戦争開戦後、「日向」は昭和17年(1942年)5月の訓練中に五番砲塔の爆発事故を起こして同砲塔を撤去して一時期5砲塔10門艦として活動しており、十八改装こと航空戦艦への改装後は、射出機甲板装備位置となる後部の五番/六番砲塔が撤去されて4砲塔8門艦となった。なお、この改装時に主砲弾の搭載定数は、砲数減少後の戦闘力維持を考慮して1門あたり130発に増大している。

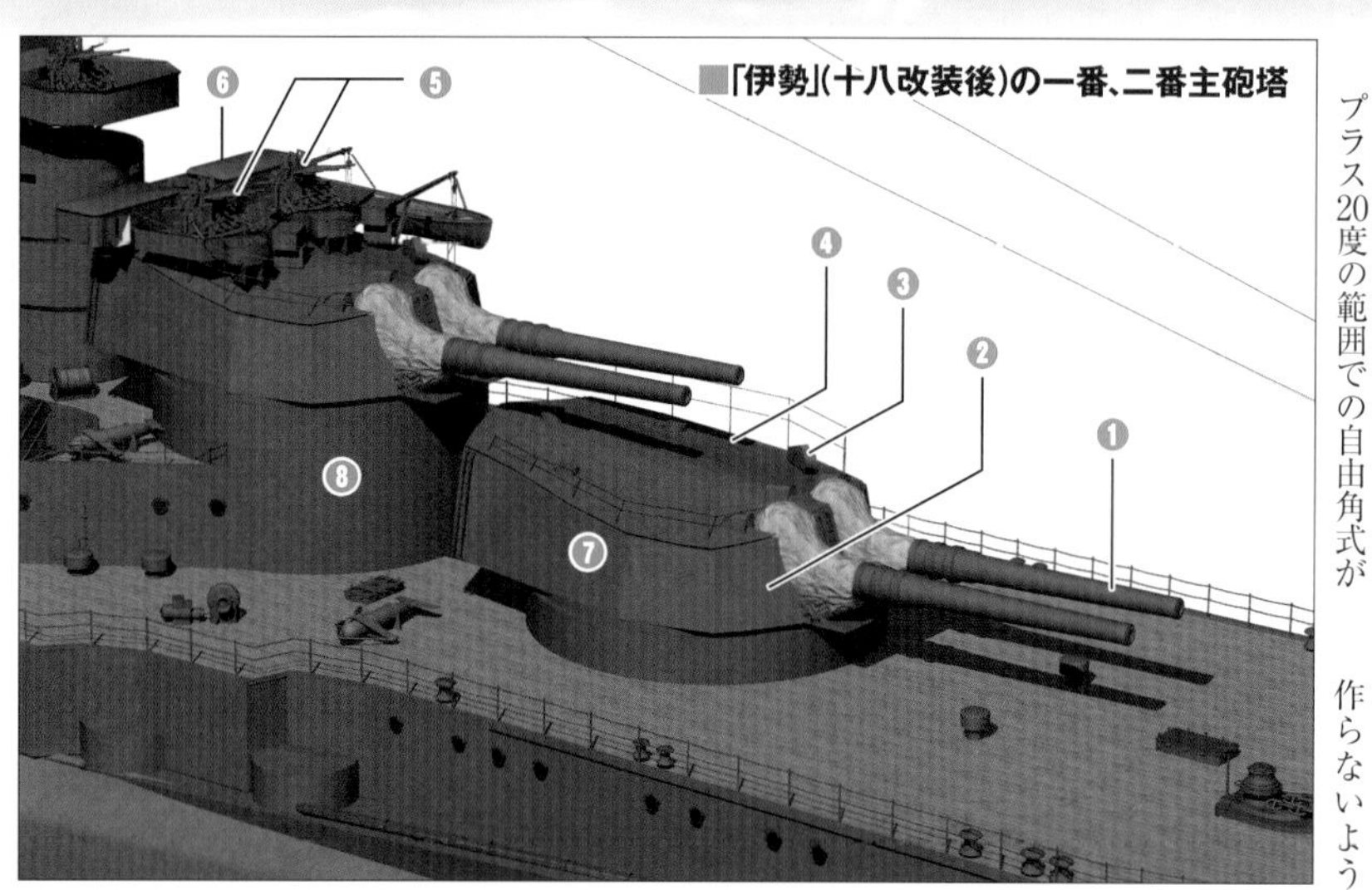

❶36cm砲身(最大仰角43度)
❷前楯(装甲厚305mm)
❸照準演習機起動機
❹天蓋(装甲厚152mm)
❺25mm三連装機銃
❻8m測距儀
❼側楯(装甲厚229mm)
❽バーベット(装甲厚249～299mm)

終戦後に撮影された「伊勢」の一番、二番主砲塔。砲塔や砲身には迷彩が施されており、二番砲塔上に設置された25mm三連装機銃は撤去されて台座だけが残っている

副砲は金剛型及び扶桑型で使用された50口径三年式15cm砲に変わり、新型の国産砲である50口径三

◆50口径三年式14cm砲

口径	140mm
砲身長	50口径
初速	850m/s
弾量	38.0kg
俯仰角	-7～30°(大改装後)
最大射程	19,100m
発射速度	約10発/分

※…砲弾と装薬を別々に送り込む方式は「米国式」と呼ばれ、アメリカの他にはドイツ、日本の大和型戦艦などで採用された。

年式14cm砲が搭載された。本型で副砲が換装されたのは、砲弾重量45・4kgの15cm砲弾が人力装填するには重すぎて長時間の射撃速度維持が困難であると見なされたことと、この時期に戦艦の副砲搭載数増大要求により、15cm砲より軽量で増設が容易な砲の開発が望まれたことが影響を及ぼしている。

本型搭載の本砲は全て単装砲架型で、砲架の仰角範囲は当初マイナス7～プラス20度、大改装後がマイナス7～プラス30度となっている。射程は竣工時期の仰角プラス20度で約16km程度で、大改装後のプラス30度で約19・1kmだった。砲弾重量は主目的だった対駆逐艦撃退用として充分なものがあった38kgで、使用砲弾は水上射撃用となる弾底信管型の被帽通常弾及び通常弾が標準的に使用されており、対空射撃用の榴弾の交付も開戦前時期に実施されている。

砲郭部分の防御は扶桑型同様に砲郭の舷側面に本格的な装甲防御を施し(同部の装甲は後述)、被害極限のため副砲1基または2基毎に弾片防御隔壁で仕切った区画を作る「ボックスバタリー」式で、副砲の砲盾は38mm、隔壁部は19mmの装甲を持つとされる。ただし砲盾は通説では同様の装甲を持つとする金剛型では実際には20mmなので、本型もこれより薄い可能性があるやもしれない。

副砲の搭載数は竣工時が20門(片舷当て10門)で、うち2門は砲郭部分の長さ不足から両舷部の一番煙突側面に露天搭載していた。この後昭和8年時期には両舷甲板部の砲が撤去されており、大改装後は両舷艦首砲郭部の砲が艦首の浮力確保を考慮しての代償重量として撤去されたため、片舷当て8門(計16門)装備となった。戦時中の航空戦艦改装では、対空火器増備の代償重量及び艦内容積確保等の理由から全副砲が撤去され、爾後同部は居住区等に転用された。

竣工時に装備していた高角砲は扶桑型と同じく40口径三年式8cm砲で、装備位置は前部艦橋両舷部と、下部艦橋両舷部に各1基の合計4門だった。これは昭和7～8年(1932～33年)時期の改装で40口径八九式12・7cm連装高角砲に更新され、大改装後もこれが維持された。八九式12・7cm連装高角砲は前部下部艦橋の両舷側と、その後方の上甲板部両舷に配された砲座に各1基が配されており、これと同時に九一式高射装置と4・5m高角測距儀が艦橋部に片舷各1基装備されている。

戦時中の航空戦艦改装時には、高角砲の装備数を大型空母と同様に増強することが求められ、これを受けて従来の高角砲装備に加えて、二番主砲塔後方の司令塔艦橋両側のセルター甲板部両舷側と、煙突側面の上甲板部両舷側に12・7cm連装高角砲を各1基増設して、同高角砲の装備を片舷あたり4基、両舷合計8基(16門)装備とした。この高角砲増備に合わせて、高射装置も旧来のものを撤去して新型空母同様に九四式高射装置を4基搭載へと、艦橋部の旧来の九一式の装備位置のほか、煙突部両舷に各1基を増設する形とされた。なお、各高角砲の性能等については、主砲同様に扶桑型の項目をご覧戴きたい。

■40口径八九式12.7cm連装高角砲

機銃及び噴進砲

竣工時期には艦橋防衛用として三年式の6・5mm機銃が装備され、これは昭和5年(1930年)時期には7・7mm口径の留式(ルイス式)機銃に更新された。大改装前の昭和8年(1933年)に実施された高角砲換装の際には、近接対空火器の強化も行われ、この際に40mm連装機銃が後部煙突の左右両舷側に各1基増備されている。

大改装後は従前の機銃装備を全て撤去の上で、他の改装戦艦同様に25mm連装機銃を両舷合計で10基(20挺)搭載しており、これに合わせて九五式射撃装置も片舷2基(計4基)装備とした。但し改装完了の時点で、「伊勢」は25mm連装機銃を前檣楼部両舷部銃座に合計4基のみを搭載、「日向」は改装前の40mm連装機銃2基装備のままで、この両艦が機銃を全て予定通りに装備したのは昭和14年以降のことだった(40mm/25mm機銃等の性能は、やはり扶桑型の項を参照されたい)。爾後十八改装まで、「伊勢」では対空機銃装備に変化は生じていないが、「日向」は先述した昭和17年5月の五番砲塔の爆発事故の後、同砲塔のバーベット部上面に当て蓋となる鉄板を敷いて、25mm三連装機銃3基を搭載する措置を執っている。

十八改装実施後は、旧来の機銃を撤去の上で、25mm三連装機銃19基を艦の各部に搭載、九五式射撃装置の装備数も6基に増大している。この後本型は昭和19年5～6月時期に25mm機銃の三連装型12基(36挺)

■12cm28連装対空噴進砲

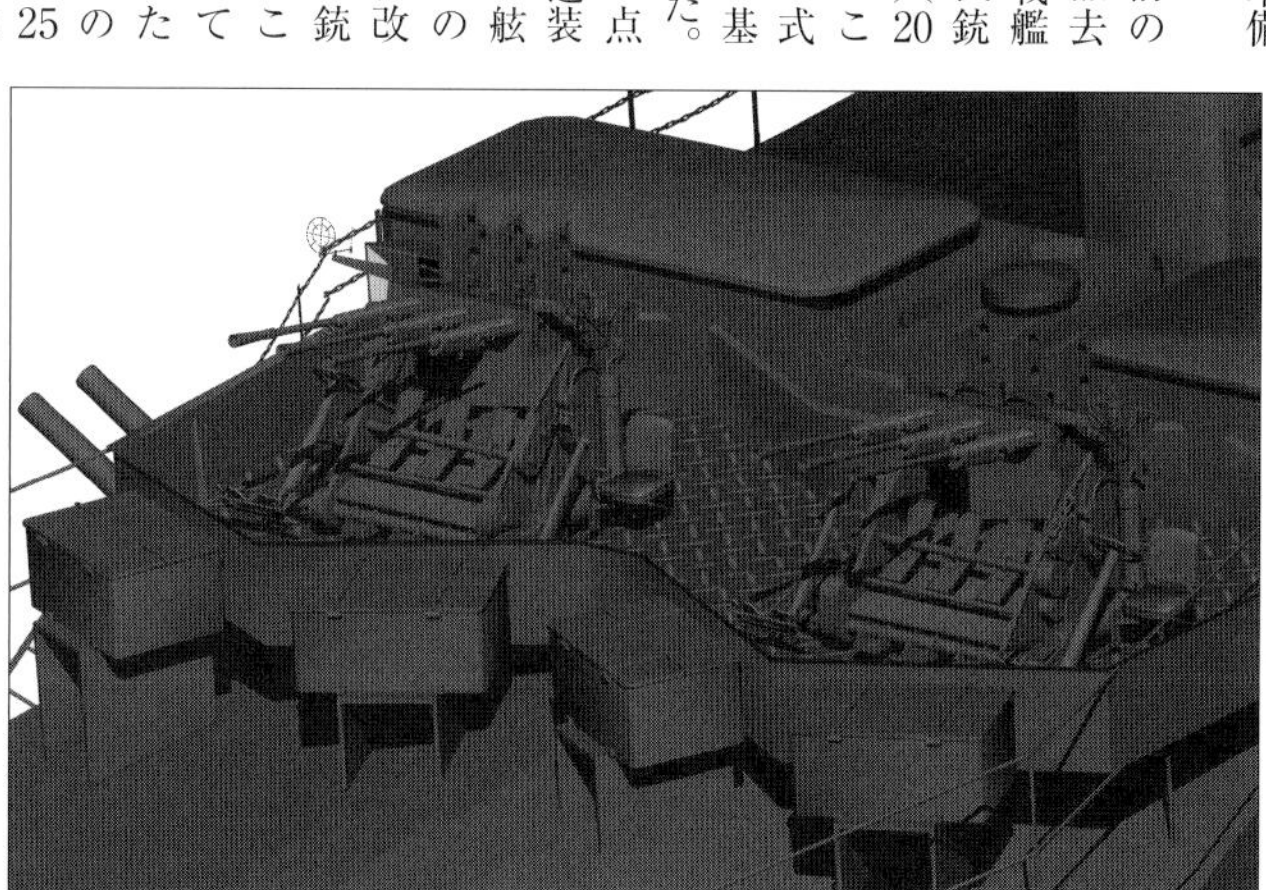

■九六式25mm三連装機銃

を二番／三番砲塔天蓋部及び射出機甲板側面（片舷当て4カ所）に設けた銃座に配したほか、取り外し可能な同機銃の単装型11基を射出機甲板上面に搭載して、同機銃装備数を計104挺に増大させている。この機銃増備により近接対空火力は大きく向上したが、一方で捷号作戦時の「日向」からは、高角砲付近の機銃増備の影響で、「機銃の発射音で、高角砲での命令伝達が困難」という旨の戦訓報告が上がってもいる。

レイテ沖海戦直前の昭和19年9月30日から10月10日時期、「伊勢」と「日向」は呉で12cm28連装対空噴進砲を射出機甲板後部両舷部に片舷あたり3基搭載している。なお、噴進砲を搭載した日本戦艦は本型のみで、この面でも本型が「空母」と同様に扱われていたことが窺える。発射機の俯仰角範囲はマイナス5～プラス80度、俯仰／旋回速度は1秒あたり18度／22度と言われる噴進砲は、同時に全噴進弾を斉発し（斉発完了まで約10秒）、時限信管で各噴進弾を1km（発射後5・5秒）～1・5km（発射後8・5秒）の距離で炸裂させて子弾を散布する、とされた。比島沖海戦に参加した「伊勢」の戦訓報告では、射撃用電路の故障及び指揮装置との追従不良に対処しての砲側照準機構の用意と、防御施設の設置等の要望も出される一方で、「後方からの急降下爆撃機の阻止に極めて有効」であり、艦の前部・中部にも相当数を増備して欲しい旨の要望すら出されるなど、攻撃阻止の対空弾幕構成には有用な対空火器と見なされている。

この噴進砲装備以後、本型の対空砲装備の詳細は判明しないが、日本本土帰還後も高角砲や機銃等の対空兵装の陸揚げは行っておらず、着底沈没するまでこれを維持していたと言われている。

水雷兵装

竣工時期には魚雷兵装として53cm単装水中魚雷発射管が片舷当て計3門（両舷当て6門）装備されていたが、これは昭和9年（1934年）に全数が撤去された。この時期の搭載魚雷は扶桑型同様に竣工時期が53cm型の四四式二号魚雷、後に六年式魚雷が装備される形となっており、搭載定数は12本（平時）～18本（戦時）とされている。

改装後暫く水雷兵装の搭載は行われなかったが、十八改装後には九五式爆雷10発が対潜水艦攻撃用に搭載されている。また同改装時には零式水中聴音機の装備が行われており、これは捷号作戦時の「日向」の戦闘詳報からも確認出来る。

前部艦橋

竣工時点の前部艦橋は、扶桑型同様に前部に側面305mm、上面／床面76mmの装甲を持ち、上部に3・5m測距儀を持つ司令塔が置かれた三脚檣形式のもので、三脚檣頂部のクロスツリー部に簡素な射撃指揮所と探照灯があり、その後方上部にトップマストが伸びる形状であるのも、扶桑型と同様だった。方位盤は「山城」同様に試製方位盤が当初から装備されている。この後大正12年（1923年）に出された「砲戦指揮装置制式」に従って、大正13年（1924年）及び昭和3～4年（1928～29年）の工事で、前檣の各部に各指揮所、測的所、見張所が整備されて檣楼化が図られた。主砲方位盤が一三式系列に変わったのもこの時期のことで、これは大改装時までそのまま使用された。

大改装時には遠距離砲戦能力改善等を考慮して装備の刷新が図られており、旧来の檣楼を完全に撤去の上で、改めて三脚檣の支柱の周囲に最上甲板部から最上部の防空指揮所まで、12層に及ぶ檣楼化された艦橋が設置された。檣楼頂部の防空指揮所部には新型の九四式主砲方位盤と、これを包括する主砲射撃所があり、その後方に10m測距儀が置かれている。開戦前の段階で、防空指揮所前面には遮風装置が付けられた。その下部には上部見張所と副砲射撃指揮所、上部見張所、測的所、見張り指揮所と下部見張所、羅針艦橋が置かれ、羅針艦橋天蓋部となる高角測距所（前部機銃甲板）部には両舷部に4・5m高角測距儀と高角見張方向盤がある。羅針艦橋の一段下となる前部上部艦橋の左右両舷に高角砲用の九一式高射装置が配されており、その一層下の前部下部艦橋部の左右前側に前部の12・7cm連装高角砲座が設置されていた。この際に司令塔も新造時より小型で、中央部に観測鏡を持つものが新造され、装甲厚も側面320mm、上面158mm（床面76mm）に変わった。司令塔天蓋部に接する前部上部艦橋には4・5m測距儀を左右に各1基持つ副砲測距儀が

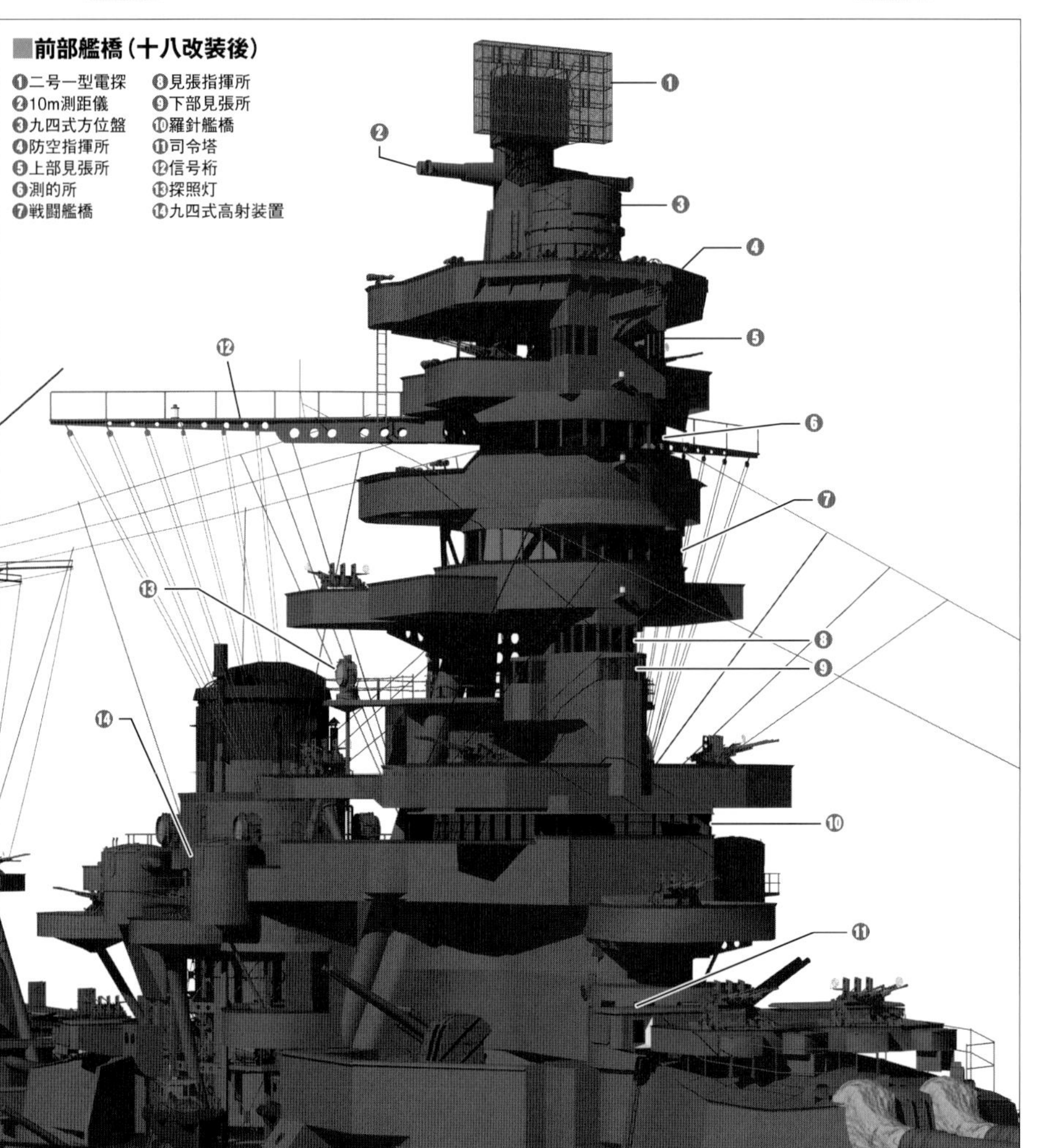

あり、これが司令塔の視界を遮るのが欠点の一つとされている。なお、司令塔艦橋の最後部には、右舷側に第一予備副砲指揮所、左舷側に第二予備副砲指揮所があった。

十八改装後では旧来の艦橋形状を基本としつつ、副砲指揮所甲板への電探室及び25㎜三連装機銃座の追加を始めとして、戦闘艦橋甲板、高角測距所甲板等は25㎜三連装機銃座の増設等が行われたほか、九一式高射装置の九四式高射装置への換装が実施されたことで、艦橋はより重厚ないかつい形状のものとなっている。

竣工直前に公試運転中の「伊勢」。前檣・後檣ともにシンプルな三脚檣、煙突も2本で後年の姿と比べると相違が大きい

昭和初期の工事で前檣を檣楼化した「伊勢」。一番煙突には排煙の逆流防止のためフードが設けられている

後部上構

竣工時期の後部上構は、脚の配置が扶桑型と逆となる三脚檣と、その基部に開放型艦橋を持つ簡素な型式のものが設置されていた。大改装前は大正13年／14年の三脚檣後部への示数盤追加、後部見張所の形状変化、三脚檣部の探照灯位置及び探照灯台の形状等の変化、艦橋部への天蓋追加等が行われた。また昭和7年時期にトップ檣の短縮と昇降式への変更が行われている。

大改装後は後檣の中央支柱を包括した頂部に、改装前に前部艦橋に装備されていた一三式方位盤を移設した主砲射撃塔を予備射撃所甲板に置いた塔型の後部艦橋が設置された。後檣ストラットは短縮され、主砲後部予備指揮所甲板の25㎜機銃座を支える形とされたことで、近代的な単檣となった後檣は、トップ檣の位置が「日向」は前側、「伊勢」は後ろ側であることを含めて、この両艦の有力な識別点となっている。後部見張所甲板の下には4層の甲板があり、シェルター甲板部にはラムネ倉庫やラムネの製造機室なども置かれていた。十八改装後は予備方位盤の九四式への換装や、副砲方位盤の撤去と機銃座の拡大、下部艦橋甲板、最上甲板部構造物への飛行機格納庫新設に伴って拡大が図られたことで、外見は大改装直後とは大きく変化が生じている。

昭和9年頃の「伊勢」を艦尾より捉えた写真。三脚檣の後檣には示数盤が設置されているほか、五番主砲塔の上に水偵搭載用施設も確認できる

「伊勢」艦尾から見た「伊勢」後部艦橋（十八改装後）

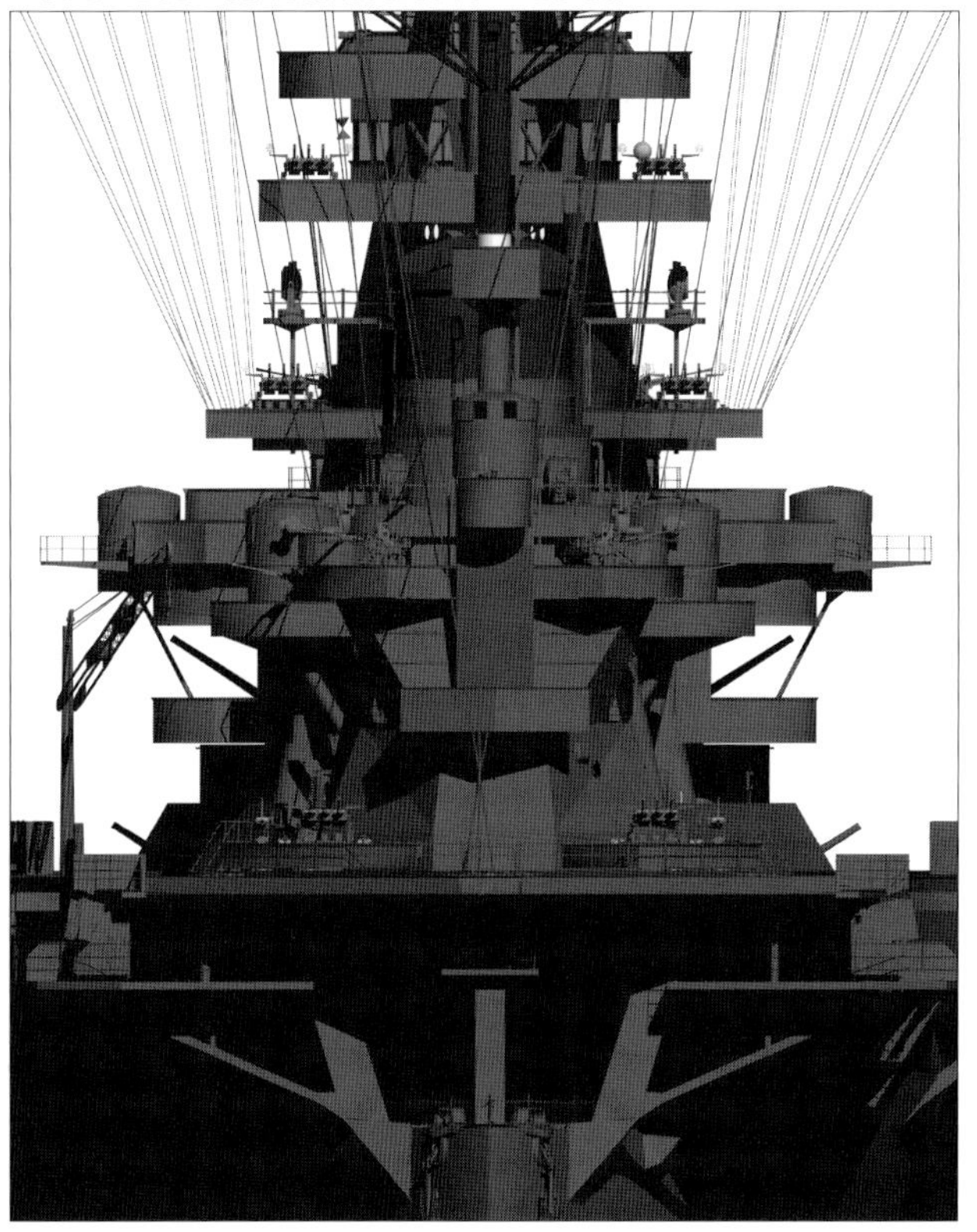

「伊勢」艦後部（大改装後）

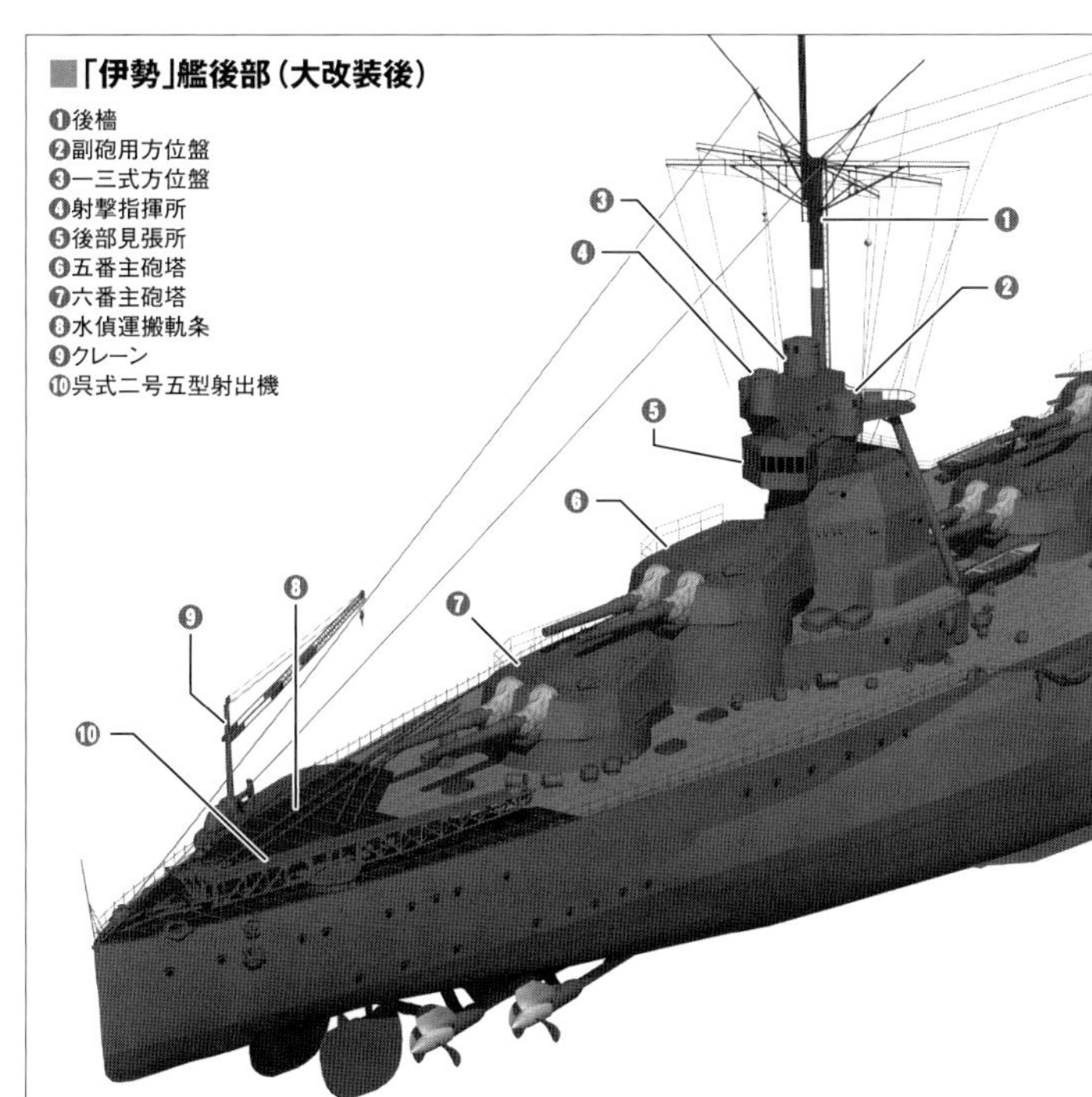

船体関連

　竣工時の水線長205・74m（全長208・18m）、全幅28・65mで、扶桑型より水線長は約3m長いが最大幅は変わらず、概ね同等の船体規模といえるが、排水量は公試約3万2000トンと、扶桑型より約1000トン増大している。クリッパー型艦首を持つ船体形状は扶桑型に類した船首楼型だが船型の見直し等が行われており、扶桑型で設計時より問題視された主砲発砲時の艦上の爆風対策や、弾火薬庫防御改善等を目的として、扶桑型の前後の汽缶室を挟んで配置されていた三番砲塔と四番砲塔を汽缶室後方に後方繋止で集中配置する形として、前部／中央部／後部に各2砲塔を配する形としたため、船首楼部分が扶桑型より短くなる、という変化が生じている。この主砲配置の変更は、爆風問題解決を含めて様々な利点を本型に生じさせたが、居住空間とする床面積不足等の問題も引き起こした。また船型改正の影響で、加速性能や運動性能が扶桑型以降の戦艦では最悪となる等の問題も生じている。

　大改装後は排水量増大での浮力確保と船体形状改善、水中防御改善と水線下の船型改善等の理由により、艦尾の船体延長と、艦首の揚錨機前方のボラード位置直前から六番砲塔後部までと広い範囲への大型バルジの装備が行われた。これにより水線長が7・62m延長されて213・36m（全長215・8m）となり、艦の幅は水線部31・7m、水線下で33・83mに増大している。この船体大型化の影響もあり、大改装後の排水量は基準状態・満載状態で改装前から約5000トンかそれ以上増大した。十八改装後は基準排水量は大改装時と変わらないが、燃料減載等により満載は約4万450トンと大改装後より約2000トン弱減少している。船体部のサイズは水線長・幅は変化は無いが、飛行甲板装備の影響で全長は219・62mに延伸している。

防御様式

　本型の船体防御は集中防御方式採用前の戦艦に良く見られる、主水線装甲とその適用外を覆う副砲等の砲撃からの防御となる補助装甲で構成される。本型の場合、下端部に100㎜の水中弾防御装甲を持つ装甲厚299㎜の主水線装甲は、二番砲塔前部下方から六番砲塔直前部までを防御しており、その後方となる下甲板～最下甲板部にも水線防御用の100㎜補助装甲も設けられている。主水線装甲帯適用外の広範囲を199㎜の補助装甲が防御し、更にその上方の副砲砲郭部を含む最上甲板～上甲板部に149㎜の補助装甲を施している。甲板装甲は第一次大戦型の戦艦では一般的な、主装甲甲板となる下甲板の舷側側に傾斜部分を持つ配置で、砲塔部分は35㎜（副砲砲郭上部を含む最上甲板と上甲板）＋32㎜（下甲板）が基本で、一部の傾斜部分は56㎜＋32㎜（一番砲塔）、51㎜＋50㎜（六番砲塔）となっている。機関区画は缶室35㎜（最上甲板）／主機械室44㎜（上甲板部）＋32㎜（下甲板部）となっていた。水中防御は第一次大戦の戦訓を考慮して、扶桑型より強化されていたが、基本的に脆弱であるのは同様だった。

■「伊勢」各部装甲厚（新造時、単位はインチ）

8　12　8　12　8　12　8　12　12　8　12　8　12
4½　8　8　12　6　8　5　4½　4

　大改装時には貫徹能力向上を含む徹甲弾の進化と昭和8年（1933年）以降の戦艦の想定交戦距離延伸に対処して、新型の威力の高い九一式徹甲弾に対して20～30㎞で安全距離を確保することを念頭に置いた改修が実施された。垂直側では主水線装甲等の配置は変わらないが、耐弾能力強化と水中弾防御を考慮して、砲塔下部の新設された水中防御縦壁部に設置された36～240㎜のテーパードアーマーを含めた広い範囲の艦内隔壁部への追加装甲や、その下部の艦底部までの範囲に25～51㎜、砲塔内部の弾庫／装薬庫から揚装室に至る揚弾薬機構部分の開口部に145～230㎜の追加装甲を、一部区画では二重／三重に施している。水平部分も弾火薬庫部分は122～135㎜（水平部）、80㎜（一部砲塔のバーベット内部）、傾斜部68～120㎜等の装甲追加が実施された。機関区画も垂直側では機械室側面水中縦壁部へ76㎜、水平では機械室及び汽缶室の上面（下甲板部）への25㎜装甲鈑3枚の重ね張り等が実施されている。水中防御はバルジの設置と、縦隔壁の追加を含む水防区画の一層の細分化で大幅に強化されており、総じて本型の改装後の防御は、改装時期の英米の同種艦と比較しても、耐弾及び水中防御とももっとも有力なレベルの防御力を持つに至ったと言えるものとなった。

　十八改装後も装甲は大改装後に準じるが、副砲撤去に伴う副砲砲郭部分の補助装甲撤去や、航空関連艤装装備に伴う装甲追加等が実施されて変動が生じてはいる。

昭和9年前後の「伊勢」の煙突や前檣楼を右舷後方より見る。二番煙突後部に設けられた探照灯台の基部から艦首側にかけて、ブラストスクリーンが設けられている

機関と煙突

　竣工時に搭載した汽缶は飽和蒸気式のロ号艦本式混焼缶24基（動作圧力19・3㎏／平方㎝）で、これは艦橋下部から三番砲塔直前位置までに、前後部で4区画に分かれる形で集約設置された汽缶室に収められている。煙突は2本煙突とされ、それぞれが前部及び後部の2区画を受け持つ形とされた。なお、二番煙突の側部は中央部砲塔の爆風から、煙突中間の空隙に置かれた艦載艇を護ることを考慮して設置された、大型のブラストス

クリーンがあるのも本型の外見的特徴の一つで、艦橋檣楼化の後に二番煙突側部は探照灯台の設置位置ともなった。また昭和3年時期に一番煙突に艦橋への排煙逆流を防ぐための「烏帽子」こと煤煙除けが設置されたのも、本型の改装前の艦容の特色の一つとなった。なお、本型は煙路防御を考慮して、シェルター甲板部の煙路側面に50㎜の装甲を当初から装備している。

主機械は「伊勢」はブラウン・カーチス式、「日向」がパーソンズ式の2軸併結型直結式タービン搭載の4基4軸艦で、機関区画は四番砲塔後方から五番砲塔前面までの範囲に設けられた。竣工時の機関出力は公称4万5000馬力、公試出力(実質は常用)5万6000馬力で、これにより本型は公試で「伊勢」が23.6ノット、「日向」が24ノットを発揮しただけでなく、実戦状態でも23ノットを発揮可能と、本型への計画要求を完全に達成している。

大改装後は汽缶・主機械ともに刷新された。汽缶は両艦ともに飽和蒸気式のロ号大型専焼缶の計8基搭載に変わり(動作圧力20㎏/平方㎝)、各汽缶は床面積が改装前の約776㎡から約609㎡に減少した汽缶区画内を前後に4区画、左右に2区画に仕切る形で設置された8個の各缶室に置かれている。主機は艦本式の減速タービン4基搭載となり、計画出力は8万馬力に向上した。この主機械の換装による大幅な出力増大もあり、「伊勢」「日向」はともに予定した公試速力25ノットを達成している。煙路防御として基部にアーマー・グレーチングが追加装備された煙路の配置も見直され、煙突は旧二番煙突の位置にやや大型化した煙突1本を設置する単煙突艦に変わったが、煙突側部のブラストスクリーンは旧来通りに設置されている。周囲が探照灯台として使用されたのは改装前と同様だが、十八改装の後は機銃座の増備等も行われて形状が変化している。

燃料搭載量は改装前が石炭4600トン、重油1411トンと言われており、改装後は重油5398トンへと変更された。航続距離

■煙突(十八改装後)

❶艦載艇用デリック
❷110cm探照灯
❸25mm三連装機銃
❹蒸気捨管
❺九四式高射装置
❻機銃射撃装置
❼ブラストスクリーン

■艦尾部水線下

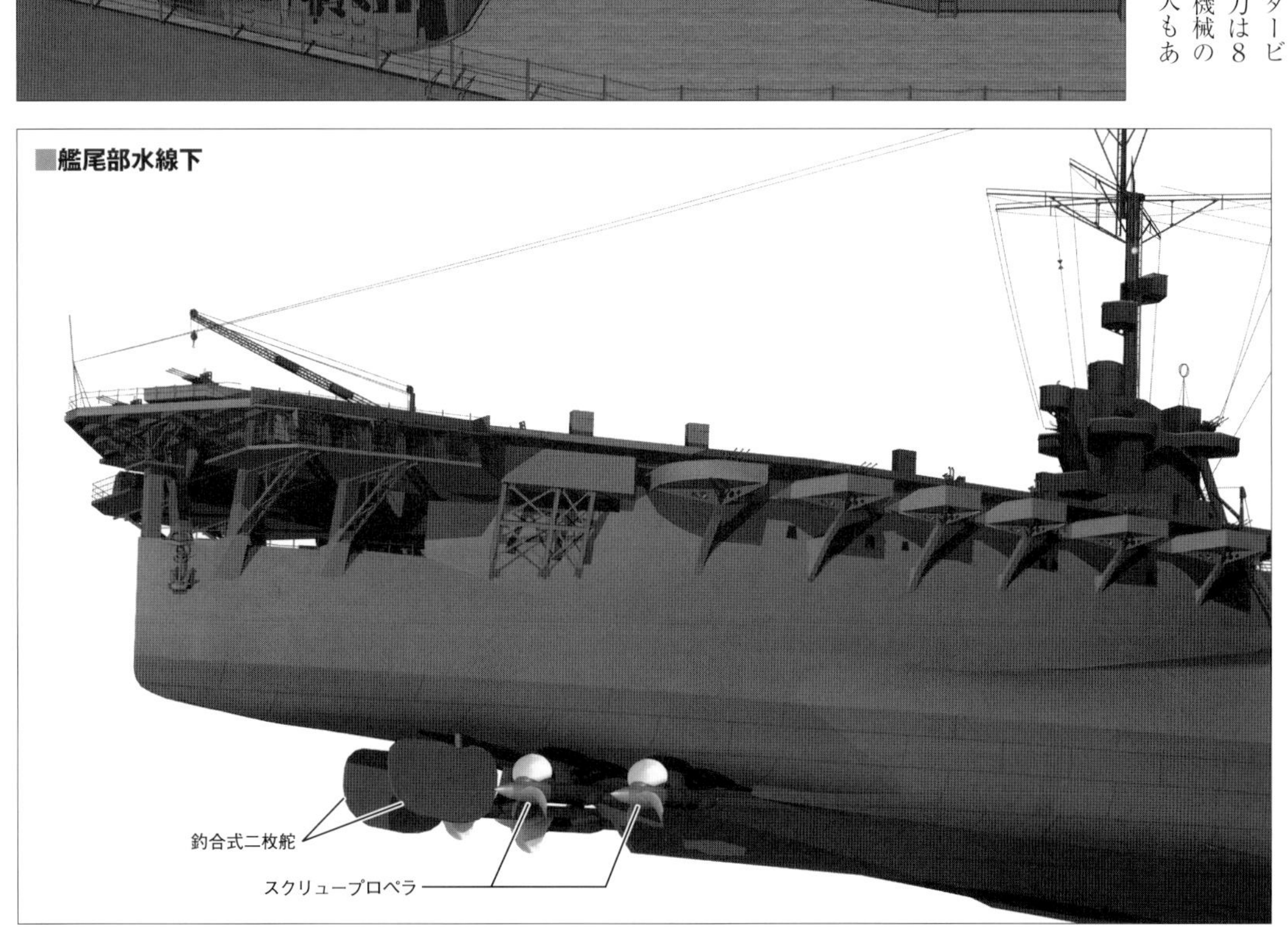

写真は大改装後の「日向」で、艦尾に水偵3機を搭載している

は改装前が14ノットで9680浬（かいり）、改装後は計画では16ノットで7870浬だったが、公試結果では1万1800浬に達したとも言われている。ただし航空戦艦改装後の昭和19年5月に出された「海軍主要艦艇速力別燃料費額、満載量表」にある16ノットでの燃料消費量から計算すると、先の大改装後の燃料搭載量での航続距離は9420浬程度となる。燃料搭載量は出師工事での水密鋼管充填時の吃水（すいし）増大に対処して減少したと言われ、十八改装時に16ノットで9000浬の航続力回復のために燃料増載が考慮されたが、航空戦艦改装後の燃料搭載量は、先述資料では4340トンと減少しており、この搭載量での航続力は、大改装の計画数値に近い16ノットで約7580浬程度となる。因みに「日向」の捷号作戦時の戦闘詳報に曰く、空母部隊で「最も活用することが多き速力」の上側の数値で挙げられた22ノットの航続力は、翔鶴型の約6920浬の6割弱となる4060浬程度にしかならず、同戦闘詳報では、「（同速度域付近において、最も（機関の燃費が）経済なる如く計画するを必要と認む」と報じられたのは、無理からぬ面があったと言える。

航空兵装

本型最初の航空艤装は、大正11年（1922年）5月の係留気球搭載装置が仮設された際だが、これは有用に使用出来ないとして、大正13年には撤去された。続いて大正14年には「伊勢」に、昭和2年に「日向」の二番砲塔上に防空用の戦闘機発進用として滑走台が設置されたが、これも実際には運用されず、昭和4年の水偵搭載の前に撤去されたという。なお、搭載機は一〇年式艦戦が予定されていたという。水偵の搭載は昭和4年時期に五番砲塔上に水偵搭載用施設が設置された後の事で、昭和5年以降水偵搭載が定例化されており、当初の搭載機は三座の一四式水偵で、後に二座の九〇式二号水偵へと変更された。この際に水偵揚収用として、後檣部にデリックが装備されている。

続いて昭和8年時期の改装で「伊勢」と「日向」には艦尾に射出可能重量3トンの呉式二号三型カタパルト1基と、水偵移動用の軌条の設置が行われた。揚収用のデリックも新規に艦尾左舷側に装備されて、後檣部のデリックが撤去された。水偵は九〇式二号水偵のままだったが、搭載機数は3機に増大している。

艦尾の延長が行われた大改装後はカタパルトを新型でより射出能力が高い呉式二号五型（射出可能重量4トン）に換装し、カタパルト及び急速発艦対応のための軌条配置変更が行われた。この際に揚収用のデリックも大型機運用に対処して4トン型のクレーンに更新されるとともに、装備位置の変更が行われている。

空母戦での先制攻撃能力の一翼を担う航空戦艦への十八改装では、後部の五番及び六番主砲塔を撤去して、後檣より後方に全長70m、幅は前部で29m、後部で13mの幅を持つ飛行甲板が設置され

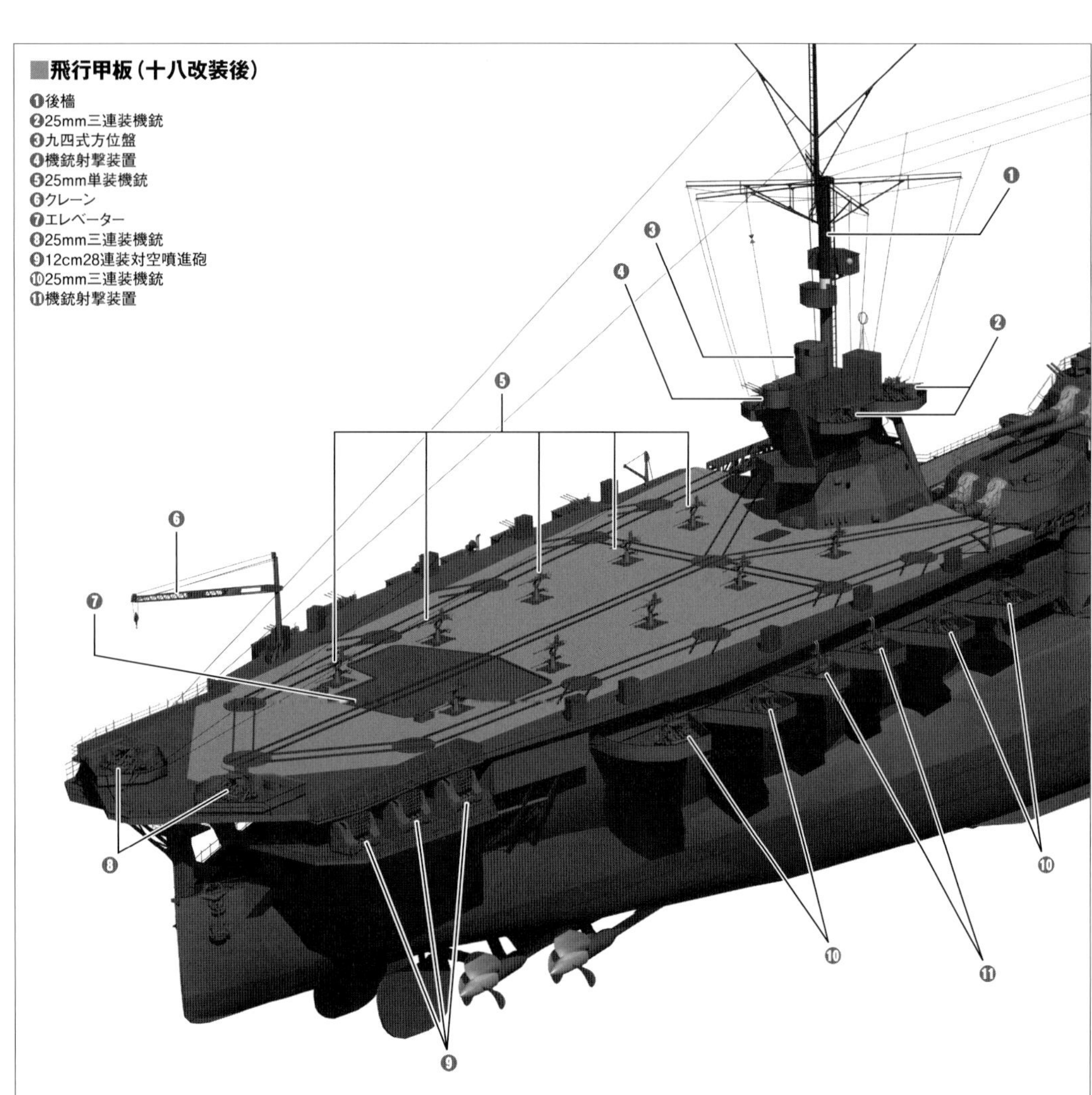

■一式二号射出機

■旋回盤

■エレベーター

■クレーン

た。飛行甲板上面には左右及び中央部に航空機移動用の軌条が設けられ、航空機の移動の円滑化のため、左右の軌条上には各5カ所、中央部の軌条には左右の軌条の結合部となる前後の2カ所の計12カ所に旋回盤が設置されており、左右の軌条は飛行甲板前方両舷部に設置されたカタパルトに繋がる形となっている。

射出用のカタパルトは搭載機として予定された「彗星」を射出可能な能力を持つ一式二号一一型射出機（射出可能重量5トン）が片舷1基（計2基）装備された。本射出機は連発可能な次発装填機構を持つ薬発式のカタパルトで、射出間隔最短30秒、搭載機数全機の発艦に要する想定発艦時間10分と、空母に匹敵する発艦能力を本型に付与するものだった。ただしこれは、本型の航空戦艦としての運用が諦められた捷号作戦直後の昭和19年11月、主砲の対空射撃の障害となるとして架台ごと撤去されており、この時点で本型は航空戦艦としての運用能力を喪失している。

艦への機材搭載用としては、飛行甲板左舷後部に旧来の水偵揚収用の4トン型クレーンが移設された。航空機用の爆弾庫は旧五番砲塔と六番砲塔中間の下甲板下部（最下甲板部）に設置され、爆弾はその前方で後部艦橋よりにある揚爆弾筒により飛行甲板にまで上げて、飛行甲板部で搭載作業が行われる。爆弾庫上面は150㎜の装甲が施され、爆弾庫側面部は200～240㎜の垂直装甲で護られている。この他に飛行甲板部の揚爆弾筒上面には36㎜、側面に22㎜、爆弾庫及び揚爆弾筒等の周囲各甲板部も22～25㎜の弾片防御装甲が追加装備されている。航空燃料庫は旧六番砲塔の弾庫・装薬庫部にあって、その周囲に空隙を置いて設置された。

搭載機はカタパルト上に各1機と飛行甲板に11機を露天繋止の計13機のほか、飛行甲板下に設けられた全長約40mで、最後部にエレベーター1基を持つ格納庫内部の左右及び中央部に設けられた軌条の上に9機を搭載可能で、合計22機を搭載する事が出来た。搭載機は当初「彗星」のみの予定だったが、他項で示した諸事情により昭和19年初頭時期に本来は航空戦艦改装後の扶桑型の搭載機とする予定だった「瑞雲」水偵が加えられた。「瑞雲」搭載後は各艦がこの両機種を各11機搭載するか、もしくは「伊勢」が「彗星」8機と「瑞雲」14機、「日向」が「彗星」14機と「瑞雲」8機の搭載を予定していたと言われ、捷号作戦前には「伊勢」が「瑞雲」18機、「日向」が空冷型「彗星」18機に変更された、とも言われている。

電探

最初の装備例は「伊勢」と「日向」が当時試験中の電探の搭載試験艦に選ばれた昭和17年春時期のことで、同年5月中旬に呉工廠で「伊勢」は二号一型を、「日向」は二号二型の試作機を搭載して、試験に従事した。

本格的な電探搭載が行われたのは十八改装以降のことで、まず同改装終了時には前檣楼の測距儀上部に対空用の二号一型改二型が装備されたが、これは以後終戦まで使用されたが、捷号作戦時の「伊勢」からは、機構の問題から有用に使用出来ず、開放修理の実施要請が出てもいる。対空用としては捷号作戦前には一号三型電探の装備も行われており、後檣のトップ檣基部の左右に各1基（計2基）が装備された本電探は、捷号作戦時の対空戦闘で最大170㎞の位置の敵機を捕捉したことを含めて、優良な成績を収めたことが「伊勢」「日向」の両艦から報じられている。その一方で「日向」からは一号三型は防振対策不足で、これの対策の要望が出てもいた。水上索敵用電探は昭和19年5月／6月時期の機銃増備の際、合わせて対水上見張り用の二号二型の改四型が搭載されている。捷号作戦時期までに一応の水上射撃指揮機能を持つ改四（特）型への改正が恐らく実施されたと思われる本電探は、終戦まで本来の目的で使用された。

大破着底した状態で終戦を迎えた「日向」。前部艦橋の頂部、10m測距儀の上に装備した金網状のパーツが二号一型電探のレーダーアンテナ

戦艦伊勢型の建造経緯

太平洋戦争中に航空戦艦へと改装され、その本分を尽くしたとは言い難い伊勢型。だが、伊勢型戦艦が日本海軍の主力の一角を担い、長く第一線に留まったのもまた事実である。伊勢型戦艦とは、いかなるコンセプトに基づいて設計されたのだろうか。

文／本吉隆

超弩級戦艦伊勢型

明治39年（1906年）に従前の戦艦の倍以上の主砲火力を持つ単一巨砲装備の英戦艦「ドレッドノート」が完成したことにより、世は弩級艦の時代を迎えており、各国における戦艦の建造は同艦同様の単一巨砲艦（※1）へとシフトしつつあった。

だが、この時期の日本は、日露戦争（1904～05年）時に計画された前弩級艦の整備が継続していたため、弩級戦艦の整備を急速に開始することはできなかった。明治40年には国防所要兵力が策定され、日本海軍は艦齢8年以下の戦艦8隻と装甲巡洋艦8隻を中核とする艦隊の整備方針（八八艦隊）を確定したが、日露戦争後の財政難もあり、この計画を一気に整備することは難しく、兵力整備はなかなか進まなかった。

明治42年に英海軍が弩級戦艦を凌駕する砲力を持つ「超弩級艦」の整備を開始、これに対抗する形で翌年には米海軍も「超弩級戦艦」の整備を決定したことが伝えられると、日本海軍も各国の海軍戦備増強に対応できる艦隊の近代化を早急に進めることを決意した（この時期から急速に艦隊の拡充が推進されたのは、日露戦争後の米国との関係悪化と、明治44年に完全な攻守同盟となっていた日英同盟が「日米戦勃発の場合、英国は参戦義務を負わない」とされて、対米戦時に日本が独力で戦わざるを得なくなったことも影響している（※2））。

その中で艦隊主力となる超弩級の戦艦と装甲巡洋艦（巡洋戦艦）の建造は最優先とされ、戦艦はまず明治43年に日露戦争中に策定された建艦計画で建造が認められていたが、財政問題から建造が繰り延べとなっていた第三号甲鉄艦が、超弩級艦として建造されることになった。また同年に議会に提示された海軍軍備緊急充実計画では、日本海軍は主力となる戦艦兵力を完全に代替することを目標とする戦艦7隻の建造を要求している。しかし議会は財政上の問題からこれに難色を示し、最終的に大正2年（1913年）になって第四号から第六号の戦艦3隻の建造をようやく認めている。

これらの艦のうち、第三号と第四号甲鉄艦は扶桑型戦艦として建造が行われており、これに続く第五号と第六号甲鉄艦も当初は扶桑型として建造される予定であった。しかし、財政的問題から両艦の起工は、遅らせることを余儀なくされてしまう。

この建造遅延は日本海軍にとっては福に転じた。この翌年の大正3年には第一次大戦が勃発、英国の同盟国として参戦した日本には、英側より大型艦建造に関する多くの新技術と第一次大戦の貴重な戦訓がもたらされた。これらの情報を精査した日本海軍は、「扶桑」の建造中に指摘されていた諸事項を改めて問題視するようになり、建造前の第五号と第六号甲鉄艦を完全な新設計艦として起工することとした。これが伊勢型戦艦となった艦である。

変遷を辿る伊勢型の設計

伊勢型に対する基本的な兵装および速度性能等の要求は扶桑型と同様のものであったが、本型の設計に当たっては扶桑型で問題視された主砲配置の変更と、装甲配置を含めた防御改善が最優先で実施されている。

主砲配置の変更は、「扶桑」就役後に問題視された爆風対策と弾薬庫の防御改善を目指したもので、三番および四番砲塔が扶桑型では機関区画を挟む形で配

米海軍のワイオミング級戦艦は、艦前部／中央部／後部に2基ずつの12インチ(30.5cm)50口径連装砲塔を搭載。片舷斉射門数12門という強力な火力を付与されている。就役は1912年9月

（※1）単一巨砲艦…従来の連装主砲2基プラス副砲（または中間砲／準主砲）を搭載する二巨砲混載艦に対して、すべて同じ口径の主砲を搭載する艦。遠距離砲戦において、多数の主砲で1つの目標を集中砲撃できるようになっている。

（※2）日英同盟の変遷…日露戦争前の1902年に締結された日英同盟は、1905年の改定により「締結国が1国以上の国と戦争状態になった場合、同盟国はこれを助けて参戦すること」が義務付けられた（このような条約を攻守同盟と呼ぶ）。しかし1911年、再度の改定によりアメリカが交戦相手国の対象外となり、仮に日米が戦争状態となっても英国に参戦義務はないものと定められた。

置されていたものが、伊勢型では米国のワイオミング級戦艦に類似した缶室後方の艦中央部への背負式配置に変更された。この配置変更により、上部構造物に対する主砲爆風の影響は著しく減少、この結果主砲の射撃指揮が容易になるなど、戦闘力向上の面でも大きな利点を生み出した。また、主砲弾薬庫の配置が集約され、防御配置が容易となって防御力改善、加えて機関部の集約により機関部容積が増大されて機関の強化も可能となるという様々な利点を生んだ。

「オーディシャス」(キング・ジョージV世級(初代)三番艦)は第一次大戦直前に就役したイギリス海軍の新鋭超弩級戦艦だったが、1914年10月27日、触雷が原因で沈没した。触雷後、水密ドアを閉鎖できなかったことが沈没の原因という

ただし、この配置を取ったことから扶桑型に比べて上構の容積が減少したことは、副砲をすべて砲廓部分に収めることができず、一部最上甲板部に配置せざるを得なくなるという弊害も生じさせた。

この砲郭部分の面積減少は兵員居住区画面積の不足も生じさせ、最終的に本型では扶桑型より一人当たりの居住面積を減少させて、必要な人数を艦内に収めるという苦肉の策が取られた。結果、本型は日本戦艦でもっとも兵員一人当たりの居住面積が狭い戦艦となってしまった。

兵装関係では、主砲は扶桑型の搭載した四一式36cm砲の連装砲塔6基搭載というのは変わらなかったが、副砲は「金剛」以降の戦艦が搭載していた四一式15cm50口径砲から、三年式14cm50口径砲に改められている。この副砲の変更は一発当たりの破壊力はやや劣るものの、長時間に渡る発射速度の維持が可能な14cm砲搭載の方が、総合的な火力ではより優ると判断されたことによる。

伊勢型の主水線装甲帯及び補助装甲帯の装甲厚と配置は、扶桑型を基本とするが、主水線装甲帯適用範囲の変更及びこの前後の補助装甲帯の配置変更等を含めて、少なからぬ配置の見直しが行われた。また砲塔の前盾強化や、艦内の装甲配置も前後の主砲装備位置の水平装甲部に傾斜装甲がない扶桑型に対して、伊勢型では同部にも傾斜装甲を持つ英戦艦の標準的な形態に近いものと

竣工前、公試運転中の「日向」。大正6年12月15日の公試では24.04ノットの速力を記録した

新造時伊勢型と同時代の戦艦

伊勢型(新造時)

全長	208.2m
最大幅	28.7m
喫水	8.8m
常備排水量	31,260トン
満載排水量	36,500トン
主砲	14インチ(35.5cm)45口径砲×12(連装砲塔×6)
副砲	5.5インチ(14cm)50口径砲×20(単装砲×20)
高角砲	3.1インチ(8cm)40口径砲×4(単装砲×4)
水雷兵装	21インチ発射管×6(水中発射管×6)
機関出力	45,000馬力
最高速力	23ノット
航続力	14ノット/8,000浬
主砲塔装甲厚(前部/側部/上面)	304mm/304mm/76mm
司令塔最大装甲厚	355mm
舷側最大装甲厚(水線部)	304mm
甲板最大装甲厚	57mm

リヴェンジ級

全長	189m
最大幅	26.96m
喫水	9.37m
常備排水量	27,970トン
満載排水量	31,160トン
主砲	15インチ(38.1cm)42口径砲×8(連装砲塔×4)
副砲	6インチ(15.2cm)45口径砲×14(単装砲×14)
高角砲	3インチ(7.6cm)40口径砲×2(単装砲×2)
水雷兵装	21インチ発射管×4(水中発射管×4)
機関出力	40,000馬力
最高速力	23ノット
航続力	10ノット/4,200浬
主砲塔装甲厚(前部/側部/上面)	330mm/279mm/114mm
司令塔最大装甲厚	279mm
舷側最大装甲厚(水線部)	330mm
甲板最大装甲厚	63mm

ペンシルヴェニア級(新造時)

全長	189m
最大幅	26.96m
喫水	9.37m
常備排水量	27,970トン
満載排水量	31,160トン
主砲	15インチ(38.1cm)42口径砲×8(連装砲塔×4)
副砲	6インチ(15.2cm)45口径砲×14(単装砲×14)
高角砲	3インチ(7.6cm)40口径砲×2(単装砲×2)
水雷兵装	21インチ発射管×4(水中発射管×4)
機関出力	40,000馬力
最高速力	23ノット
航続力	10ノット/4,200浬
主砲塔装甲厚(前部/側部/上面)	330mm/279mm/114mm
司令塔最大装甲厚	279mm
舷側最大装甲厚(水線部)	330mm
甲板最大装甲厚	63mm

されるなど、艦内の装甲配置も変更が加えられたことで、近戦における耐弾防御は扶桑型と同等以上に強化が図られた格好となった。

本型では第一次大戦初期の戦訓に基づく水中防御の改善も行われており、扶桑型に比べて縦隔壁数の増加および水防区画の細密化が行われた。

同時に機雷により弾火薬庫が誘爆した艦が多いという戦訓から、装薬庫を下層に配置するのは危険である、という意見が海軍内部で強くなったことを受けて、伊勢型の主砲弾薬庫配置は扶桑型とは逆の装薬庫が上部、弾庫が下部という配置に変更されている。なお、これらの改正の結果、常備排水量は「扶桑」に比べて増大することが見込まれたことと、要求された速度性能23ノットを容易に達成可能とするため、機関出力も扶桑型の4万馬力から5万6000馬力へと大幅に強化された（この機関出力の強化は極秘事項とされ、公称は4万5000馬力とする、との命令が出されたほどであった）。

竣工後の伊勢型の評価

本型の一番艦である「伊勢」は大正4年5月10日に神戸の川崎造船所で起工、大正6年12月15日に完成した。二番艦の「日向」は三菱長崎造船所で「伊勢」より4日早い大正4年5月6日に起工されたが、完成は5カ月遅れの大正7年4月30日のこととなった。

なお、本型は新造時より一番艦が方位盤を搭載した最初の日本戦艦でもあった。

本型の就役により、当時各国の最新式戦艦に対抗可能な主力艦をほとんど持たなかった日本海軍の戦力が、大きく引き上げられた。特に強力な防御力を持つことと、要求された最高速度23ノットを長時間維持できる速度性能は艦隊側から高く評価された。その一方で、本型は船体の形状があまり良くなく、他の戦艦と比べると加速および運動性能、加えて針路の維持が難しいなど、運動性能自体が優良でないことと、艦内の居住性が劣悪なことは欠点と見なされていた。

本型は、八八艦隊の戦艦整備が終了する大正16年（昭和2年／1927年）には第二線兵力となる予定であった。しかし、ワシントン軍縮条約の締結により戦艦の新造が不可能となったことから、同条約体制下における日本海軍の決戦兵力をなす艦として長期に渡り就役を続けることになった。

本型は就役後、上記の様な設計に起因する不具合があることは問題視されたが、艦隊主力である「戦艦」として有力な艦と見なされており、昭和初期に艦橋の檣楼化改装工事が行われて以降、昭和9年（1934年）の大改装が実施されるまで艦隊の主力として就役を続けていた。

伊勢型の近代化大改装

伊勢型は就役後、大正期から昭和初期にかけて他の戦艦同様主砲の仰角増大工事（30度）や前檣の檣楼化工事などが行われたほか、他艦では大改装時に実施した八九式高角砲の装備やカタパルトの装着を含む航空艤装の搭載、さらに昭和7年には九一式徹甲弾を運用可能とするため主砲機構の改正が行われるなど、多岐に渡る能力改善工事が行われている（ちなみに本型は、九一式徹甲弾を大改装前に搭載した唯一の戦艦でもある）。この結果、大改装前の昭和8年の時点で本型の戦闘能力は就役時より格段に強化されていたが、他の大改装を実施した戦艦に比べると防御力や装備面で遜色が見られるようにもなっていた。

この時期、日本海軍はワシントン・ロンドン条約下を脱した後の兵力整備構想を検討しており、この時期の構想では長門型から扶桑型に至る当時の主力である戦艦6隻は、決戦兵力である第一艦隊の戦艦兵力の中核として当面使用される予定となっていた。このため、これらの戦艦はなおも長期に渡り就役させる必要があったが、昭和12年以降、ワシントン・ロンドン条約締結国でも戦艦の新造が可能となることが予測された。

そこで、いまだ改装を受けていない長門型と伊勢型に対して、将来出現する新型戦艦にある程度対抗可能なだけの戦闘力と防御力、加えて速度性能を付与する大改装の実施が必要であると考えられるようになった。

伊勢型の大改装は、大きく延伸した砲戦距離に対応した砲戦能力向上、ジュットランド海戦の戦訓反映を含めた垂直・水平部の耐弾防御及び水中防御の改善、加えて機動力の向上など多くの改正を盛り込むもので、そのため改装工事も極めて大規模

昭和4～5年頃の「日向」。最大仰角の増大や前檣の檣楼化といった工事が施されている。第一煙突には排煙逆流防止フードが装着された

なものとなった。

遠距離砲戦能力の向上を含む砲撃力の強化については、一時期主砲の40cm砲への換装も検討されたが、最終的に他の戦艦同様、主砲および副砲の仰角増大と方位盤を含めた射撃指揮機構の近代化が行われている。射撃速度の向上を目指して弾庫および装薬庫の移送機構の能力も金剛型や扶桑型より優れたものが搭載され、装薬缶の形状も開けやすく積み上げやすいものに変更されるなどの改正もおこなわれた。ただし主砲塔のうち六番砲塔のみは弾火薬庫容積の問題から主砲仰角の増大工事が行われていない。副砲は仰角増大による射程延伸が図られたが、防御改善と重量削減の見地から上甲板部装備の副砲が撤去されたため、門数は4門減少した。

装甲防御の改善では、垂直防御は舷側部の水線装甲・補助装甲帯の装甲厚に変化は無いが、耐弾能力向上のため砲塔部分では艦内の水雷防御縦壁部上部や舷側傾斜部、バーベット部等への装甲追加が実施され、水平装甲も主砲塔弾薬庫の上面部分の重点的強化などの配置改善・強化が行われており、本型の水平部の耐弾防御性能は扶桑型より良好となっている。またジュットランド海戦の戦訓から、弾庫より誘爆しやすい装薬庫が弾薬庫部分の上側にあると、大落角砲弾が水平装甲を貫徹して装薬庫に飛び込み、大規模な誘爆を起こす可能性が高く、最悪艦が爆沈する恐れがあるとして、弾庫と装薬庫の配置は長門型や扶桑型と同様の弾庫が上、装薬庫が下側に戻された。

水中防御も新設の水中防御隔壁に弾薬庫部で最大230mm、機関部で76mmの水中弾抗堪用装甲が設けられたほか、魚雷等による水中爆発への抗堪性向上と、大改装後の重量増大に対処する浮力保持のために大型のバルジの設置も行われた。機動力の強化については、汽缶およびタービンの換装が行われて機関出力は8万馬力と大幅に強化された上に、船体艦尾の延長が行われて船体抵抗が減少したことから、公試排水量時で要求された最大速力25ノットを発揮することが可能となった。またこの水線部延長による船型の変化により、日本戦艦中で最悪と言われた運動性もやや改善されたとされる。

近代化大改装後の伊勢型

「日向」は昭和11年（1936年）、「伊勢」は昭和12年に大改装を終えて艦隊に復帰しており、以後、決戦兵力である第一艦隊の戦艦部隊の中核として活動している。この改装により伊勢型の戦艦としての能力は大幅に改善され、他国の同クラスの改装戦艦と比較しても最も強力な部類の戦艦となった。㊂計画以後の戦艦12隻体制下において、扶桑型が能力的に限界に達したとされて㊃計画の戦艦完成時に予備役編入される予定であったのに対し、伊勢型は長門型と共に以後も長期に渡り使用される予定だった。これは改装後の本型が、戦艦として高い能力を持っていたことを示していると言える。だが、大改装後も艦内居住性の悪さは相変わらずで、特に艦内通風性能が悪いことは南方での演習および作戦時にかなりの問題となったようだ。

近代化大改装後、昭和12年12月の「日向」。主砲副砲の仰角増大、艦橋施設近代化、主機換装、防御力増大といった多岐に渡る改正を施し、伊勢型は有力な戦艦として生まれ変わった

改装後伊勢型と同時代の戦艦

「伊勢」（改装後）

全長	213.4m
最大幅	33.9m
吃水	9.2m
基準排水量	35,800トン
主砲	14インチ（35.5cm）45口径砲×12（連装砲塔×6）
副砲	5.5インチ（14cm）50口径砲×20（単装砲×20）
高角砲	5インチ（12.7cm）40口径砲×8（連装砲×4）
機関出力	80,000馬力
最高速力	25.3ノット
航続力	16ノット／11,000浬
主砲塔装甲厚（前部／側部／上面）	304mm／304mm／152mm
司令塔最大装甲厚	355mm
舷側最大装甲厚（水線部）	304mm
甲板最大装甲厚	166mm

ペンシルヴェニア級（改装後）

全長	185.4m
最大幅	32.4m
吃水	9.1m
基準排水量	33,124トン
主砲	14インチ（35.5cm）45口径砲×12（三連装砲塔×4）
副砲	5インチ（12.7cm）51口径砲×12（単装砲×12）
高角砲	5インチ（12.7cm）25口径砲×8（単装砲×8）
機関出力	32,000馬力
最高速力	21ノット
航続力	10ノット／19,900浬（緊急時）
主砲塔装甲厚（前部／側部／上面）	457mm／254mm／127mm
司令塔最大装甲厚	406mm
舷側最大装甲厚（水線部）	343mm
甲板最大装甲厚	120mm

ニューメキシコ級（改装後）

全長	190.2m
最大幅	32.4m
吃水	9.2m
基準排水量	33,353トン
主砲	14インチ（35.5cm）50口径砲×12（三連装砲塔×4）
副砲	5インチ（12.7cm）51口径砲×12（単装砲×12）
高角砲	5インチ（12.7cm）25口径砲×8（単装砲×8）
機関出力	40,000馬力
最高速力	21.8ノット
航続力	9ノット／23,400浬（緊急時）
主砲塔装甲厚（前部／側部／上面）	457mm／254mm／127mm
司令塔最大装甲厚	406mm
舷側最大装甲厚（水線部）	343mm
甲板最大装甲厚	120mm（機関部159mm）

文／本吉隆

伊勢型航空戦艦 その誕生の軌跡

世界海軍史上、唯一実戦化された航空戦艦である伊勢型。戦艦から航空戦艦への改装は、どのような発想に基づいて計画／実施され、どのような運用を目指していたのだろうか。“異形の艨艟”航空戦艦「伊勢」の誕生を追う。

懸念される日米艦隊航空戦力の格差

ミッドウェー海戦における正規空母4隻の喪失は、日本海軍にとって大きな打撃となった。

この時期には「空母予備艦」の改装が進められていたことから、小型空母は早期にある程度の増勢が見込めたが、艦隊の攻撃戦力の中核となる大型および中型の艦隊型空母については、中型空母に匹敵する能力を持つ改装空母隼鷹型2隻が就役した後は、建造中の「大鳳」が完成するまで増勢は望めなかった。

軽空母は大型空母を補完する艦として艦隊航空作戦に有用に使用できる艦ではあったが、小型故の搭載機数の少なさもあり、大型空母の代替ができる艦種でないことも確かだった。現実にミッドウェー海戦後、軽空母は艦戦を搭載して艦隊の防空に当たることが主任務とされたことから、艦戦のみは大型空母並の数（21〜27機）が搭載されたが、他の機種は索敵などに充当される艦攻を一個中隊（6〜9機）搭載するのみで、敵空母撃滅戦の主力となる艦爆の搭載は艦に余裕がないため見送られている（小型空母への艦爆配備見送りは、数隻の艦に少数機を搭載しても、飛行隊の指揮面の問題もあって有効な攻撃戦力として活用できない、という理由も影響している）。

このため、ミッドウェー海戦直後に策定された戦時艦艇補充計画の改⑤計画では、艦隊航空兵力の攻撃戦力の中核となる中型および大型の艦隊型空母の大量建造が企図されたが、同計画で整備される艦艇が戦列に加わるのは昭和19年（1944年）末以降になるのは確実と見られた。

この結果、日本海軍は昭和17年（1942年）8月以降、昭和19年初頭に「大鳳」が竣工するまで、当面艦隊航空戦力の打撃力増大はほぼ望めないという厳しい状況に置かれた。さらに昭和19年以降には、当時大量建造が報じられていた米側の大型艦隊型空母や改装小型艦隊型空母が続々と就役することが予測された。対して、改⑤計画で建造予定の雲龍型や、空母改装が決定した「信濃」等の艦は昭和19年12月以降にならねば就役が見込めず、昭和19年中期には日米の艦隊航空戦力に大きな兵力ギャップが生じることも予測された。

これは日本側の艦隊決戦構想の基本方針である「陸上基地航空隊と艦隊航空兵力による航空決戦により、来攻してくる米艦隊との雌雄を決する」という点から見て、望ましくない情勢であると考えられた。

戦艦の空母化改装案

米海軍の急速に拡大する空母兵力に対抗するため、軍令部は各種艦艇を空母へと改装することにより、その兵力差を埋める必要があると考えるようになった。それまで決戦兵力の中核として扱われてきた戦艦も、最有力艦である大和型を除く全艦が空母への改装が検討された。だが、実際に戦艦に対して改装を実施した場合、その工事量が膨大で空母の新造計画に多大な悪影響を及ぼす可能性があると見なされたことから、戦艦を本格的な空母に改装する構想は見送られた。

しかし、艦隊航空兵力の増強が急を要することには変わりがないため、代わりに扶桑型と伊勢型をより少ない工事量で改装が可能な航空戦艦とする案が検討された。

この両型の航空戦艦化に当たり、軍令部は主砲6門の撤去と副砲全門の撤去を行ない、可能な限り多数の航空機を搭載することと、対空兵装を格段に強化することを求めた。同時に、早期に艦隊航空兵力を増強する必要から、昭和18年（1943年）中に改装を終了することを絶対条件として、空母化改装の範囲を限定することも求めていた。軍令部要求に基づく両型の空母化改装は航空本部主導で行われ、最終的に改装が容易で、工事量から見ても空母建造計画にも影響を及ぼさないと判断された後部主砲4門を撤去する案が採用された。

この案は、空母の補助として敵空母への先制攻撃に使用可能なだけの攻撃力を付与することを目的としており、後部指揮所後方にある主砲塔2基を撤去した跡地に「彗星」艦爆22機を搭載可能な格納庫と、整備作業用の

水上機母艦から空母へ改装された「千歳」。
「あ」号作戦時、同艦と「千代田」「瑞鳳」で編成された第三航空戦隊の搭載機は以下の通りであり、艦爆は搭載していない
零戦五二型×18、零戦二一型（戦闘爆撃機）×45、「天山」×9、九七式艦攻×18

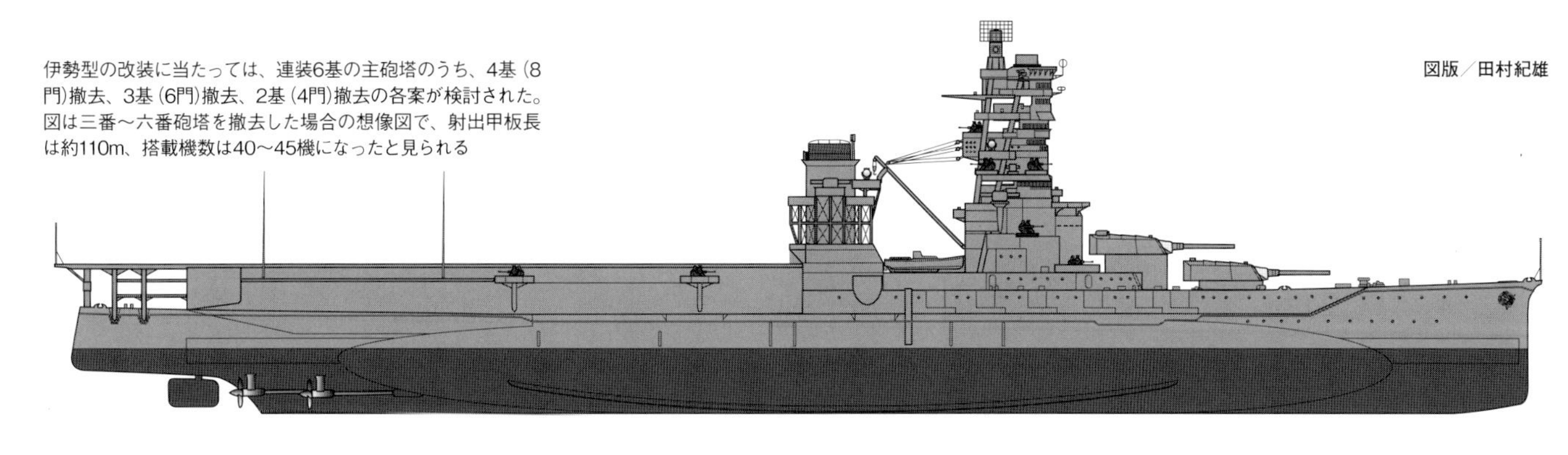

伊勢型の改装に当たっては、連装6基の主砲塔のうち、4基（8門）撤去、3基（6門）撤去、2基（4門）撤去の各案が検討された。図は三番～六番砲塔を撤去した場合の想像図で、射出甲板長は約110m、搭載機数は40～45機になったと見られる

図版／田村紀雄

飛行甲板を設置するものとされていた。

この航空戦艦案は飛行甲板長が短いため、通常の発着艦作業はできなかった。攻撃時には、格納庫前方に航空機の連続射出用として装備したカタパルト2基により航空機を射出、攻撃終了後、搭載機は他の空母に収容する予定とされた。この航空戦艦改装案は昭和17年5月に「日向」が五番主砲塔の爆発事故を起こしていた関係から、伊勢型を優先して行うことも決定した。

だが、扶桑型の改装は工事発令が出たものの、昭和18年6月に中止とされたため、航空戦艦として改装されたのは伊勢型2隻のみとなった（扶桑型の改装中止は、同時期に爆沈した「陸奥」に替わって「長門」と組ませる戦艦を確保する目的で行われたと思われるが、航空戦艦4隻分の搭載機の運用を支援する空母の絶対数量が不足しているのも影響したように、筆者には感じられる）。

伊勢型 航空戦艦への改装要領

伊勢型の航空戦艦への改装は航空本部の案に基づいて行われ、後部指揮所後方にあった五・六番主砲塔を撤去した跡地に一層の格納庫と航空機射出用の飛行甲板（射出甲板）を設置し、その前方の四番砲塔両舷脇に航空機発進用のカタパルトを各1基を装備している。

新設された格納庫は全長40m、最大幅28m（後部11m）の大きさがあり、9機を駐機することが可能なだけの面積があった。高さは台車に乗せた水偵を運用可能とするため約6mと他の空母に比べてやや高く、床面には航空機の庫内での移動を容易にする軌条および旋回盤が設けられていた。格納庫から射出甲板に航空機を移動させる際に用いる昇降機は、格納庫後部に最大幅・全長共に12・1m、ただし後部側の幅は6・6mと狭いT字型形状のものが1基設けられた。最大運用荷重は6トンと、当時使用されていた艦上機すべてを運用可能なだけの能力があった。

格納庫上部に設けられた射出甲板は、甲板長は後檣より後方70m、幅は最大29m（艦尾部13m）だった。航空機の迅速な発艦を可能とするため、格納庫甲板同様に航空機の運搬を容易とするための軌条が3条、旋回盤12基が設けられている。

航空機の射出は、射出甲板前端部両舷に設けられた一式二号射出機一一型によって行われる。本射出機は爆装した艦爆を射出することが可能なだけの最大5トンに達する射出能力と、最短30秒での連続急速射出が可能という優良な連続射出能力を持つカタパルトだった。本射出機によって、伊勢型は全搭載機を計算上最短で5分、実用時10分程度で発艦させることが可能という、当時の空母に劣らないだけの航空機発艦能力を得ることができた。

当初、航空戦艦の搭載機は発艦後、他の空母に着艦する事を前提としており、搭載機は全機を空母攻撃に使用する「彗星」艦爆の改造機とする予定であった（後に一六試艦攻「流星」の運用も考慮された）。だが、本機の生産が滞ったことと、航空機の運用上、再収容可能な水上機の搭載が望まれたこともあって、後に水上爆撃機としても運用可能な「瑞雲」水偵が加えられた。こ

昭和18年8月、航空戦艦への改装なって、伊予灘にて全力公試中の「伊勢」。格納庫および射出甲板等の増設や対空兵装の強化を施され、戦艦時代と大きく艦容が変化した。射出甲板上には航空機の機影が見えるが、これは射出実験用のダミー機である

れらの搭載航空機が3～4回出撃可能なことを想定して、航空燃料は76トン（一説には99・5トン）、爆弾は五〇番（５００kg）爆弾44発と二五番（２５０kg）爆弾22発が搭載された。

対空兵装の強化については、高角砲は戦艦時と同じ八九式12・7cm高角砲が搭載されたが、搭載数は倍増して連装8基（16門）と大幅に強化された。高角砲用の射撃指揮装置も九一式から九四式に換装され、1つの目標に各4門の高角砲を指向できるようにするため、高射装置の装備数は両舷当たり1基が増備されて4基とされた。対空機銃はそれまで搭載していた25mm連装機銃をすべて三連装に換装、さらに9基の増備が図られた結果、その装備数は改装前の20から57門へと増大した（この後、「あ」号作戦の前後にさらなる対空機銃の増備が行われ、「捷」号作戦前の時点で機銃搭載数は三連装機銃31基（93門）、単装機銃11門の計１０４門となった）。

またこの改装の際には、対空見張用の二号一型電探の装備が実施された。他には戦訓に基づく改正として、舵機取機室の防御強化や予備舵機取機室の設置等も行われたが、一方で機動部隊随伴を考慮して望まれた燃料タンク増設による航続力増大は、実施されなかった模様である。

伊勢型航空戦艦の運用構想

他国で航空戦艦および航空巡洋艦と称する艦が計画される場合、水上艦隊の作戦支援を目的とする軽空母の代替を目的として、戦闘機による艦隊防空や偵察爆撃機による偵察および警戒任務に充当することが求められるのが常であった。これに対して、日本の航空戦艦は「空母部隊と協同して、艦隊航空攻撃戦力の一翼を担う」艦として改装されたという点が、各国の航空戦艦と大きく異なっている。

大型空母に匹敵する艦爆の運用能力を持つ航空戦艦に求められたのは、空母部隊が実施する敵空母撃滅戦の攻撃兵力の一翼をなすことだった。航空戦艦の改装は限定的なもので、通常の空母としては運用できないが、大型空母に匹敵するだけの航空打撃戦力を保有する艦を早期に増強できる――これは、空母攻撃戦力増強に目処が立たない日本海軍にとって大きな魅力であった。実際に伊勢型の改装が早期に開始されたのは、それだけ航空戦艦が航空攻撃戦力を担う艦として期待されていたことを示している。

先述の通り、航空戦艦は「敵空母への第一撃」に特化した艦であるため、搭載機は空母攻撃に適した艦爆のみに限定されている。当初の予定では当時、大型空母用の主力艦爆として配備が予定されていた液冷型の「彗星」艦爆を、射出機からの発進用に機体構造を強化した機体（二二型系列）を22機搭載する予定となっていた。

航空戦艦用の「彗星」は空母用の「彗星」とほぼ同等の性能を発揮することが可能で、戦闘機に匹敵する高速力を持つと共に、大型空母に致命傷を与えうる５００kg爆弾を運用可能である。当時としては世界最優良の艦爆の1つであり、本機で構成される航空戦艦の航空攻撃戦力は相当に強大なものとなるはずだった。

航空戦艦の空母としての能力は限定されているので、これらの艦が単独で行動することはない。艦隊決戦時に航空戦艦の搭載機が敵空母攻撃に出撃する場合は、航空戦艦と行動する空母から発進する攻撃隊と共に出撃する。また攻撃実施後、航空戦艦は自艦で攻撃隊を収容することはできないので、やはり周囲の空母で収容を実施し、以後は当面空母の搭載機として活動するが、時期を見て航空戦艦に還送する予定とされていた。

だが、航空戦艦用の「彗星」艦爆の生産が大幅に遅延したことに伴い、航空戦艦の搭載機の半数を急降下爆撃機としても使用可能な「瑞雲」水偵とすることが決定された。これは航空戦艦の戦力化が検討される中で、搭載飛行隊の運用面から見て、自艦で発進させた飛行隊を航空戦艦でも収容可能な水上機とするのが望ましい、と考えられるよう

航空戦艦「伊勢」に搭載予定だった「彗星」艦爆（写真は一二型）。二二型は一一型（エンジンを熱田三二型に換装した機体を含む）および一二型を改造し、カタパルト射出を可能とした型式である

航空戦艦には水上機の搭載が望ましいとされて、搭載機に選定された水上偵察機「瑞雲」。前方の浮舟支柱がエアブレーキとなり、250kg爆弾による急降下爆撃が可能だった。伊勢型搭載予定の六三四空に優先的に配備されている

になったことも影響している。なお、「瑞雲」水偵の性能はほぼ「九九式艦爆」に相当するもので、敵空母部隊への昼間強襲に使用するには既に能力不足の面もあったせいか、「空母部隊の他の固定翼機と連携作戦実施は考えられていなかった」との証言がある。

航空戦艦に水上機の搭載が望ましいとされた理由は以下の通りだろう。まず反復攻撃を考えた場合、自艦の飛行隊は自艦で収容した方が飛行隊の指揮統率上、望ましい。また、空母が搭載する燃料や爆弾の量には限りがあるので、航空戦艦で補給整備ができる機材を載せれば、他空母における継戦能力維持の面でも利点が生じる。

攻撃隊が敵を見つけられず、全機が艦隊上空に帰還した場合、搭載機が「彗星」だけなら航空戦艦は以後航空作戦に投入できなくなり、周囲の空母の航空機収容にも多大な影響を与える。だが半数が水偵であれば、それらの機体は航空戦艦側で収容して再利用できるし、周囲の空母への影響もより抑えることができるのも利点だろう。

ただ実際には伊勢型の訓練時には「瑞雲」の揚収訓練は全く行っていなかった。艦側からは「帰投後搭乗員のみ回収する」との指示は出ていたが、「艦から出撃したら帰投できない」と感じている搭乗員も少なくなかった。

伊勢型に搭載予定であった六三四空が実戦投入可能と見なされた「捷」号作戦直前の時期になると、さらに伊勢型の搭載機を巡る状況は変化していた。六三四空隊員の方の回想によれば、この時期半数が搭載予定であった「彗星」は、それまで訓練に使用していた液冷型の稼働率が低いため、八月以降受領した新型の空冷型に更新されたとされる。愛知での「彗星」生産は同月に「三三型」へと切り替わっているので、来るべき「捷」号作戦に備えて伊勢型の戦力化を推進するため、同機の改造型を優先して六三四空に配備した可能性は充分に有り得ることだろう。また搭載機は、それまで「伊勢」と「日向」の両艦に「彗星」と「瑞雲」を混載する予定であったものが、整備の都合上から「伊勢」に「瑞雲」18機、「日向」に「彗星」18機を集中配備する形に切り替えられたという。この状態でこの両艦は「捷」号作戦に参加するはずであったが、台湾沖航空戦後の情勢変化により作戦直前で搭載機を全機陸上基地に進出させたため、ついに航空戦艦としての真価を実戦で発揮することはできなかった。

航空戦艦の配備先

伊勢型は「捷」号作戦前、「隼鷹」「龍鳳」と第四航空戦隊（四航戦）を構成し、「捷」号作戦では戦艦として機動部隊の護衛艦に使用されたが、ここでは予定通り「あ」号作戦前に戦力化されていた場合、一体どこの部隊に配されていたかを考えてみよう。

主力である「大鳳」以下の一航戦と行動するのは、「彗星」の運用に関しては問題がないが、航空戦艦はその航空攻撃力と優良な防御力と対空砲火を活かして、敵側に深く進出して空母撃滅を行うとの証言があるので、「有力な水上艦艇は空母部隊の前方に進出させて、期を見て敵艦隊を捕捉、撃滅する」という当時の日本の空母戦策から見て、一航戦との協同作戦はないと思われる。

このため、恐らく伊勢型は艦隊前衛に配属されると思われる。ただし、「あ」号作戦の際に前衛部隊と共に行動した三航戦の空母には「彗星」の運用能力がないので、伊勢型を配するのであれば、「隼鷹」以下の二航戦を三航戦の代わりに編入する必要があるだろう。敵側に深く進出するのであれば、艦隊護衛直衛機の数を増す必要があるので、二航戦と伊勢型を中核とする艦隊と、三航戦を中核とする艦隊を前衛部隊として前方に配置し、一航戦はその後方に留まるという配置が取られるかも知れない。

航空戦艦は「信濃」と組ませる予定だった、という意見については、昭和18年中に戦力化予定の航空戦艦と、同時期に昭和19年12月もしくは昭和20年2月の完成を予定していた「信濃」を当初から組ませる予定であったとは考えがたい。ただし「あ」号作戦後の「信濃」の工期短縮が成功して捷号作戦時に「信濃」が就役する等、伊勢型が航空戦艦としての能力を維持している時期に「信濃」と組めれば、航空作戦能力と機動性は互いを補完するには好適であるのも確かであり、その場合はこの両者が航空戦隊を組んで機動部隊前衛に配される光景が見られたかも知れない。

改装後の本型は、「戦艦」としての能力を保持しつつ、要求された空母の補助として有用な航空攻撃力を併せ持たせることに成功しており、「航空戦艦」と呼ばれる艦種としては、「空母」としての能力は完全ではないが、有用に使いうる艦として完成したと言えるだろう。諸般の事情により「航空戦艦」としては実戦でその真価を発揮することはできなかったが、本型は史上唯一艦隊に就役した「航空戦艦」として、その名を軍艦発達史上に残すことになった。

「あ」号作戦における機動部隊編制表（抜粋）

第一機動艦隊

甲部隊（指揮官：小澤治三郎中将）	
第一航空戦隊	「大鳳」「翔鶴」「瑞鶴」
第五戦隊	「妙高」「羽黒」
第十駆逐隊	
第十七駆逐隊	
第六十一駆逐隊	
乙部隊（指揮官：城島高次少将）	
第二航空戦隊	「隼鷹」「飛鷹」「龍鳳」 「長門」「最上」
第四駆逐隊	
第二十七駆逐隊	
前衛（指揮官：栗田健男中将）	
第三航空戦隊	「千歳」「千代田」「瑞鳳」
第一戦隊	「大和」「武蔵」
第三戦隊	「金剛」「榛名」
第四戦隊	「愛宕」「高雄」「鳥海」「摩耶」
第七戦隊	「熊野」「鈴谷」「利根」「筑摩」
第二水雷戦隊	
├第三十一駆逐隊	
└第三十二駆逐隊	

航空戦艦「伊勢」「日向」が「あ」号作戦前に戦力化されていた場合、前衛部隊に配属されていた公算が高い。その場合、「彗星」の運用能力の問題から「隼鷹」以下の二航戦の空母が三航戦に替わって、前衛部隊に編入されたことだろう。なお、二航戦（六五二空）における「彗星」の搭載機数は定数11機となっている

「彗星」艦爆の運用能力も持っていた空母「隼鷹」（写真は戦後の姿）

文／松田孝宏（オールマイティ） イラスト／イヅミ拓

永遠なる伊勢、日向

伊勢型の戦歴

世界に冠たる大日本帝国海軍の主力の一角を担った戦艦にして、海軍史上類を見ない航空戦艦への改装を果たした伊勢型。「伊勢」「日向」の両艦はいかなる戦いにその身を投じたのだろうか。大正期の建造から太平洋戦争を戦い抜いた姿まで、その戦歴を追う。

戦艦「伊勢」「日向」関連地図

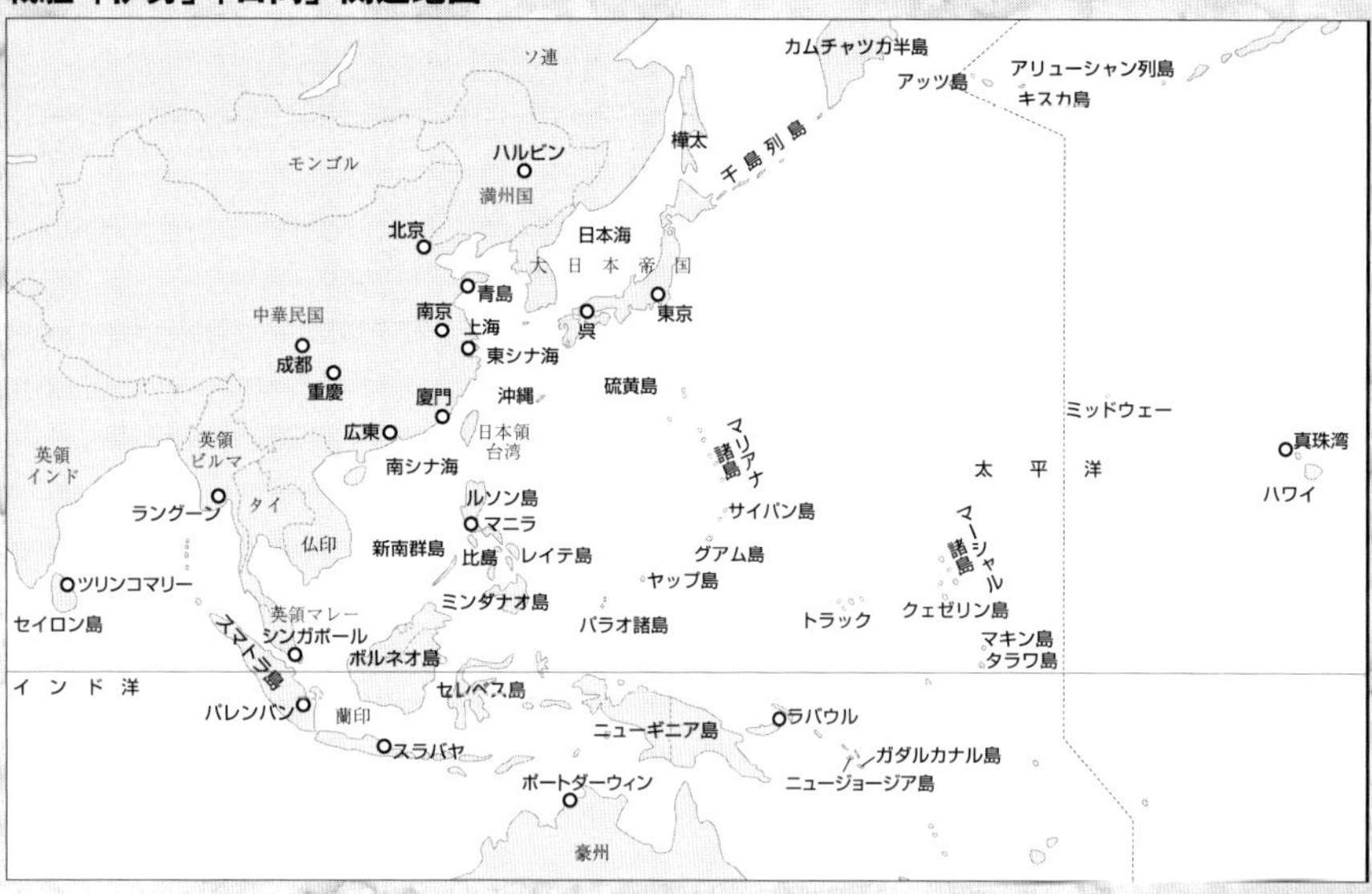

伊勢型戦艦の誕生 まずシベリアへ出動

伊勢型戦艦の一番艦「伊勢」は大正6年（1917年）、二番艦「日向」は大正7年に竣工、同年4月に第一艦隊第一戦隊に編入された。第一次大戦（1914〜18年）が終息しようとしていた時期である。

大正8年10月24日、千葉県野島崎で演習中だった「日向」の三番砲塔が大爆発を起こした。この事故で12名が即死、19名が負傷（のち12名が死亡）し、原因が究明された。「日向」は以後もたびたび砲塔事故を起こし、続く大正9年は帆船と衝突するなど、竣工当初は不運な印象が強い。

大正9年8月29日、「伊勢」「日向」はシベリアへ向かい、沿岸警備などに従事。「伊勢」は大正11年8月下旬〜9月のシベリア撤兵のため船団護衛に参加。これがロシアへの干渉戦争であるシベリア出兵（1918〜25年）の幕切れとなった。

大正12年9月1日午前11時58分、東京ほか南関東は関東大震災に見舞われた。

この時、第一戦隊は黄海で訓練中で、連合艦隊旗艦「長門」に東京や横浜が全滅という無電が入る。「伊勢」「日向」「陸奥」の食糧、薬品を「長門」に移し、9月5日から「長門」は救援活動を開始した。以降、現地では「日向」の他、日本戦艦のほとんどが帝都の危機に馳せ参じている。

翌年の大正13年9月23日、「日向」の四番砲塔弾庫で火災が発生した。2度目の砲塔事故であるが、航空戦艦改装への一因となった昭和の五番砲塔事故より以前にも、「日向」は砲塔爆発事故を起こしていたのである。

改装と訓練の日々 太平洋戦争開戦前

昭和に入ると、伊勢型戦艦は

公試運転中の「伊勢」

大正6年、公試運転中の戦艦「伊勢」。竣工前で高角砲や一部の探照灯が未装備である。二番砲塔上部には4.5m測距儀が設けられているが、三番、五番砲塔には6m測距儀が装備されている昭和13年7月、洋上訓練を行う戦艦部隊。写真手前より「伊勢」「榛名」「金剛」

第一次上海事変に参加（昭和7年／1932年）する。

　新たな戦いの烽火が立ちのぼりつつある世相だったが、昭和8年8月、「伊勢」「扶桑」は館山から南洋方面へ、5000浬に及ぶ遠洋航海を実施した。昭和に入ってから、戦艦による遠洋航海は14年（1939年）の「山城」が最後となっており、珍しい事例と言えよう。

　この時期、ワシントンおよびロンドン軍縮条約により、戦艦の保有枠が制限された日本海軍は、持てる艦艇を大改装し性能向上を図った。

　すでに大正時代、主砲射程距離の延伸や測距儀の更新などが行なわれていたが、「伊勢」は昭和10年（1935年）8月、「日向」は昭和9年11月から大改装工事に着手。工事は約2年もの長きに及んだ。この結果、水平防御強化、砲塔および弾庫も防御強化、主砲・副砲の射程延長、速力と航続距離の向上などが実現し、近代的な戦艦へと生まれ変わっている。

　大改装も終わった昭和12年7月、支那事変が勃発すると、船舶不足のため戦艦部隊も陸兵の輸送に投入された。この年の第一戦隊は「長門」「陸奥」「日向」、第三戦隊は「榛名」「霧島」であったが、そのすべてが参加する、日本海軍史上初の戦艦による陸兵輸送である。

　このうち「日向」は、8月に佐世保鎮守府の第二、第三特別陸戦隊約2000名を旅順へと運んでいる。

　昭和13年10月、恒例となっている秋の大演習が行なわれ、第一、第二艦隊は中国の廈門に入港した。これを知ったイギリス極東艦隊司令長官は、たまたま香港にいた軽巡「バーミンガム」に日本艦隊の写真撮影を命じ、甲板にはカメラやスケッチブックを持った乗員が待機した。

　10月21日、日本艦隊が「バーミンガム」の接近に気づいてアンテナや射撃指揮装置にカバーをかけたが、「伊勢」「霧島」が撮影されてしまった。翌年にも訓練で入港した青島で「伊勢」「金剛」「霧島」「長門」がイギリス海軍から写真を撮られており、イギリス海軍省は日本艦艇にレーダーが未装備と知って安堵したという。

太平洋戦争開戦 第一艦隊敵を見ず

　第二次大戦が昭和14年（1939年）に勃発し、ドイツ、イタリアと同盟した日本は昭和16年（1941年）、ついにアメリカ、イギリスと開戦した。

　当時、伊勢型戦艦は「扶桑」「山城」と共に第二戦隊を編成、「伊勢」は戦隊旗艦と第一艦隊旗艦を兼務して瀬戸内海にあった。司令長官は高須四郎中将である。

　昭和16年12月8日未明、連合艦隊旗艦「長門」に「ワレ奇襲ニ成功セリ」が入電。午前10時に山本長官は第一艦隊の各艦長に訓示を行ない、正午に第一艦隊も出撃した。

　とはいっても、敵と交戦するわけではなく、ハワイから帰投する第一機動部隊が敵に追跡されないための掩護である。艦隊は16〜18ノットで豊後水道を下っていったが、12月11日、機動部隊が安全に帰投中と判明するや内地へと反転した。

　いかなる考えがあったにせよ、恐るべき燃料の浪費であり、戦時加俸のための航海と批判されても仕方がないところであろう。

　続くマレー沖海戦の勝利など、戦艦部隊は戦果がないまま、昭和17年（1942年）を迎えた。

　2月7日、敵電波を傍受した埼玉県の大和田通信隊が、米空母来襲が近いのではないかと報告してきた。この一週間前、米空母「ヨークタウン」と「エンタープライズ」がマーシャル諸島へ来襲していたこともあって、第一艦隊の高須長官は迎撃準備に入った。

　警戒部隊として編成されたのは伊勢型の所属する第二戦隊と、重雷装艦からなる第九戦隊、空母「鳳翔」「瑞鳳」の第三航空戦隊に加え、増援兵力として空母「翔鶴」「瑞鶴」なども待機する有力部隊である。

　だが2月10日になって、傍受した電波は米本土の民間機から発したものと判明、出撃の機会は失われた。

　翌3月5日、本土東方で哨戒任務に当たっている漁船改造の監視艇が「怪しい飛行機13機が本土に向かっている」と打電してきた。報告を受けた連合艦隊司令部は、ちょうど訓練に向かっていた第二戦隊に出撃を命じたが、報告は誤報と判明した。むろん、出撃は中止である。

　3月10日には横須賀の通信隊が敵無電（空母「エンタープライズ」のもの）を傍受し、「ウェーク島北方に米空母がいる」と判断して報告してきた。本土空襲か？と第二戦隊は出撃した。3月12日のことである。しかし、「エンタープライズ」はハワイに向かっており、捕捉できないまま第二戦隊は帰投した。

　4月18日はついに空母「ホーネ

柱島泊地に停泊中の「日向」
太平洋戦争初期、伊勢型をはじめとする日本戦艦部隊に出番はなく、呉沖の柱島泊地に停泊しているほかなかった。このような戦艦部隊の姿は「呉艦隊」「柱島艦隊」と揶揄されている

ット」から飛び立ったB-25爆撃機が東京ほか日本を初空襲するが、この際も出撃した第二戦隊は2日ほど追跡したものの敵を発見できなかった。

残念ながら開戦後半年、日本海軍が暴れまわった時期に伊勢型と日本戦艦部隊は、金剛型を除いて全く活躍できずに燃料を浪費していた感が強い。

伊勢型戦艦に電探搭載「日向」またも砲塔爆発事故

東京初空襲後も戦艦部隊の出番はなく、瀬戸内海に巨体を浮かべていた。

昭和17年5月5日、第二戦隊は伊予灘で砲戦訓練を行なっていた。伊勢型、扶桑型戦艦の4隻合計36サンチ砲48門が一斉に咆哮する。

午後4時49分、「日向」が12門の主砲を撃ったところ、五番砲塔の左側の砲が爆発した。いわゆるA発（砲弾が砲身内で爆発する事故）である。爆発で砲塔天蓋は吹き飛び、その跡地に火災が発生する。後続する「伊勢」からは、「日向」が沈没するかと思われたという。火はさらに火薬庫へも入りつつあり、煙が充満していた。

艦長の松田千秋大佐が五番、六番砲塔火薬庫への注水を命じなければ、大惨事となっていたことだろう。

もう演習どころではなく、死者51名、重傷者11名の犠牲を出してしまった。「日向」の砲塔事故は大正8年以来3度目であり、偶然であるにせよ三番、四番、五番砲塔と順に事故が発生している。

ただちに呉工廠で修理が開始され、五番砲塔跡地に鋼板を張り、25㎜三連装機銃を3基搭載した。修理完了はミッドウェー海戦の直前、5月27日のことであった。

この際、「日向」と「伊勢」には、試験的ながら日本戦艦に初めてレーダーが搭載された。「伊勢」には対空見張用の二一号電探、「日向」は水上見張用の二二号電探である。この状態で、両艦とも海軍研究所の技師2名を乗艦させてミッドウェー海戦へ出撃していった。

ミッドウェー海戦の大敗 航空戦艦へ改装

昭和17年5月29日、第一艦隊は「主力部隊」として瀬戸内海を出港していった。連合艦隊旗艦「大和」はこの作戦が初陣である。

機動部隊の後方500浬を進む主力部隊は、6月4日に予定通り艦隊を二分した。旗艦「大和」を含む第一戦隊基幹の主隊はそのまま航行し、高須第一艦隊司令長官が率いる警戒部隊は、友軍のキスカ島上陸支援のため北方へ向かった。警戒部隊旗艦は「伊勢」で、第二戦隊、第九戦隊（重雷装艦「大井」「北上」）、駆逐艦12隻による編制となっていた。

予定では警戒部隊は6月7日にアリューシャン列島へ進出、米艦隊出現に備えることになっていた。会敵が予想されていたのは重巡2、軽巡3、駆逐艦13からなるロバート・A・シオボールド少将の第8任務部隊で、もし警戒部隊と交戦していれば、第二戦隊の戦艦4隻による砲撃で壊滅できていたかも知れない。

しかし6月5日、ミッドウェーで日本空母4隻が全滅してしまい、旗艦「伊勢」に「大和」から作戦中止の無電が入った。仕方なく警戒部隊は、主隊と合流することなく帰路についたが、この時ようやく「日向」のレーダーが威力を発揮した。濃霧に入ってしまった艦隊の中で、水上見張用の二二号電探を装備した「日向」のみ、味方艦の位置を把握できたのだ。

そして海戦後の6月20日から24日にかけて、レーダーの試験が行なわれた。「日向」の二二号電探は36㎞先の「扶桑」を捉え、「伊勢」の二一号電探は高度3000mの艦攻を1機、55㎞の距離で捉えることに成功した。

にも関わらず、24日に「日向」艦長室で行なわれたレーダー検討会議において、艦政本部の名和武技術少将はレーダー撤去を決定して閉会を宣言した。ここで起立したのが「日向」の松田千秋艦長で、「機械の改善を信じ、搭載する方向に向かうことを希望する」と発言した。松田の脳裏には、霧に包まれながらもレーダーを頼りに航行する「日向」の姿があったに違いない。

その一週間後の6月30日、「伊勢」「日向」は航空戦艦への改装が正式決定された。言うまでもなく、ミッドウェー海戦で一挙4隻も喪失した空母の補填であった。

伊勢型航空戦艦登場 教育と輸送の日々

航空戦艦への改装工事は、「伊勢」が昭和18年2月23日に着手、8月23日に終了。「日向」は18年5月1日着手で、11月18日終了である。

工事の前後数カ月、「伊勢」は海軍兵学校の少尉候補生のための練習戦艦として使用されていた。「伊勢」は18年10月、陸兵をトラック島まで輸送（丁三号輸送）。

丁三号輸送の帰途、「日向」は同行の戦艦「山城」、空母「隼鷹」ともども米潜水艦「ハリバット」に付け狙われた。被害は「隼鷹」の被雷にとどまり、「伊勢」は以後も潜水艦に遭遇しながら、無事生還する強運を発揮した。

敗色濃くなる昭和19年（1944年）を迎えた5月、伊勢型は第四航空戦隊を編成した。しかし搭載する飛行機がないため、6月のマリアナ沖海戦には参加していない。8月10日には「隼鷹」「龍鳳」も加わり、第四航空戦隊は4隻となった。

そうしているうちに始まったのが台湾沖航空戦で、これは伊勢型航空戦艦にとって無縁のことではなかった。

ミッドウェー海戦

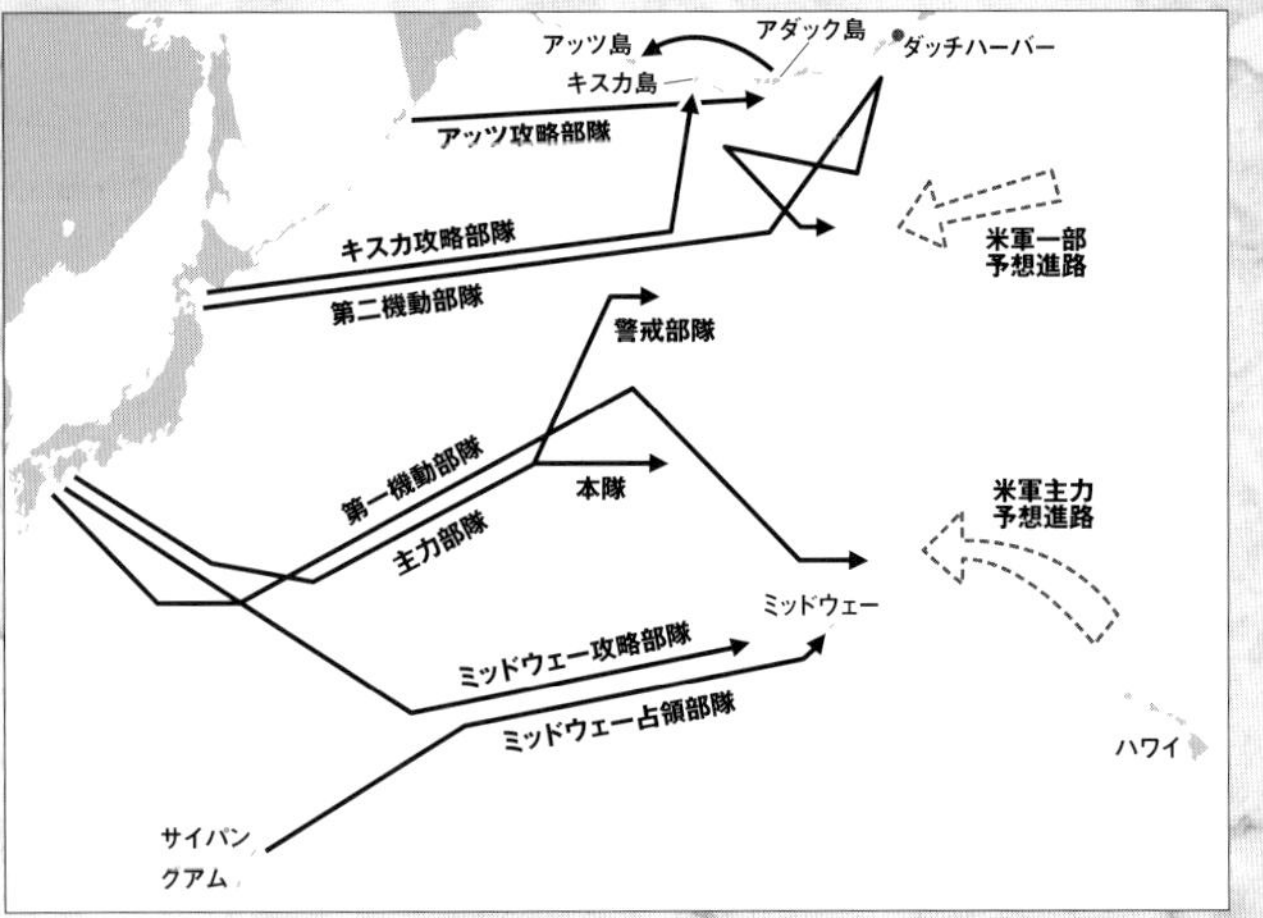

二個機動部隊ほか、連合艦隊のほぼ全力をもって臨んだミッドウェー海戦において、「伊勢」「日向」は主力部隊に所属した。主力部隊は途上で警戒部隊を分離、伊勢型と扶桑型は警戒部隊の本隊として北方作戦の支援に向かったが、4空母の喪失後、本土への帰還が命じられた

ミッドウェー海戦 主力部隊編制表

主隊（山本五十六連合艦隊司令長官）
本隊
第一戦隊　戦艦「大和」「陸奥」「長門」
警戒隊
第三水雷戦隊　軽巡「川内」
第十一駆逐隊
第十九駆逐隊
空母隊
空母「鳳翔」
駆逐艦「夕風」
特務隊
潜水艦母艦「千代田」
水上機母艦「日進」
第一補給隊
駆逐艦「有明」ほか

警戒部隊（高須四郎第一艦隊司令長官）
本隊
第二戦隊　戦艦「伊勢」「日向」「山城」「扶桑」
警戒隊
第九戦隊　軽巡「北上」「大井」
第二十四駆逐隊
第二十七駆逐隊
第二十駆逐隊
第二補給隊
駆逐艦「山風」ほか

第六三四航空隊の苦闘(一)台湾沖航空戦に散る

比島沖海戦（レイテ沖海戦）の前哨戦ともいえる台湾沖航空戦は、昭和19年10月12日から16日にかけて生起した。台湾や沖縄の航空基地を襲った米機動部隊を日本航空部隊が迎撃し、大惨敗を喫した戦いである。

この戦いには、多数の母艦機が投入された。

伊勢型に搭載予定の第六三四航空隊（当時「空地分離」方式が導入されており、母艦ごとに所属する航空隊が定められていた）所属の水上偵察機「瑞雲」もまた、福留繁中将の第二航空艦隊に取り上げられてしまった。同じく六三四空の「隼鷹」「龍鳳」所属機、第一航空戦隊の六〇一空、第三航空戦隊の六五三空の搭載機も同様である。

四航戦所属機は10月14日の第一次攻撃に49機が参加、うち帰投したのは24機。攻撃隊は空母ハンコックに命中弾を与えたが、どの隊の戦果かは分からない。15日の追撃戦（と日本側は思っていた）にも四航戦の零戦が参加し、大損害を被った。

タイコンデロガ級（エセックス級の改型）空母三番艦「ハンコック」。台湾沖航空戦では四航戦所属機を含む攻撃隊が命中弾を与えているが、その損害は小破にとどまった

虚構の大戦果に酔った連合艦隊は、リンガ泊地の「大和」「武蔵」、瀬戸内海の「伊勢」「日向」によって、「敗走」する米機動部隊の挟撃を画策した。幸か不幸か燃料不足で、この任務には志摩清英中将の第五艦隊のみが従事したが、16日に索敵機が堂々たる米機動部隊を発見するや、作戦は中止となった。

四航戦はもちろん、機動部隊にとっても台湾沖航空戦は、単に航空戦力を消耗しただけの戦いとなってしまった。

第六三四航空隊(二)航空総攻撃と特別攻撃隊

エンガノ岬沖で奮戦する伊勢型について記す前に、引き続き六三四空について述べておこう。

捷一号作戦でも、福留長官の第二航空艦隊において母艦機は重要な戦力となっていた。先述の台湾沖航空戦で消耗したものの、稼動約220機のうち、母艦機（三航戦と四航戦の六五三空、六三四空所属機）は約90機に達していたのだ。

二航艦の飛行隊は10月22日にルソン島へ移動、10月24日の航空総攻撃を迎える。

まず、黎明時に伊勢型搭載予定だった「瑞雲」が出撃したが、米空母は発見できなかった。

早朝には後続の攻撃隊も出撃した。母艦機の内訳は不明だが、三航戦と四航戦所属機も飛び立ったことは間違いない。この隊は第一攻撃集団と称され、米第38任務部隊を捕捉したものの、マリアナ沖海戦を再現するがごとく次々と撃墜された。

そして第一遊撃部隊（栗田艦隊）が「謎の反転」によって退却しても、六三四空は母艦機初の特攻隊として戦闘を続けている。

台湾沖航空戦を生き延びた伊勢型所属の「瑞雲」は、レイテ島の米魚雷艇狩りに健闘していた。低速の水上機は、魚雷艇狩りに適していたのである。

その後の六三四空は、昭和20年に入ると第一航空艦隊に編入され、沖縄戦などに参加。8月には第五航空艦隊編入となり、そのまま終戦を迎えている。

エンガノ岬沖の奮闘「伊勢」「日向」の栄光

いよいよ、伊勢型戦艦が最高の輝きを放ったエンガノ岬沖海戦について触れよう。両艦栄光の絶頂は、例を見ない囮作戦で訪れることになる。

台湾沖航空戦に勝利した米軍は、その勢いでレイテ島へ進攻、上陸を開始した。日本海軍は米軍撃滅のため捷一号作戦を発動させ、レイテ沖海戦に臨むことになる。

海戦の子細は省くが、小澤治三郎中将率いる日本海軍最後の機動部隊（第三艦隊）に与えられた任務は、ハルゼーの強大な機動部隊を北方へ釣り上げる囮作戦であった。

参加する空母は第三航空戦隊の「瑞鶴」（艦隊旗艦）「瑞鳳」「千歳」「千代田」であり、第四航空戦隊の「日向」（旗艦）「伊勢」は搭載機がないため、戦艦としての出陣である。司令官は、かつて「日向」艦長を務めた松田千秋少将だ。

昭和19年10月19日、第三艦隊は瀬戸内海を出撃した。盛大に電波を出して発見されるよう努めるが、今回に限って米軍はなかなか食いつかない。

主力の第一遊撃部隊（第二艦隊）が空襲を受けている旨を打電してきた。そこで10月24日夕刻、小澤長官は非情な命令を下した。第四航空戦隊と駆逐艦数隻を、前衛部隊として先行させたのである。あわよくば夜戦で米空母を攻撃、そうでなくとも早く発見されるための措置である。

だが後方の「瑞鶴」ほか空母部隊がその後、米索敵機に発見され、この報告を受けたハルゼーは翌25日に攻撃をかけるべく北進を開始した。

明くる25日、第三艦隊は再び1つの艦隊として行動していた。空襲は必至であるため、二分した対空陣形を取る。北に「瑞鶴」「瑞鳳」「伊勢」を中心に置き、指揮は小澤長官が執る。約8キロ離れた南には「千歳」「千代田」「日向」の一群で、こちらは四航戦司令官の松田少将が指揮する。

朝7時13分ごろ、「日向」の二一号電探が敵編隊を捉えた。松田少将が提言していた電探が、ついに真価を発揮したのだ。8時15分、わずかに残っていた零戦が空中戦を仕掛け、2分後に「日向」の主砲が火を噴いた。エンガノ岬沖海戦の開始である。

第一次空襲では「千代田」以外の3空母が被弾したほか、「伊勢」も狙われた。艦上爆撃機ヘルダイ

エンガノ岬沖海戦における「伊勢」

航空戦艦改装時や「あ」号作戦後に大幅に対空兵装を充実させた航空戦艦「伊勢」。比島沖海戦のエンガノ岬沖海戦では、襲い来る米艦載機群に対して砲火を浴びせるとともに、その雷爆撃を回避しきるという活躍を見せている

永遠なる伊勢、日向

ヴァーの急降下爆撃と、艦上攻撃機アヴェンジャーの雷撃である。だが中瀬泝艦長はこれをすべて回避した。

続く第二次攻撃では「伊勢」は二番砲塔に命中弾を受けたものの、50kg爆弾であったためほとんど損害はない。「瑞鶴」は第三次空襲でついに沈没し、日本機動部隊の歴史はその幕を閉じた。

最後の第四次空襲は午後5時過ぎから開始されたが、ここで「伊勢」「日向」に攻撃が集中した。「伊勢」には右舷から約35機、左舷から約50機の急降下爆撃機が殺到した。両舷から航空魚雷を発射されたが、至近弾を受けたものの直撃は全くない。10数分後、「日向」には艦爆10数機が向かったが、被害は至近弾7発。

これは確固たる爆弾回避術を確立させていた「伊勢」の中瀬艦長、「日向」の野村留吉艦長の操艦と、噴進砲（ロケット砲）ほか熾烈な対空砲火によるところが大きい。ことに噴進砲弾は白煙とともに飛翔して、米軍パイロットを驚かせた。ハルゼーは「伊勢型の撃沈は困難」と悔しがったが、これぞ翼なき航空戦艦に対する、敵将からの賛辞とも解釈できよう。

第三艦隊は空母全滅と引き換えに囮作戦を成功させ、四航戦の人的被害は「伊勢」の戦死5名、「日向」の戦死1名に止まった。

25日夜、残存した艦隊は帰還の途についた。26日と28日、艦隊は米潜水艦「トリッガー」と「シードッグ」に雷撃され、29日にも潜水艦に追撃されたが、ことごとく回避して難を逃れている。反転してしまった第一遊撃部隊の打たれ弱さと違い、「伊勢」「日向」はどこまでも戦運に恵まれ、生還したのであった。

北号作戦の成功 大戦末期、奇跡の作戦

呉に戻ったばかりの伊勢型は、休む間もなく輸送作戦を命じられた。比島のクラーク基地に展開する海軍戦闘機へ落下増槽、マニラへ弾薬を運ぶのだ。搭載機なき航空戦艦が落下増槽とは皮肉だが、クラークには同じ六三四空（四航戦の「隼鷹」「龍鳳」所属）の零戦もいる。同行したのはこちらもエンガノ岬沖で共に死線をくぐった第三十一戦隊で、H部隊と称された11隻のミニ艦隊は、11月9日に出港した。

目的地のマニラは空襲が激しいとのことで、部隊を指揮する松田司令官はマニラ南西の新南群島（南沙諸島）にて、第一輸送戦隊に物資を託している。

23日、H部隊はシンガポールに入港。残る物資をここで降ろした。ちなみに25日、「伊勢」がジョホール水道で座礁するトラブルに見舞われている。

12月14日には四航戦を含む第

比島沖海戦

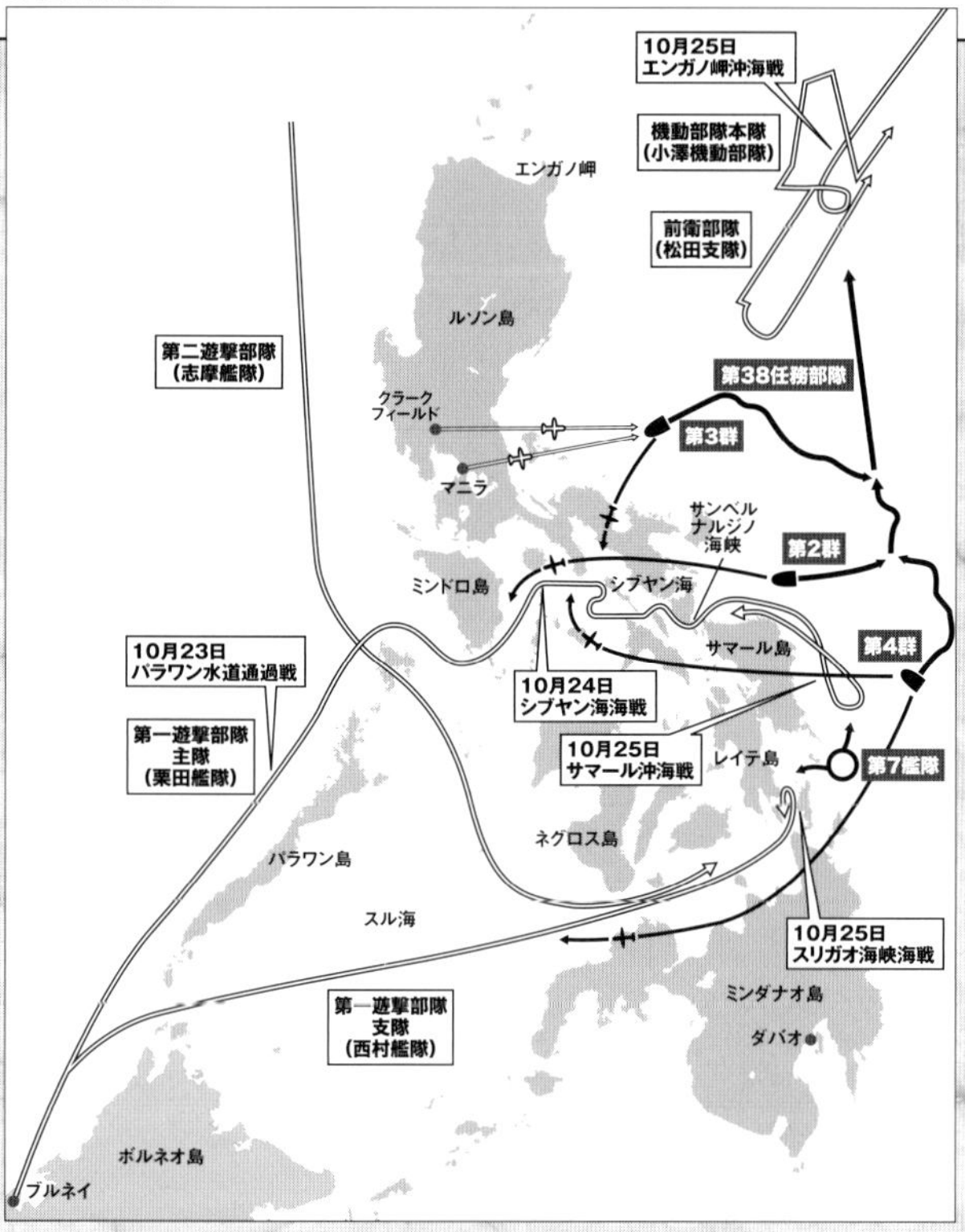

昭和19年10月17日、米軍のレイテ湾襲来に呼応して連合艦隊は「捷一号」作戦を発動、その全力を挙げて来寇した米軍を撃滅することとした。航空戦艦「伊勢」「日向」は機動部隊本隊（小澤機動部隊）に所属、米空母を北方へ釣り上げて第一遊撃部隊のレイテ突入を助ける役割を担うこととなった

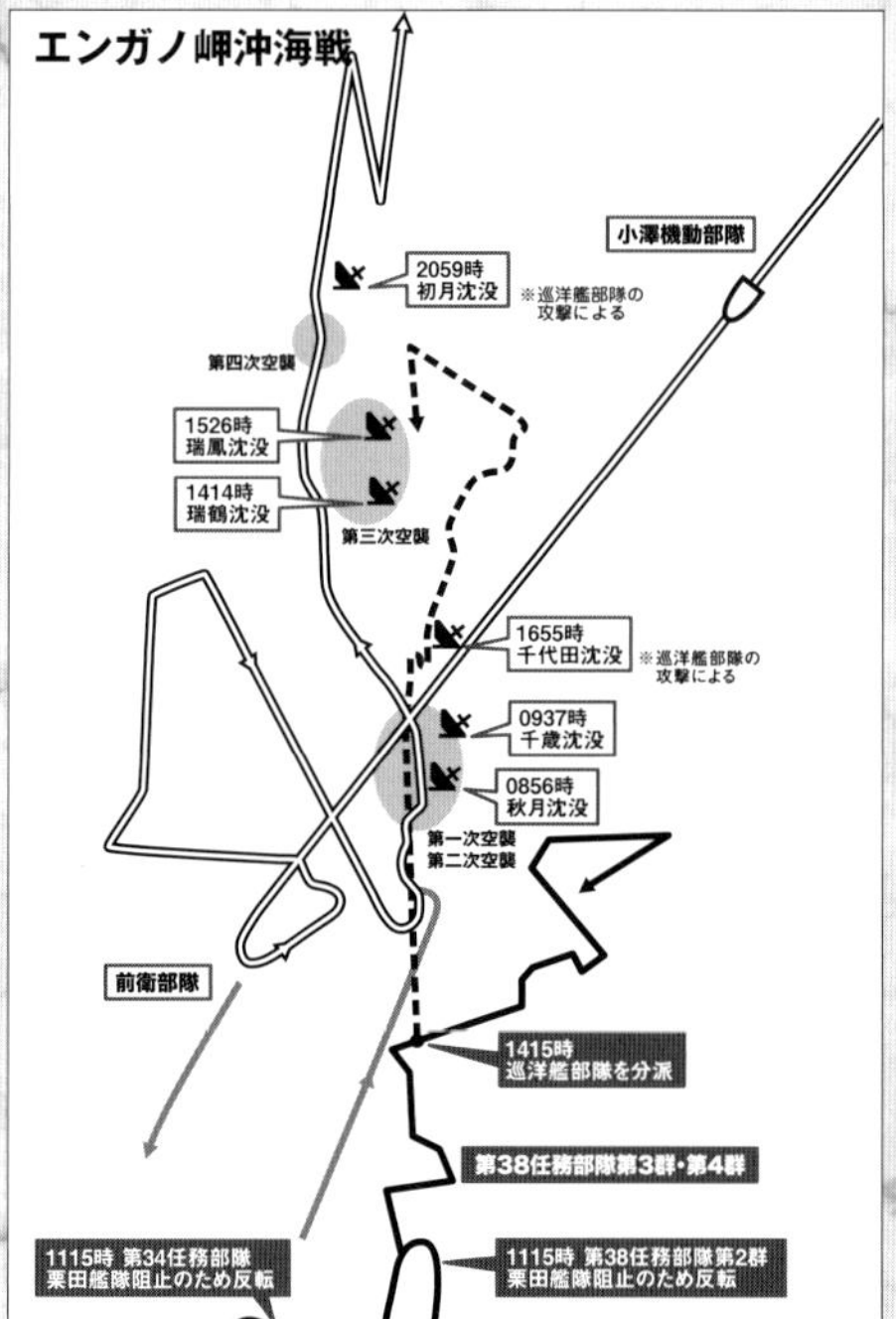

エンガノ岬沖海戦

10月24日、機動部隊本隊は米機動部隊に対して攻撃隊を発艦させるとともに、牽制行動として前衛を分離、敵艦隊の北方誘致のため積極的に行動した。前衛は航空戦艦「伊勢」「日向」、駆逐艦「初月」「秋月」「霜月」からなり、四航戦の松田司令官が指揮を執った

北号作戦において米潜を砲撃する「日向」

「伊勢」「日向」は北号作戦に従事。途上、「日向」が浮上中の米潜水艦に対して主砲を放つという場面もあった。なお、「捷」号作戦後、伊勢型のカタパルトは対空射撃の邪魔になることから撤去され、航空戦艦としての能力はなくなっていた

二遊撃部隊はカムラン湾に進出、ルソン島へ向かうかも知れない敵上陸部隊との会敵に備えた。翌15日、伊勢型に搭載されるはずだった六三四空の「瑞雲」が船団を発見したが、これはミンドロ島に上陸するものだった。

南西方面艦隊司令部から第二遊撃部隊にミンドロ島突入命令（礼号作戦）が出たものの、低速ゆえに伊勢型の参加が叶わなかったのは残念であった。

年の明けた昭和20年1月12日未明、潜水艦の「伊勢」「日向」発見の報を受け、ハルゼーは空母4隻から攻撃隊を出した。目指すカムラン湾に攻撃隊が到着したものの、2隻の姿はない。昭和19年末、B-29爆撃機に発見された際、シンガポール南80浬の停泊地リンガ泊地へ移動していたのである。

幸運も束の間、2月1日、シンガポールがB-29の大空襲を受けた。いよいよ追い詰められた格好だ。

2月5日、四航戦に「シンガポールで戦略物資を搭載し、内地へ輸送せよ」との命令が下る。作戦名は北号作戦、四航戦を含む6隻の部隊は「完部隊」と名付けられた。指揮官は松田少将である。

北号作戦

黄海
木浦
六連島
機雷堰
昌善島
18日1600～
19日0700
上海
舟山島
16日2106～
17日0700
推定航路
馬祖島
15日1935～
16日0000
沖縄
廈門
台北
台湾
香港
台湾海峡

香港
台湾
14日1023
駆逐艦「神風」「野風」と会合
ハノイ
14日1123
米爆撃機飛来
海南島
13日1618
「日向」が米潜を砲撃
13日1340
米潜が「伊勢」を雷撃
13日1415
米潜が「大淀」を雷撃
13日1058米爆撃機飛来
マニラ
ミンドロ島
カムラン湾
レイテ島
900km
ミンダナオ島
12日0000
1500km
11日1200
ボルネオ島
10日2100
シンガポール

昭和20年2月10日、「完部隊」はシンガポールを出航、度重なる敵潜水艦と敵航空機の触接を振り切り、20日に本土へと帰還した。「伊勢」「日向」以下は、ガソリンや生ゴム、錫といった南方資源の本土還送を果たした

余談だが、2月6日と7日、それぞれ「伊勢」と「日向」が磁気機雷に触雷した。日露戦争の戦艦被雷以来41年ぶり、太平洋戦争の戦艦では唯一である。幸い損害は軽微なため、完部隊は2月10日にシンガポールを出発した。

2月11日の紀元節、部隊は潜水艦に発見されたものの九三六空の対潜哨戒機のお陰で危機を回避、12日にも別の潜水艦を発見したが、これは「大淀」の水偵が制圧した。

13日は40機のB-25ほか、大編隊が完部隊を目指して飛来した。運よくスコール雲に隠れた完部隊を、レーダーは持つものの味方攻撃を危惧する空襲隊は手が出せない。数十分ほどウロウロしていた空襲部隊は、やがてあきらめて帰投していった。

同日夕方、今度は浮上中の潜水艦を発見し、「日向」が主砲を放つと潜水艦は潜航していった。

翌14日も米軍機が飛来したが、またもや悪天候に助けられて空襲なし。その後も潜水艦に付け狙われたが、あえて遠回りなどをして追跡を振り切り、2月20日に完部隊は呉に到着した。損害なし、全艦無事という、大戦末期では奇跡に等しい快挙であった。

「伊勢」「日向」の最期 大往生の老武者にも似て

昭和20年3月1日、四航戦は解隊され、両艦は第一種予備艦となった。3月19日の呉空襲で「伊勢」「日向」とも被弾したが、この日の目標は空母であったため、軽微で済んだ。

4月、沖縄に米軍が上陸すると、戦艦「大和」は出撃、途上で撃沈された。完部隊が持ち帰った燃料も一部が使われたという。

敗戦間近の7月24日、米機動部隊はまたもや呉に空襲をかけた。この日の空襲で多数の直撃弾を受けた「日向」では草川淳艦長ほか約200名が戦死、至近弾による浸水で大破着底した。「伊勢」もまた牟田口格郎艦長以下約50名が戦死、沈没の危機に瀕したので排水作業や重量物撤去がなされた。続く7月28日の空襲でまたもや多数被弾し、ついに力尽きた「伊勢」は二番主砲を天空に振りたてたまま着底した。写真に残されたその姿は、まさに老武者の最期と呼ぶにふさわしい。

戦後、「伊勢」は昭和21年（1946年）10月9日から解体作業が開始され、22年7月4日に完了。「日向」は21年7月2日に解体開始、完了は22年7月4日のことである。

大破着底した「伊勢」
呉軍港内で大破着底した「伊勢」。二番砲を宙天へ向けて斃れた姿は胸を打つ。なお、「伊勢」は呉軍港で7月24日と28日に米艦載機の攻撃を受けたが、28日に「伊勢」を454kg爆弾で爆撃したF4Uコルセアは、空母「ハンコック」を発艦した機体だった

航空戦艦「伊勢」「日向」

飛行甲板における艦上機の取り扱い

後部主砲塔2基を撤去して飛行甲板を設置、海軍史上初の航空戦艦となった「伊勢」「日向」。実際に艦上機が搭載されることはなかったが、もし当初の計画どおり定数が配備されていれば、そこではどんな運用が行われたのだろうか。ここでは飛行甲板の設備、搭載が予定されていた艦上機とともに、発着艦の流れを見ていくことにしよう。

文・図版・写真提供／野原茂

飛行甲板の設備と発艦までの流れ

航空戦艦への改装にあたり「伊勢」「日向」の二艦が搭載を予定していたのは、艦上爆撃機「彗星」二二型「D4Y2改」である。二二型は、通常型ともいえる一二型に機体構造の強化を施し、射出機（カタパルト）発進を可能とする装備を加えた点が主なちがいである。ちなみに文献によっては、実際には空冷発動機搭載の三三型「D4Y3」が搭載されたなどと記されているが、同型の試作1号機の初飛行は昭和19年5月下旬、8月時点でもまだ同3号機が完成したのみという事実からして、そうした事実はあり得ない。

射出機からの発進というと、日本海軍の場合、浮舟（フロート）付きの水上機または夜偵（※）しか例がなく、車輪つきの陸上機や艦上機を射出するのは初めての経験だった。

水上機の場合、艦船に搭載されているときはそのままでは移動できないので、航空甲板と称した作業エリアに軌条（レール）を敷き、その上に運搬車と称する台架、さらにその上に射出機上を疾走するための滑走車を重ね、これに載せた状態で繋止しておく。

航空甲板上の軌条は、通常甲板面から30cmくらい高くなっているが、伊勢型の飛行甲板はこの軌条を甲板面と面一、すなわち埋め込み式に設置していたのが大きなちがいであった。これは言うまでもなく、車輪付きの彗星が滑走車にセットされない状態のとき、甲板上を自由に移動できるように配慮したからである。さらに、一式二号射出機一一型と称した射出能力5トンの射出機は、その上面が飛行甲板面と同じ高さになるよう設置されたので、彗星には運搬車はまったく不要だった。

伊勢型の飛行甲板は長さ70m、幅は前部が29m、後部が13mしかなく、正規空母と同じような発着艦をこなせるスペースはなかった。したがって搭載する彗星も、出港前に港の岸壁や船体に横づけにされた艀などから、甲板左後部に備えたクレーンを使って搭載機を艦上に揚収する。

飛行甲板下に設けた格納庫内には9機しか収容できないので、伊勢型に設定された計22機の搭載数のうち、残りの11機が飛行甲板、さらに左右に1基ずつある射出機上に各1機が露天繋止されることになる。その状態を示したのが併載の飛行甲板配置図である。

実際に作戦出撃となると、左右2基の射出機から連続射出（左右で15秒間隔、1基では30秒間隔）されるので、飛行甲板上と射出機上に並べた13機はあらかじめ爆装を施して滑走車上にセットされ、降着装置を収納した状態で発動機を始動し、暖気運転も終えていなくてはならない。

飛行甲板上に設けられた3本の軌条のうち、左右のものは射出機にセットされるまでの移動用、中央の「Y」字状の軌条は、射出された機の滑走車をすばやく射出機から外し、後方に除けて次発機の妨げにならぬようにするための回収用である。この軌条の各所に設けてある旋回盤（ターンテーブル）は、機体と滑走車の方向転換をするためのものだ。

射出機および飛行甲板上に露天繋止されていた13機の射出が始まると、機体が順次飛行甲板の前方に進んでいき、空いた甲板後部には、そこに備えてある昇降機（エレベーター）を使って格納庫から残りの9機が甲板に上げられ、軌条を移動して前方から順に並べられてゆき、発動機始動、暖気運転をしたうえで再び連続射出されてゆく。なお、爆弾の搭載はあらかじめ格納庫内で済ませておく。

水偵「瑞雲」の搭載と正規空母との協同運用

「伊勢」、「日向」の航空戦艦への改装が進行する過程で、彗星二二型の供給不足（一二型の生産を優先させた）が予測されたため、2隻合計44機の搭載定数の半分、すなわち22機を水上偵察（爆撃）機「瑞雲」に変更することが決定された。ただし、1隻が等しく半数ずつというわけではなく、伊勢は彗星8機に瑞雲14機、日向は彗星14機に瑞雲8機という配備数となった。

瑞雲は双浮舟つきの水上機なので、彗星と同じ滑走車は使えず、併載図のごとく浮舟の背丈部分を補う運搬車を下に継ぎ足したような、きわめて腰高の専用車を新たに用意しなければならなかった。

彗星の場合、射出発進した後は母艦に着艦できないので、任務を終えたら他の航空母艦、もしくは最寄りの陸上基地に降りるしかなかったが、瑞雲は水上機なので波静かな海面であればどこにでも降りられるし、場合によっては母艦のすぐそばに着水し、クレーンで揚収してもらうという方法もある。もっとも実戦ともなれば、敵潜水艦によ

昭和19年6月23日、瀬戸内海を航行する「日向」の右舷側、一式二号射出機一一型から射出された直後の六四三空所属「瑞雲」一一型。右下に射出機の前部と滑走車が写っている貴重な資料写真である

※　夜間の索敵や偵察などを任務とした九八式水上偵察機（E11A1）のこと。本機は太平洋戦争初期に川内型・長良型軽巡に配備され、後に輸送と後方連絡に転用された。なお、本機の生産終了とともに夜偵という種別も廃止された。

る雷撃の格好の目標となってしまうため、この方法がとられる可能性は低かったが…。

「伊勢」、「日向」は空母戦力を補う存在として改装されたとはいうものの、それだけで戦力単位となるわけではない。搭載機が爆撃機のみという点からして、護衛任務の戦闘機なくして米海軍艦隊への攻撃は不可能であった。

そこでこの両艦は、他の正規空母と協同して攻撃作戦に加わることを基本にしたのだが、その際に有力なペアとして予定されていたのが、当時完成が急がれていた大和型戦艦三番艦を空母に設計変更した「信濃」である。「信濃」は搭載機こそ47機と少ないが、広大な飛行甲板の露天繋止も含めれば60機以上を収容できる能力があり、「伊勢」や「日向」を発進した彗星の収容施設としても使えることが強みだった。

しかし、こうした運用計画も、現下の太平洋戦争の推移に伴って非現実的なものとなっていき、日本海軍が最後の機動部隊決戦として臨んだ昭和19年（1944）年のマリアナ沖海戦に際しては、その搭載機で構成する第六三四航空隊の錬成が遅れ、「伊勢」、「日向」はこれに参加できなかった。

結局、六三四空は同年10月はじめ頃まで訓練を続けたが、比島（フィリピン）攻防戦が目前に迫ったことで航空戦艦への搭載は中止にされ、陸上航空隊に改編されてしまう。「伊勢」と「日向」は、ついに本来の運用を一度も果たせないまま敗戦を迎えたのであった。

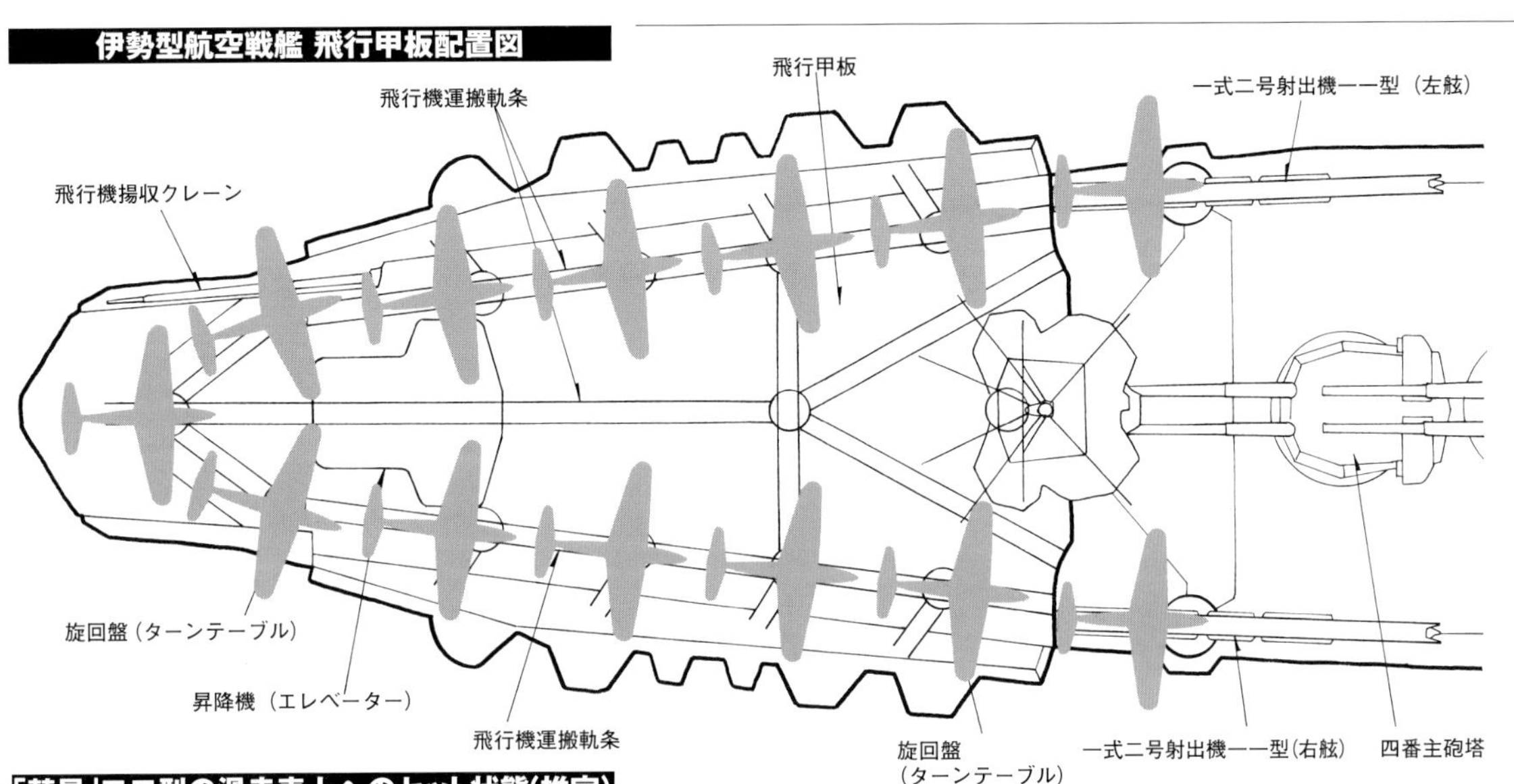

「彗星」二二型の滑走車上へのセット状態(推定)

滑走車

射出機滑走および飛行甲板軌条

艦上爆撃機「彗星」(D4Y)

全幅	11.50m
全長	10.22m
全高	3.29m
全備重量	3,650kg
発動機	愛知「熱田」二一型×1
出力	1,200hp
最大速度	552km/h
航続距離	3,890km
固定武装	7.7mm 機銃×3
爆弾	500kg
乗員	2名

※データは一一型のもの

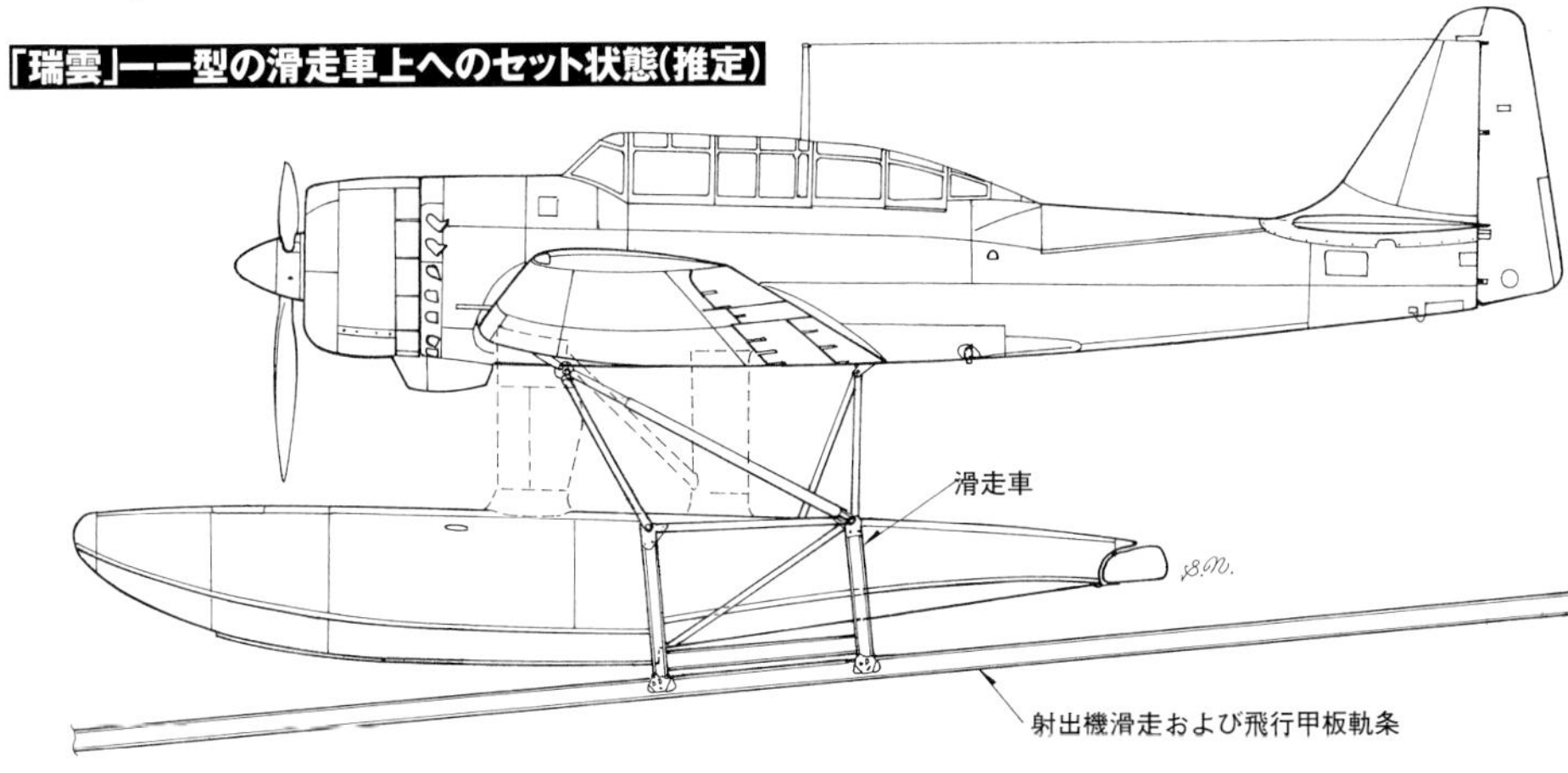

水上偵察機「瑞雲」(E16A)

全幅	12.80m
全長	10.84m
全高	4.74m
全備重量	3,800kg
発動機	三菱「金星」五四型×1
出力	1,300hp
最大速度	448km/h
航続距離	2,535km
固定武装	13mm 機銃×1、 20mm 機銃×2
爆弾	250kg
乗員	2名

※データは一一型のもの

神宿りし海の要塞を率いた男たち
伊勢型戦艦 艦長列伝

文／松田孝宏（オールマイティー）

大正時代からのベテラン戦艦であった「伊勢」「日向」。そのため太平洋戦争におけるキーマンの多くが伊勢型の艦長を務めていた。ここでは戦中に伊勢型を駆って戦った艦長たちを中心に紹介しよう。

伊勢

古賀峯一大将

基本的に戦艦の艦長には優秀な士官が任命されることが多いが、伊勢型もその例に漏れない。歴代で30人の艦長を輩出した「伊勢」の出世頭は、太平洋戦争中に連合艦隊司令長官となった、17代目艦長・古賀峯一であろう。

「伊勢」は重巡「青葉」以来、二度目の艦長就任であり、大砲屋の古賀には好適の人事だったのではないだろうか。

「伊勢」は昭和7年3月下旬に第一次上海事変に参加しているが、この時の艦長が古賀であった。12月に「伊勢」が予備艦となると同時に古賀も艦を降り、これが最後の艦長職となった。古賀が昭和18年4月に連合艦隊司令長官となった4カ月後、「伊勢」は航空戦艦へと生まれ変わったが、戦艦の巨砲に戦局挽回を夢見ていたかつての艦長には、どのように映ったのであろうか。

昭和19年3月31日、パラオからダバオへ飛行艇で移動中、行方不明となって殉職とされる（海軍乙事件）。死後、元帥となった。

昭和6年12月から約一年間「伊勢」艦長を務めた古賀峯一

清水光美中将

古賀に次ぐ出世格が、20代目艦長・清水光美といえそうだ。

海兵卒業後、参謀職や軍令部といったエリート畑を歩み、昭和9年に「伊勢」艦長となる前は、軽巡「多摩」ぐらいしか艦長職の経験がなかった。

だが「伊勢」も翌年からの大改装工事を前に、さしたる特記事項はない。

開戦は潜水艦隊である第六艦隊司令長官として迎え、クェゼリン島の旗艦「香取」に中将旗を掲げていた。

昭和17年2月1日、米空母「エンタープライズ」から発進したダグラスSBDがクェゼリン環礁を襲うと、「香取」の左舷に至近弾が落下した。その破片で清水は咽喉を負傷、「艦隊司令長官の負傷第一号」という不名誉な記録を持ってしまった。

傷の癒えた清水は7月、第一艦隊司令長官に新補される。かつて艦長を務めた「伊勢」を含む、大艦巨砲部隊を指揮するのだ……。が、すでに軍需局から燃料の先細りが報告されており、積極的な出撃はできなかった。

清水は大戦中の昭和19年に予備役編入となり、昭和46年に死去している。

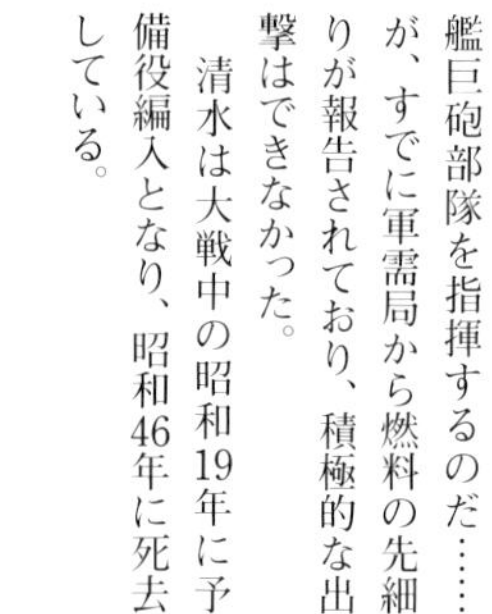

山口多聞少将

昭和12年に23代目艦長となった山口多聞は、もっともよく知られた航空戦指揮官と言える。甲板に土俵を組んで士気の鼓舞に努めるなど、山口らしいエピソードが伝えられている。のちに配下搭乗員への過酷な訓練で「人殺し多聞丸」と呼ばれたが、山口艦長時代に米英と開戦した場合、乗員にも同様の猛訓練を課したかもしれない。

勇将として名高い山口多聞

山口の在職時代に「伊勢」は、中国南方にて行動していた時期がある。のちに航空に転向した山口が、中国を空襲（重慶爆撃など）する事実を思うとなにやら因縁を感じる。

本来の専門は潜水艦でありながら、第二航空戦隊司令官として開戦を迎えるなど、非常に柔軟な思考が伺える山口だったが、指揮官としての真価は最期の日に発揮された。

昭和17年のミッドウェー海戦で3空母が被弾すると、山口は難を逃れた「飛龍」1隻で反撃を試みたのである。「ヨークタウン」を大破に追い込んだ「飛龍」だったが、米攻撃隊の空襲の前についに力尽きる。艦長の加来止男大佐と共に「飛龍」と運命を共にした山口は戦死後、中将となった。

敵味方ともに評価が高い、数少ない海軍提督だが、十全に能力を発揮できなかった点が惜しまれる。

中瀬泝少将

大戦中は人事畑を歩み、古株のソ連通である中瀬は、29代目艦長として「伊勢」に着任するまで、艦長職の経験がない。それどころか、開戦後も実戦経験がない。いかにも潮っ気に欠けるが、「伊勢」の栄光は中瀬によってもたらされたものと言っても過言ではない。

中瀬の乗艦は昭和18年12月で、すでに「伊勢」は「日向」とともども、異形の航空戦艦へと変貌していた。翌19年5月に第四航空戦隊へ編入される伊勢型航空戦艦だが、所属の第六三四航空隊はなかなか機材が揃わず、空地分離が採用された時期とあいまって、乗員は飛行甲板でバレーボールに興じることもあったという。

結局、初めての本格的出撃となったレイテ沖海戦では搭載機もなく、戦艦として参加した。第三艦隊（小澤機動部隊）による有名な囮作戦だが、この時の中瀬の指揮は、初陣とはにわかに信じられないほど水際立っている。

詳細は晩年の中瀬が佐藤和正氏によるインタビュー（『艦長たちの太平洋戦争』光人社）に詳しいが、ここでいくつ

レイテ沖海戦時には少将に進級していた中瀬泝

か、要約・列記してみよう。
・第一次空襲後、怒鳴りつけたら以後、たちまち対空射撃の精度が上がった
・戦闘中、波にさらわれた兵の救助要請を言下に却下した
・以上は日露戦争の戦訓によるもの。戦闘中はとっさの判断ができないので過去の戦訓は大切
・動きやすいように鉄兜も防弾チョッキも着なかった
・爆弾の回避はすべて「取り舵」。単純に言いやすかったから取り舵としただけ

一読すると、まさに歴戦の勇士と呼ぶべき戦闘指揮が理解できよう。

海戦後、小澤長官は回避運動が初めてだったと答える中瀬に驚き、敵将ハルゼーも「老練なる艦長の回避運動により、ついに一発の命中弾を得ず」と悔しがったが、新前艦長だったわけだ。

終戦時は軍令部第三部長だった中瀬は、昭和58年9月17日に没している。

牟田口格郎大佐

最後の艦長となった牟田口は、駆逐艦長や掃海艇長職を歴任しており、昭和20年2月に「伊勢」に来るまでは、軽巡「大淀」艦長だった。レイテ沖海戦では「伊勢」と轡を並べて戦った艦であり、兼任艦長も目立ち始めるこの時期において、最良に近い人事だ。

残された資料からは温厚な紳士という人物評が伝えられている一方、非正規の軍歌「ラバウル航空隊」の歌唱も、士気高揚のために許可するおおらかさもあった。このあたり、規律をあまり気にしない駆逐艦が長い牟田口ならではだろうか。

残念ながら、牟田口の腕が発揮される機会はなかった。「伊勢」は3月に予備艦に指定され、呉港外の三ツ子島に停泊し、浮き砲台と化したのだ。

だが米軍は、そんな動けぬ艦艇にも容赦がない。3月の空襲で呉停泊の空母を叩いたあと、7月には残った大物・戦艦を狙ってきた。24日の空襲で「伊勢」は多数の命中弾を受け、牟田口は艦橋右舷の一弾で周囲の乗員もろとも即死。後任の艦長は任命されなかったため、以後の指揮は高射長・師岡勇少佐が引き継いだ。

牟田口は戦死後、少将に進級。「伊勢」も4日後の28日、右に傾きながら着底した。

日向

野村留吉少将

通信のエキスパート、野村が32代目「日向」艦長となったのは、昭和18年12月。すでに航空戦艦になった時期であり、大正時代に「日向」分隊長心得を務めて以来の乗り組みとなった。艦長の経験は給糧艦「間宮」、重雷装艦「大井」程度で、経験不足を自身も自覚していた。

初陣のレイテ沖海戦には、第四航空戦隊旗艦として「伊勢」と共に出撃。ここで野村は、急降下爆撃をすべて「面舵」で回避する離れ業をみせる。

戦後のインタビューによれば、最大戦速で航行中、舵を切ると急激に艦の速度が落ちる。これで急降下の態勢に入った航空機は照準が狂ってしまうので、どちらに舵を切っても問題はなく、野村は言いやすかったので「面舵」で通したとのことだ。魚雷は雷撃機が弾倉を開いた瞬間の報告をもとに矢野航海長が操舵の号令を出し、「日向」は致命的な損害を受けることなく帰還した。帰還後の心境を野村は「ホッとしたというか、ひじょうに嬉しかったです」と回想しており、正直な人柄でもあったようだ。

その後の北号作戦では、潜水艦に対し36サンチ砲を放つなど、野村は柔軟な指揮で「日向」の危機を救い続ける。

野村は軍令部第四部長ほか、いくつかの役職を兼務して終戦を迎え、昭和55年4月27日に没した。

野村もレイテ沖海戦時には少将に進級していた

松田千秋少将

伊勢型航空戦艦にとって最も重要な人物こそ、28代目「日向」艦長にして、のち第四航空戦隊司令官として伊勢型航空戦艦を指揮した松田千秋である。「日向」歴代艦長は、のちの連合艦隊司令長官・豊田副武、第一戦隊で大和型戦艦を指揮した宇垣纏、レイテで戦死する西村祥治など大物が多いが、貢献度において松田に比肩する者はいない。

戦艦「大和」建造に関与、総力戦研究所所員として対米戦敗北を予見、「大和」艦長時代の「大和大学」と称された兵棋演習と、なにかと話題の多い松田は開戦時、標的艦「摂津」の艦長を務めていた。「摂津」は真珠湾攻撃の際にフィリピン方面へ進出、ハワイへ向かう機動部隊が南方へ向かっていると欺瞞すべく、さかんに発信を行なった。

「摂津」は「標的艦」という名が示すとおり、演習の際には飛行機の模擬爆弾を受け止める役目を担っていた。この経験が、「飛行機による爆弾は、すべて回避できる」という自信を松田に植え付けた。松田がまとめたレポートは各艦に配られたが、これをよく研究したのが「伊勢」の中瀬艦長であり、「日向」の野村艦長も、四航戦司令官として乗艦していた松田の薫陶を受けたに違いない。松田レポートの正しさは、巨艦「武蔵」が沈み、空母4隻が全滅したレイテ沖海戦において、低速の伊勢型航空戦艦が生還していることからも明らかだ。

松田はミッドウェー作戦時に「日向」艦長を務めていたが、その時の経験から電探の有用性を唱えた

その後の北号作戦でも、敵機、敵潜水艦に連日襲われたが、無傷で任務を完遂。戦後のインタビューでは「危険は十分承知していたけれど、無事、艦隊を内地へ連れ帰ることができるという予感がしてならなかった」と答えている。

戦後は「マツダカルテックス」という会社を興し、カルテ抽出機器で成功を収めた松田は、平成7年11月6日に死去。最後に天に召された、海軍兵学校44期生となった。

草川淳少将

最後の「日向」艦長となった草川は、戦運に恵まれたとは言いがたい。「赤城」「山城」を筆頭に、長らく航海長職を勤めていたが、大佐で昭和16年2月に予備役。同年9月に充員召集を受け、太平洋戦争中は各種特務艦の艦長を歴任していた。

昭和19年に少将に進級し、「日向」艦長への着任は昭和20年3月だった。しかし4月に「日向」は「伊勢」とともに第四予備艦となり、さらに6月には特殊警備艦として「浮き砲台」となる。

7月24日、動けない「日向」を米艦載機が襲った。次々と命中する爆弾で「日向」は傷つき、草川も全身に弾片を受けて戦死した。航海術のベテランだけに、草川の無念は察するにあまりある。草川は戦死後、中将に昇進し、「日向」も着底した。戦後の「日向」はカラーフィルムで撮影されており、現在でも視聴が可能だ。

戦艦と空母の美味しいトコどり軍艦

ミリタリー・コミック界の汎用人型決戦兵器こが先生が、中二的テイストにあふれる我らが伊勢型航空戦艦をトリッキーに解説!!
110ページからはマンガもあるぞッ!

【九六式二十五粍三聯装機銃】
全部、防弾楯付き。艦橋に設置のものも楯が付くぞ。

「射出甲板」は別紙参照。

【舵】
伊勢型は並列二枚舵。十二戦艦中、伊勢型の旋回性能が最も良かったのはこの舵によるトコロが大きい。だからエンガノ岬沖海戦でも砲煙弾雨を切り抜けられたのかもしれない。

【厠】
伊勢型に設置された厠の数は小便器が十八、洋式大便器が十四、和式大便器が四十八。

43°

【主砲】
「四十五口径四三式十二吋聯装砲」糎表記では三十六糎。二番・三番砲塔には基線長八メートルの測距儀が搭載されるぞ。
戦訓により同砲塔天蓋上には「操作フラット」が設けられ「九六式二十五粍三聯装機銃」が二基設置されたぞ。

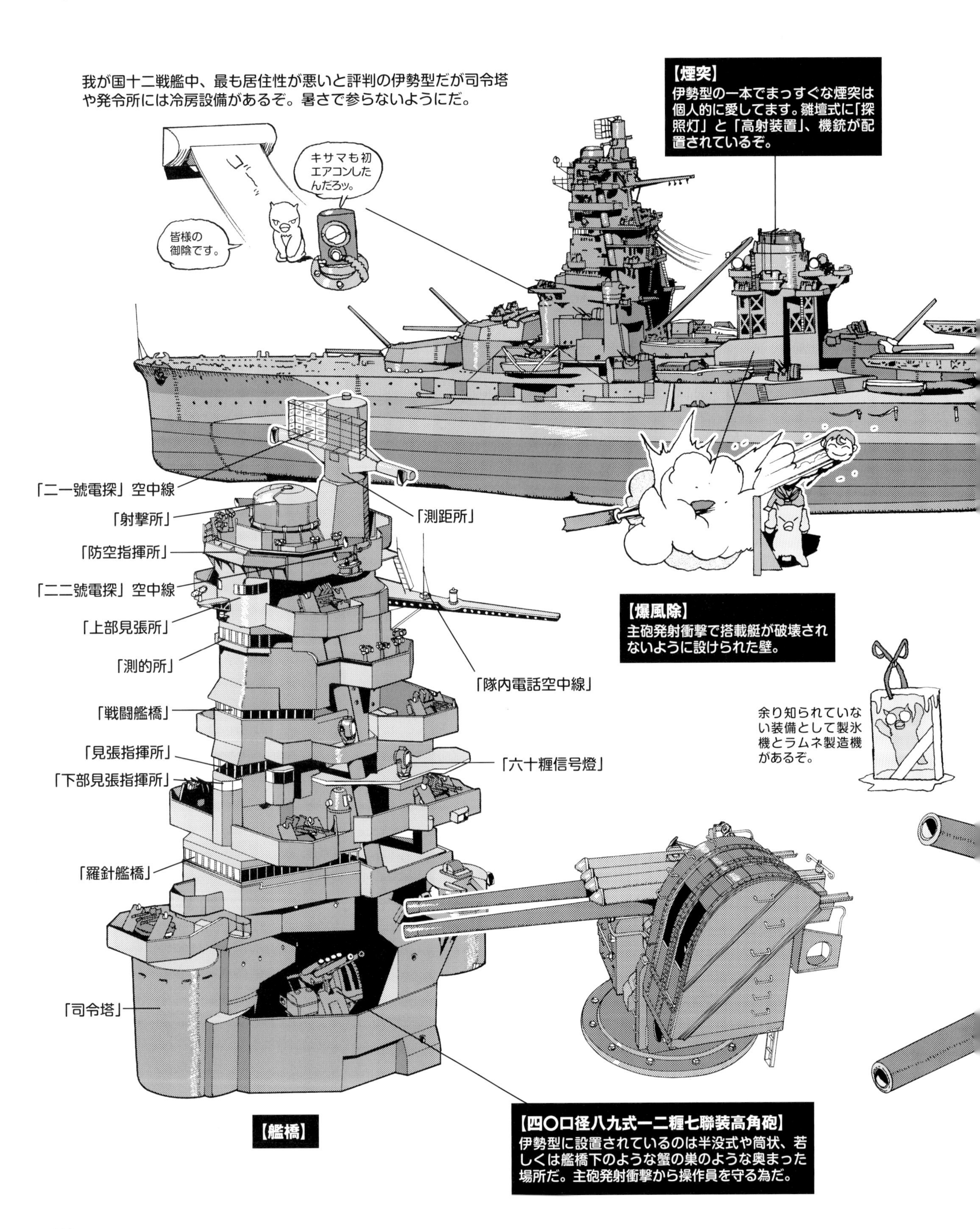

我が国十二戦艦中、最も居住性が悪いと評判の伊勢型だが司令塔や発令所には冷房設備があるぞ。暑さで参らないようにだ。

キサマも初エアコンしたんだろッ。

皆様の御陰です。

【煙突】

伊勢型の一本でまっすぐな煙突は個人的に愛してます。雛壇式に「探照灯」と「高射装置」、機銃が配置されているぞ。

「二一號電探」空中線
「射撃所」

「測距所」

「防空指揮所」

「二二號電探」空中線
「上部見張所」

「測的所」

「隊内電話空中線」

「戦闘艦橋」

「見張指揮所」

「下部見張指揮所」

「六十糎信号燈」

「羅針艦橋」

「司令塔」

【爆風除】

主砲発射衝撃で搭載艇が破壊されないように設けられた壁。

余り知られていない装備として製氷機とラムネ製造機があるぞ。

【艦橋】

【四〇口径八九式一二糎七聯装高角砲】

伊勢型に設置されているのは半没式や筒状、若しくは艦橋下のような蟹の巣のような奥まった場所だ。主砲発射衝撃から操作員を守る為だ。

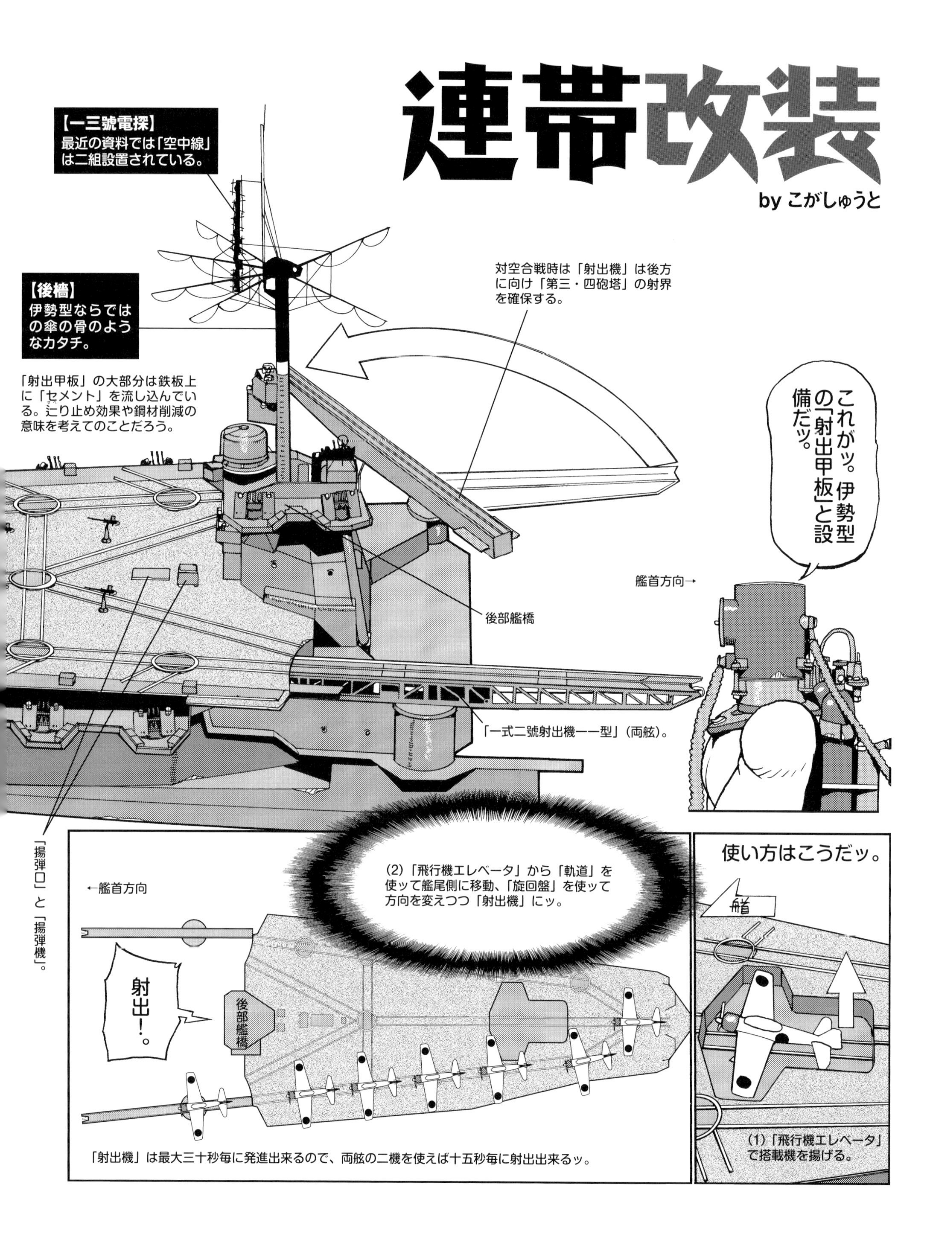
連帯改装
by こがしゅうと
【一三號電探】
最近の資料では「空中線」は二組設置されている。
【後檣】
伊勢型ならではの傘の骨のようなカタチ。
「射出甲板」の大部分は鉄板上に「セメント」を流し込んでいる。辷り止め効果や鋼材削減の意味を考えてのことだろう。
対空合戦時は「射出機」は後方に向け「第三・四砲塔」の射界を確保する。
これがッ。伊勢型の「射出甲板」と設備だッ。
艦首方向→
後部艦橋
「一式二號射出機一一型」（両舷）。
「揚弾口」と「揚弾機」。
使い方はこうだッ。
(2)「飛行機エレベータ」から「軌道」を使って艦尾側に移動、「旋回盤」を使ッて方向を変えつつ「射出機」にッ。
←艦首方向
射出!。
後部艦橋
艏
(1)「飛行機エレベータ」で搭載機を揚げる。
「射出機」は最大三十秒毎に発進出来るので、両舷の二機を使えば十五秒毎に射出出来るッ。

【九六式二十五粍単装機銃】

腰で操作する後期型を「軌道」の邪魔にならないように場所を見付けてしつこく設置されている。

【十二糎三十聯装噴進砲】（推定図）

航空戦艦に搭載されたものは見慣れた「十二糎二十八聯装噴進砲」の仰角歯車部分の切欠きを改めたもの。都合六基搭載。

【飛行機エレベータ】

佐世保海軍工廠製、水圧式。昇降速度は二十秒以内。

【飛行機用クレーン】

石川島造船所製、起倒旋回式。四瓲まで吊上げ可能。

【旋回盤】

「飛行機運搬台」に載せられた搭載機達は「旋回盤」を使って方向転換が出来る。

これがあるから航空戦艦なのですね。

「九六式二十五粍三聯装機銃」。全部、防弾楯付き。

「四式射撃指揮装置」。

どうして搭載機をマトモに描かないの？。

…

それはね、搭載機種の資料が複数あるからだよ。

ウソをつけッ。詭弁だッ。

グググ（ホントですって）。

もし、途中で不具合機が出たら海投棄処分なのかなあ。

ウムッ。良いトコロに気付いたなッ、マリンくんッ。

↑艦首方向
中止！。

中央の「軌道」を使ッて次の機に順番を譲る仕組みだッ。

くすん

わぁ〜ッ。十五秒毎の発進なんてスゴいや。
よく考えられてますね、サブ兄さん。
搭載機数は何機でしたっけ?。
二十二機だッ。計算上では六分で全機発進するッ。
この一見素晴らしいように見える航空戦艦だがッ。
オレ様は騙されんぞッ。
航空戦艦伊勢型の問題点
ただいまあ
ダメッ
ひーッ
バカ俺だ
ただいまーッ
致命的なのはッ。発進は出来ても着艦は出来ない事だッ。
じゃ、水上機にして着水後にクレーンで回収したら?。
一基しかないクレーンで回収したら何時間も掛ってしまうッ!。戦闘中は無理だッ。
まッ。水上機が米軍相手に突入して無事に帰って来るとは考えられんがなッ。
あはは。そうだね。
ググ(じゃ、艦上機を使った場合は収容はどうするの?。)
ウムッ。またしても良いトコロに気付いたなッ、マリンくんッ。
当然、別空母に収容するッ。当然帰港するまでは伊勢型には帰れないッ。
おじゃましまーす♡
はーい
別空母
いせ
えーッ!?
それじゃあ、一会戦で一度しか伊勢型は航空戦艦として使えないの?。
そう考えると恐ろしく非効率ですなあ。
他空母とペアーでしか使えないとは。
判ッてくれたかッ。如何に航空戦艦が理不尽かをッ。
もッと理不尽なトコロがあるッ。そもそも航空戦艦化されたのはッ
「日向」の砲塔爆発事故のためだッ。
ドォ

ならばッ。
壊れた「日向」だけを
航空戦艦化すればよいものをッ。
無傷な「伊勢」まで
連帯改装した点だッ。
やめろ～ッ。
ブッとばすぞ～。
改造イメージ
連帯改装したのはッ。
一隻当り二十二機では
少な過ぎるからという
説があるがッ。
もしこれが
本当ならッ。
全く理不尽な改装
でしかないッ。
「伊勢」に施す工数と資材を
「日向」に振り分ければッ。
「日向」を完全に
空母化出来たかも知れんッ。
それだけではないッ。
空いたドックで他のフネを
造れるッ。
「一等輸送艦」とかッ。
「二等輸送艦」とかッ。
「海防艦」とかだッ。
アタイを守ってよ、ネエさん。
アイよ。
任せな。
いせ
ひうが
新第四航空戦隊
「日向」完全空母化の暁には
元同型艦だった「伊勢」が
護衛するッ!。
どうしても「伊勢」
も連帯改装したけ
ればこうしろッ。
「日向」で余った
「第六砲塔」
…これは…
「いせ」だけに。
あいせませんなあ。
「伊勢」改装イメージ
ドーン
おしまい

バーチャル体験企画

伊勢型戦艦の艦長になってみよう

エンガノ岬沖海戦においては、ハルゼーをして「老練なる艦長の回避行動により、ついに一発の命中弾も得ず」と言わしめた「伊勢」。では、その「伊勢」を操る艦長はいかにして戦ったのであろうか。「伊勢」艦長、海瀬少将の目を通じて、エンガノ岬沖海戦、北号作戦における航空戦艦の戦いぶりを見てみよう。

「伊勢」――半戦艦・半空母となる

昭和19年（1944年）10月下旬に入って間もなく、戦艦「伊勢」の飛行甲板に一人の青年が姿を現した。ヘリコプターとかいう見慣れない、垂直上昇降下のできる飛行機から降り立ったのだ。聞けば、70年も後の令和の世からタイムスリップしてきたらしい。豊後水道を出撃した「伊勢」は目下、南の作戦海面に向けて四国沖を南下中。青年はさっそく艦長室に案内された。

やあー、いらっしゃい。貴君はもう何度か艦隊を訪ねているそうだが、〝航空戦艦〟というフネは初めてだろう。変り種だよ。そして私、海瀬盛も、艦長としてはスコーシ変わった経路をたどってきている。

変わり者同士――そんなことから話をしようか。八島錨地（伊予灘）を出港するまでは火が出るように忙しかったが、それも一段落ついて只今忙中閑ありの状況、ちょうどいい。

本艦は、艦種は戦艦のままだが、昨年の大改造で中味はすっかり変わってしまっている。この件は知っているだろう？

例のミッドウェー海戦で、日本海軍は虎の子の主力空母4隻をいっぺんに失くしてしまった。その穴埋めをし、かつ旧を上回る空母増強案が一気に浮上した。一環として、低速で現代海戦には出番のない扶桑型と伊勢型戦艦を、航空母艦に衣替えさせようとの構想が思いつかれたんだな。

改造に当たってはいろいろ案があったらしいが、結局のところ、現在のこの「日向」「伊勢」のような艦に落ち着いたわけだ。主砲6砲塔のうち後部2砲塔を取り払い、飛行機格納庫を造ってその上面を飛行甲板にした。そこにはカタパルトを2基置いて、艦上爆撃機、水上偵察機を打ち出せるようにしたのだ。搭載できる飛行機は22機に過ぎない。

だから、およそ前半分は戦艦時代のまま。したがって発艦した飛行機の着艦はできない。戦闘が終わったら陸上基地に向かうか、他の本物の空母に降りる。それもダメとなったら、海上に不時着させて搭乗員だけ拾い上げる方式を取ることにしたんだ。しかし、これでは主砲砲数は3分の2になるのは当然だし、さらに中部の砲塔は後方射界が制限を受ける。

つまり、私に言わせれば、誠にドッチつかずの艦をこしらえた、といわざるを得ない。〝航空戦艦〟なんぞといかにも強そうな二刀流のサムライのごとき名称だが、実際は「半戦艦・半空母」だ。が、ともあれできた以上、極力戦力を向上させるように努力しなければならない。とくに、空母としてね。

戦前、昭和15年（1940年）頃の「伊勢」は九五式水偵4機を載せていたもんだ。任務は艦隊の前路索敵、哨戒のほか主砲の弾着観測。飛行科員も飛行機も艦の固有編制に入っており、搭乗員と整備員で1個分隊を編成する。だから、分隊は全員で約30名ほどでこじんまり、仲良く他科の乗組員との暮しに溶けこんでいた。

ただ、いったん空中に上がると、戦隊司令部の直接指揮を受けるが、それ以外は艦長の指揮、統率下にあった。

しかし22機もの飛行機を搭載するとなると、これは大変だよ。しかも最近、〝空地分離〟という新制度が設けられたので、航空関係部門の艦内での存在がガラリと変わったんだ。

「日向」「伊勢」両艦分の搭載機44機で、常時は陸上基地に航空隊を編成しておき、ここをベースに搭乗員の訓練、機の整備をする。そしていざ海戦、というときには航空隊員が機材もろとも「日向」「伊勢」に分乗、出撃するシステムに改められたんだ。一作戦、一行動が終われば、また陸上基地に戻って、訓練、整備に従事する。この航空隊を「第六三四海軍航空隊」といってね、いまA中佐が司令だ。

したがって彼には「六三四空司令兼副長兼日向飛行長」という長い肩書きがついていて、事あるときは半隊の22機を引き連れて「日向」に乗り込み、彼自身は艦長の航空関係業務を補佐するわけさ。うちの「伊勢」へは、「六三四空飛行長兼伊勢飛行長」の肩書きをもつE少佐が同様に半隊22機を率いて乗艦してくることになっている。

「伊勢」艦内組織、大変化

もともと、旧時代の飛行科員が「日向」「伊勢」乗組だった頃も、艦が軍港や泊地に入ったとき、そのまま載せていたのでは飛行機の訓練にさしつかえる。そこで、戦隊あるいは艦隊ごとに艦載機をまとめ、近傍の航空隊へ居候をしたり近くの海岸にキャンプを張って連合訓練をしていた。だから彼らは、フネを留守にすることも多かった。だが今度の改革で、艦載水上機の連中は完全に艦の所轄から離れた。乗艦した場合は〝臨時乗組〟ということになる。ただし、艦内にあるときは艦長の命に服し、指揮に従うのは当たり前だ。

まあ、戦訓から生み出された新方式だ。作戦や訓練についての効果を考えるとこのような組織の方が有利なのだろうが、一艦の団結、融和——そこから発揮される戦力の大きさに思いを致すと、新旧どちらがよいのかな。

ところで、さっきから貴君は私の襟元をジロジロ見つめているが、何か……。あっ、そうか、襟章かあ。

そうなんだ。私はね、少将、それも一週間ほど前の10月15日に進級したばかりなんだよ。戦艦の艦長は、定員令では大佐と決められている。けどね、現在「大東亜戦争中各科ノ少将、大佐、中佐、少佐、マタハ大尉ヲ配スベキ定員ハ各一階上級ノ官等ヲ其ノ定員ト為スコトヲ得」とも定められているのだ。

大戦争で海軍も著しく人員が増えている。

ために、進級もかなり早まっている。もし、あちこちの軍艦で艦長が少将に進級したからといって、すぐ転勤させたら収拾がつかなくなっちまうだろ。そこで、こういう特例を作ったので、私みたいな〝少将艦長〟が生まれたという次第なのさ。「武蔵」の猪口敏平も隣の「日向」の野村留吉もそうだよ。

ところで、出撃してきたのはいいけれど、後で格納庫を見てごらん。中は空っぽなんだ。

本艦は今月中旬に発令された「捷一号」作戦計画に基づいて、現在行動している。「日向」と一緒なのだが所属戦隊は〝セミ空母群〟だから、松田千秋少将を司令官とする第四航空戦隊。「日向」が旗艦になっている。さらにその上部は、小澤治三郎中将が指揮を執る機動部隊本隊。なのに肝心の飛行機隊を載せていないんだ。

実はね、この作戦が下令されたとき、せっかく錬成した六三四空は、四航戦の指揮下から離れ、「彗星」隊はA司

私は「伊勢」と同じく“変わり者”の艦長だよ。対ソ諜報の第一人者を自負しているがね、マァ、私の経歴は後々聞いてもらうとして、最近の「伊勢」についてまず説明しようか。航空戦艦だけあって、他のフネとは違う部分がかなりあってね……

令が直卒して台湾沖航空戦に出陣する。「瑞雲」隊はE飛行長が指揮して、比島の陸上航空戦へと転用されちまったんだよ。いかに背に腹は変えられないといっても、これで四航戦の存在意義は半分以上消えてしまった。

だが、戦艦としての生命力は残っている。連合艦隊から小澤指揮官に与えられた命令には「機動部隊本隊ハ第一遊撃部隊ノ突入ニ策応『ルソン』海峡東方海面ニ機宜行動シ、敵ヲ北方ニ牽制スルト共ニ好機敵ヲ撃滅スベシ」と書かれている。いいかい？　ここを深読みしてご覧。「大和」「武蔵」以下の遊撃部隊を無事レイテ湾に突入させるため、お前たちは「囮部隊」になって米空母艦隊を遠く北方海面に引き付け、叩かれ役に徹せよ――ということなんだ。

「瑞鶴」「瑞鳳」「千歳」「千代田」の4空母が囮の主役であるのは言うまでもないが、その効果をできる限り長時間、最大限に発揮させるためには、彼らをしっかり護衛してやらなければならない。で、我々の出番になったのだ。〝格納庫は空っぽ〟とはいえ、仮にも戦艦。大きい砲撃力と防御力を持っている。

だからして、戦場に着いたら敵航空機群がワンサとたかってくる。殊死奮戦だ。おそらく我々は生きて帰ることは不可能と思う。貴君も覚悟してくれよ。

青年の顔からスーッと、血の気が引いた。チョッと脅したつもりだったのだが……。

比島沖海戦に参加

10月24日、予期した戦闘は始まった。小澤機動部隊から発進したなけなしの攻撃隊58機は、敵を襲ったものの戦果は不明。比島基地に向かった機のほか、帰艦した飛行機はわずか3機に過ぎなかった。

明けて25日、我が機動部隊は惨劇の日を迎える。午前8時30分、敵約170機による空襲が始まった。艦爆と雷撃機。なのに、味方直衛戦闘機は10数機ほどである。多勢に無勢だ。「伊勢」は「瑞鶴」「瑞鳳」を対空砲火で護るのが任務だが、幾ばくもなく「瑞鳳」は被弾し、左に傾斜する。「瑞鶴」にも魚雷が命中して傾斜。のみならず、駆逐艦「秋月」沈没、「千歳」も大傾斜する有様になった。

第2次空襲が開始されたのは10時前後だった。警戒陣は猛然と射ち上げるのだが、苦戦である。第3次空襲が始まったのは、午後1時を少し過ぎた頃であった。この回の戦闘で、ついに「瑞鶴」「瑞鳳」が沈没。

そのとき、小澤長官より「伊勢は成し得れば、その短艇を降ろし、溺者救出を試むべし」との信号が入った。強制する命令ではない。だが海瀬艦長は断固実施を決意する。

青年は鉄兜をかぶり防弾チョッキに身を固め、ガタガタ震えながら海瀬艦長の左後ろに立っていた。

青年君、見とれよ。今から海面に浮いている生存者を救助するから。航海長、あそこの集団を拾おう。フネを持ってゆけ！

艦長（以下、艦）「今から溺者を救助する」

艦「総員、溺者救助！停止は5分間、全力をあげて生存者を救助せよ」

航海長（以下、航）「両舷前進原速――両舷前進半速――両舷停止！」

「伊勢」は逐次速力を落すと、ひと塊の生存者の集団に接近した。短艇は使えない。上空には依然敵機がいるのだ。最上甲板や上甲板からありとあらゆるロープを舷側沿いに下ろし、それに掴まらせて引き上げる方法しか取れなかった。「伊勢」の乾舷は高いので、せっかくロープに掴まりながら途中で手を離し、海中に落ちてしまう者もあった。にも関わらず、艦長は5分を10分に延長し救出に努めたので、98名を助け上げられたのだった。

よかろう。残念だが救助作業はこれで打ち切ろう。航海長、航進を起こせ。

航「前進一杯ッ！」

この号令はそのとき機関が出し得る速力を、可能な限り急いで発揮せよ、との緊急指令である。「伊勢」は直ちに毎分90、110、130……と、缶とエンジンに相談しながら推進器の回転数を上げていった。

午後5時40分前後に第4次の空襲が始まり、それが最後の来襲となる。「瑞鶴」「瑞鳳」「千代田」「千歳」の4空母全部を喪失する結果になったが、「日向」「伊勢」は無事であった。「日向」1名、「伊勢」5名の犠牲のみで、約10時間の長い戦闘を終えることができた。むろん、令和からのスリップ青年も無事。よかった。

主砲も対空三式弾を発射して戦ったが、これが開戦以来、両艦が敵に向かってする最初の砲撃だったのだ。戦果は「日向」が6機、「伊勢」は44機撃墜と報告されている。「伊勢」の44機撃墜の中には、新兵器・噴進砲による撃墜2機が含まれていた。噴進砲とはロケット砲で、散開弾子を内蔵した砲弾が火薬燃焼による推力で自進するのだが、「伊勢」は後部甲板に片舷3基、計6基を装備していた。

10月27日昼、小澤部隊は奄美大島に帰着すると、補給、隊内整理を行い、29日の夜遅く呉軍港に入港し、浮標に係留を済ませた。

海瀬大尉「情報屋」となる

海戦についての公式の報告も終わった。ならば、「伊勢」

沈みゆく「瑞鶴」（中央）と対空砲火を放つ「伊勢」（右）

比島沖海戦では、雲霞のごとく押し寄せる米機に「日向」「伊勢」の奮戦も空しく、「瑞鶴」「瑞鳳」「千代田」「千歳」の4空母を喪失する結果となってしまった。三式弾や噴進砲を含む対空兵装を用いて多数機を撃墜したが、空母たちを護るという目的は果たせなかったよ

の奮戦と無事帰還については、海瀬艦長にいささか自慢話があるらしいので青年に聞いてもらおう。

貴君も傍で見ていて分かっているだろうが、先日の対空戦では、私は降ってくる爆弾、水中を突進してくる魚雷を片っ端からひっぱずしていった。それでね、大島に入泊したとき、「大淀」へ報告に行ったら小澤長官からエラク感心されちゃったんだよ。「君は、これまでに回避運動の経験があったのか?」とね。「いやありません、初めてです」とお答えした。

「『伊勢』に対する急降下爆撃を遠望したが、実に壮絶を極める情景だったよ。間断なく天に沖する水柱に覆われ、長時間に渡って船体の視認ができなかった。しかるに無事。まことに見事な回避だった」と、ベタ褒めさ。悪い気はしなかったねえ。

でもこれは「海瀬は下手くそで当然なのに、不思議だなあ」という気持ちの裏返しだったと思うよ。長官は私の経歴を知っておられるから。

私は鉄砲屋、水雷屋、航海屋あるいは航空屋といったような、普通の兵科将校なみの〝マーク持ち〟ではないんだ。

兵学校は大正6年（1917年）卒の45期、89人中の10番だから、まあそこそこの成績だったでしょう。少尉、中尉のときは「三笠」に乗ったり水雷艇に乗ったり、戦艦「摂津」乗組になるなど当たり前の船乗り士官勤務だった。ところが中尉の中ごろ、海軍大学の「選科学生」として東京外国語学校へ行くことになったんだよ。今の外語大（東京外国語大学）さ。これが私の変わり初めだったんだねえ。

2年近くロシア語を勉強して大尉に進級すると、今度はポーランド駐在を命ぜられて、留学することになったんだ。

それが2年。次はどこへ……と思ったら、「在ソ大使館付武官補佐官」という辞令が出たんだ。外語で露語（ロシア語）を勉強させられたから、ある程度こうなるのは予想できたけれど、それほど嬉しい勤務ではない。海軍兵科士官は海上で働くのが本命だからね。

半年ばかりの在勤で、やっと帰朝命令が出た。さっそく第一戦隊司令部付、つづいて戦艦「長門」分隊長、それから大湊要港部の第二駆逐隊勤務と、大急ぎで抜けかかっていた潮気の逆注入だ。ここの駆逐隊は北洋警備用の部隊です。

こんな海上生活2年のの

ち、また陸上勤務。赴任先は軍令部三班六課と指示された。これで僕のショウバイ、将来はほぼ確実に決まったんだ。ロシア語を基盤にしての「情報屋」とね。三班六課とは、ソ連を主にその軍事、国情を調査し、かつ諜報や宣伝活動を計画する部門だから。士官の正道（？）からは、少しハズレかかった。

ただ、六課勤務1年のあと、少佐になると同時に海大「甲種学生」に入学して、2年間はオーソドックスな戦略・戦術を学ばせてもらったので、王道から大きく離れることはなかった。

そのため、卒業すると海上に戻った。駆逐艦「島風（初代）」の艦長だ。嬉しかったね。小とはいえ一国の主だからな。が、「島風」は第三駆逐隊のフネで大湊要港部の所属、どうしてもソ連とは縁が切れない。人事局もよく考えているんだよ。

身の上話で面白くもなかろうが、もう少し聞いてくれたまえ。

1年の海上暮らしが済むと、再び軍令部に帰った。仕事は以前とゼンゼン同じ。これでわたしの「対ソ系・情報屋」は完全に決まりだ。昭和9年（1934年）4月にソ連大使館付武官になって、アチラに渡った。その勤務が2年半。帰国するとまたも軍令部。席は〝三部七課〟と名前は変わっていたが、内容は変化なし。

兵科士官は特別な理由がない限り、各階級で1回は海上あるいは航空勤務をすることになっている。この経路を踏まないと、進級にも差し支えるんだよ。私も昭和13年（1938年）の暮に重巡「妙高」の副長で海上に出た。

副長のあと、第五艦隊の司令部付や厦門方面特別根拠地隊副長などを勤め、15年11月、内地に帰還すると、どういうわけか全く畑違いの佐伯航空隊司令という役を仰せつかった。前年、大佐に進級していたから、身分的には不思議はないのだが。さらに続いて台湾、仏印に在駐していた第十四航空隊司令の職をとって、艦上機隊の猛訓練に従事した。このときの勤務が、攻防その立場を逆にはしたが先日の雷爆回避運動に、大いに役立ったんだよ。

急降下爆撃に対しては、降下開始時機を確実に掴めば大丈夫。その瞬間を逃がさず急速転舵一杯で回避に移り、弾着と同時に舵を戻し、旧針路に復す。貴君も見ていたろうが、対空砲火の轟音のため、転

対空戦闘中の艦橋内はまさしく鉄火場だ。転舵号令も口頭だけでは通らない。回避運動に取舵だけをもって臨んだのは、結果的には成功だったよ。だいいち「取舵」の方が「面舵」より言いやすいしネ。小澤長官からもお褒めの言葉をいただいて、嬉しかったナァ

舵号令は口だけでは効き目がない。口頭と身振り手振りで航海長に指示したわけだ。取舵一本で回頭したが、これは効果があったと自負している。魚雷の回避に関しては、時間的に余裕があるので面舵、取舵の両方を使い分けたけれど。

元来、選科学生はシャバの学校へ何年も通ってタルンだ生活を送っているから、潮ッ気が抜けっちまっている。だから卒業してフネに乗り、当直士官に立つと、通常航海中でさえ艦長も航海長も「○○大尉は選科出だ。危ないから気をつけろ」と、警戒したものだ。ぶっつけでもされると大変だからね。しかも僕なんぞ、甲種学生を卒えて「伊勢」に来るまでの12年間に、たった1年半しか海上に出ていない。だから小澤長官も、最初はずいぶん心配しておられたと思う。

なのに、案に相違して鮮やかに敵雷爆撃をしのいだ。それで、ビックリがあんなお褒めに変わったんだよ。

「北号作戦」に成功

昭和20年（1945年）の年が明けた元日、四航戦はシンガポールのリンガ泊地に入港した。そして間もなく、同戦隊に内地行きの命が下った。しかし本省、軍令部もただでは帰さない。南西航路が途絶しかかっている今日、戦争継続に必要な戦略物資を極力多量に積んで帰れというのだ。ガソリン、生ゴム、錫、亜鉛、水銀そのほかを。

そんな準備でガタガタしている2月6日、またも例の青年が「伊勢」へ飄然と現れた。

艦は物資積載のため単艦シンガポールへ向かおうとし、ホーズホール（錨孔）から水を流して錨を揚げているところであった。

おう、ちょうどいい。今日は自艦ひとりだ。J航海長に監督してもらって操縦してみ給え。

速力は原速。やがてルバン島近くのリオ水道にさしかかった。半速に落す。そろそろ左へ転舵だが――。

青年（以下、青）「取舵10度」

む、チョッと転舵が早すぎたぞ。これはまずい。艦は予定コースより30メートルほど左へ寄ってしまうぞ。

航「青年ッ！　もっと右、右へ寄せろ－！」

青「はいっ、はいっ！　戻～せ面舵5度っ」

青年は脂汗を流しながら修正の操舵号令をかけるのだが、4万トンの巨体はそう簡単には動いてくれない。そうこうするうち、突然ドカーン、ドカーンときてしまった。右舷側至近30メートルばかりのところで、磁気機雷が2発、爆発したのである。

いや、だがこれはラッキーだった。青年の怪我の功名。もし精練なJ航海長のシャープな操艦であったなら、機雷の直上を通過し甚大な損傷を被っていたはずなのだ。船体に孔も開かなかった。

ともあれ、物資をタップリ積み込んだ四航戦「日向」「伊勢」ほか「大淀」、二水戦「朝霜」「霞」「初霜」たちは、2月10日、内地へ向けてシンガポールを出港した。この戦略物資還送作戦を「北号作戦」と呼称したが、無事、呉に帰着した海瀬少将にそのときの様子を聞いてみよう。

この作戦部隊を「完部隊」と名付けたんだが、出港翌日、早くも敵浮上潜水艦を発見した。これはもう、我々も見つかったと覚悟しなければならない。翌々日12日になると、またも本艦と「朝霜」が浮上潜水艦を発見する。完全に取り囲まれていると考えなければならなかった。

13日には「日向」の電探が、敵大編隊を探知する。幸いあちこちにスコールがあって、敵サンこちらを発見できなかったらしい。

しかし、午後になって、本艦の右舷中部甲板から「雷跡ッ！　右後方！」と怒鳴る大声が聞こえてきた。私は艦橋の“おサルの腰掛”に腰を下ろしていたんだが、見ると右約130度、距離2500に、真っ白い筋を引いて迫ってくる雷跡数本があるじゃないか。

とっさに私は「取舵一杯ッ！　急げッ！　前進全速ッ」と叫んだ。魚雷の航跡はぐんぐん接近するが、艦からのその見通し方位は変わらない。これは命中を意味するんだ。俺は心中、舵よ早く利け！　と祈ったねー。ようやく重い艦尾が右に回りだしたんで、ホッとした。が、その途端、また「雷跡ッ」の鋭い声が耳をつんざいた。左舷後方約1300メートルのところを、魚雷数本が突進してくる。迷うことなく「面舵一杯ッ！　急げ！」の号令だ。今度は、艦尾は左へ振れ出す。これらはかなり遠くから発射されたらしくてね、艦首前方を通過するとふらふらになって、沈没してしまった。1本なんぞは水面航走状態になっていたので、高角砲で射撃したところ見事命中、大音響を発して爆発しちまった。

まあ、こんな危難を乗り越え、いったん済州島遥か西方まで北上してから東へ転舵、2月19日、18ノットで対馬北方を抜け、ようやくここで舷窓を開いた。関門海峡を通過、人も艦も搭載物件もみな無事に呉に到着できたのは、20日1030時だったんだ。

う～ン、私も少将になってもう4カ月たってしまった。いつまでも艦長席に座っているわけにはいかない。今度は何処かなあ、多分あそこだと思うが……。

海瀬少将は4月15日、軍令部第三部長に転補された。それは本人の予想通りだったはずである。かつての古巣だ。

《参考資料》
『軍艦伊勢（上・下）』同出版委員会
『軍艦伊勢戦闘詳報』アテネ書房
『海軍制度沿革（2）』原書房
『戦史叢書 海軍捷号作戦〈2〉』

画／舟見 桂　文／三八式しゅしゅしゅ銃

俺が考えた「伊勢」

伊勢型改装案

史実では五番・六番砲塔を撤去して格納庫＆飛行甲板を設置するという方法で、航空戦艦に生まれ変わった伊勢型。先の記事でも述べた通り、伊勢型の改装案はこれだけではなかった。本稿では全通式甲板ほか伊勢型の改装案を解説するとともに、「こんなんもありじゃね？」という妄想案を展開するぞ。怒らないで読んでね！

実用たりえなかった珍兵器というなかれ。

今でこそ、ケツに艦載機（回転翼機）のフライトデッキと格納庫を持ってる戦闘艦なんてのはザラだ。しかし第二次大戦当時、見た目からしていかにもという魔改造が実施され、それなりに奮戦もした艦船として、伊勢型戦艦は異色な存在だ。宇宙戦艦にだって、これが元ネタのものがあるのをご存じの方は少なくなかろう。それを思えば、あらためて伊勢型の偉大さを実感できるはず。

だがちょっと待ってほしい。伊勢型戦艦の改装案は史実の姿以外にも構想されており、我々の知っている「航空戦艦」はあくまでオトナの妥協の産物なのだ。妄想力をたくましくする余地は、無限に広がる大宇宙のごとく広がっている。とくと見るがよいぞ。異論は受け付ける。

■全通式甲板型案

実在した改装案。つまるところ、戦艦「加賀」「信濃」、重巡洋艦「伊吹」の例と同様、船体という巨大パーツの部品採りに大型水上戦闘艦を供することで空母の急造を図ろうとしたものだ。ミッドウェーでの主力空母喪失を埋めるのには理想的なプランである。

が、当然のことながら水上戦闘艦としての上部構造物は完全に用無しだ。しかも先述の3隻と違い、建造中、進水前の新造艦の仕様を変更するわけではないので、改装工事はより一層大規模となる。既存の上部構造物をまず全面撤去した上で艦載機格納庫や飛行甲板を増設、さらにフネとしての基本的操舵システムや煙路等々も新設せねばならない。無論、必要となる予算、資材もその分膨大だ。

然るに本案は急造の趣旨にそぐわず、実施は断念されている。

■三～六番砲塔撤去案

これも実在した改装案。全通甲板をあきらめ、構造物撤去、飛行甲板設置箇所を煙突より後方のみに限定するというものである。史実の伊勢型よりは航空機運用能力の規模が大きいが、主砲塔4基に加え後部マストも撤去して代替施設を新造せねばならず、やはり改装は大規模だ。艦載機の着艦ができないという史実の伊勢型と同様の欠点もある。

当初、本案実施の公算は高かったともいわれているのだが、工期をさらに早めるよう求められたことから結局これも廃案となった。

■防空戦艦（常識的プラン）

そもそも伊勢型が扶桑型に先んじて航空戦艦への改装対象となったのは、二番艦「日向」が五番砲塔爆発事故の修理のためドック入りしたついでという面がある。従って「日向」が事故を起こさなかった場合、扶桑型が航空戦艦となり、伊勢型は対空兵装の増強や艦体各部の細かな抗堪性強化といった地味なアップグレードに終始した可能性もある。

また、史実の重巡「摩耶」、軽巡「五十鈴」や、計画が立てられた軽巡天龍型のように、主砲の一部または全部を撤去して代わりに対空兵装をより多く搭載し、防空艦化することも考えられる（※1）。伊勢型の連装多砲塔直列という主砲配置はバイタルパート局限の観点からは不利だが、主砲を撤去することで得られる対空火器設置スペースには逆に恵まれている。高角砲、機銃、噴進砲を大量増設することで、史実をさらに上回る撃墜スコアを挙げられたはずだ。

■V字アングルドデッキ装備型

架空戦記やSFアニメなどではかなりお馴染みの艦船デザインである。戦闘艦としての上部構造物を残したまま艦載機の発着艦を実現するために、後部甲板から艦橋構造を挟むように左右対称V字型の飛行甲板を設けるというもの。

撃てるし飛ばせるしというこの発想。要は、恋も仕事も諦めないスイーツ（笑）女や万能最強にこだわる厨房マインドにも通ずるもので、形態、手法は違えど航空戦力に負けたくないが大砲を捨てたくもない架空艦船は創作作品の定番だ。

無論、実現には課題も多い。飛行甲板は艦体両舷側に相当幅広くはみ出すため、復元性確保をどうするかが第一の課題となるだろう。モンタナ級戦艦の船体をベースに、戦後飛躍的に大型化したジェット艦上機を運用するため、ムリヤリ広大なアングルドデッキを載せた史実のミッドウェイ級空母のフラフラさ加減が思い出される。

■合体双胴空母案

「伊勢」と「日向」を仲良く横に並べて合体結合、広大な飛行甲板を設置して、1隻の双胴船型空母にするプラン。「双胴空母」構想というと、アイランド（艦橋）を2本の飛行甲板の中央にしたがる人と、広～い1枚甲板の右端に置きたがる人が世の中にはいるようだ。要は、見た目を水上戦闘艦っぽくするか、ズバリ空母的な姿にするかという好みの問題なんだろう。

ともあれ、これだけボリュームのある巨大空母なら、大型化の進む艦上機も楽に運用できると思われる。搭載機数自体もたっぷりいけるし、とにかく幅を広く取れるので、同時発着艦もOKなんじゃ

これが全通式甲板へ改装された空母「伊勢」の勇姿だぁ〜!! 改装空母ながら、広い飛行甲板と戦艦ならではの防御力を発揮、必ずや「大鳳」「瑞鶴」といった艦隊型空母と枕を並べて討ちじ……じゃなくて、肩を並べて米空母を屠ったことだろう！ 手前の駆逐艦は「雪風」だが、戦艦改装空母と「雪風」の組み合わせはちょっと不吉なような（アーチャーフィッシュ的な意味で）……

なかろうか。

さらに、双胴型空母の有用性は、我が日本では既に証明済みであることを忘れてはなるまい。架空戦記小説『征途』の現用空母「ほうしょう」「ひしょう」、アニメ『宇宙戦艦ヤマトIII』のガルマン・ガミラス帝国「二連三段空母」……etc。

惜しむらくは、当時の日本に到底そんなカネもヒマもなかったこと。だがね、もっとカネのかかりそうなのが次だ。

■可変戦艦

戦艦から空母に脅威の完全変形！ 今は亡きタカトクトイスや、現在なら株式会社やまとにトイの商品化をお願いしたくもなるプランである。

艦橋と煙突は左舷に屈曲移動、砲塔その他の構造物はすべて昇降式で収納される。また、伊勢型戦艦は長船首楼型なので、艦体後半の最上甲板が全体にせり上がることでフラットな全通式甲板が形成される。「戦艦」か「空母」かは出航前に選択する。

空母モードはちょうど英空母「ハーミス」（初代）のような輪郭で、船体平面形と飛行甲板の輪郭は同一。飛行甲板下のスペースは本来格納庫にしたいところだが、あいにく収納した艦上構造物でいっぱいである。なので艦上機は……大半が露天繋止だ。世の中、「ゲッターロボ」の合体変形機構や「ガラット」の膨張超合金のように便利にはいかない。

そして、えてしてアニメのロボットでも実在のジェット戦闘機の主翼でも「可変」するヤツは高コストの金食い虫である。されど、変形しても全通式甲板にならない「デスラー戦闘空母」よりは有用なはずだと筆者は確信する。ブルーノアは？とか言うな。

■桜花母艦（超DQNプラン）

5500トン型軽巡の一艦である「北上」は、数度の改装遍歴を経て艦齢晩年に回天母艦となったが、これはその航空機搭載版である。

そも、全通式甲板を持たないことには、艦載機はその母艦から「発艦することはできても、着艦することはできません！」（by 映画『連合艦隊』中鉢二飛曹）。なので、はじめから戻ってくる必要のない機体「桜花」のカタパルトを、主砲全門撤去の上あらん限り大量に据え付けるのだ。

これなら改装工事も簡単に済むであろう。気分はもう黒島亀人。

（※1）…「摩耶」は三番砲塔撤去の上、12.7cm 連装高角砲 2 基および 25mm 三連装機銃座を設けた。「五十鈴」は全主砲を撤去して 12.7cm 連装高角砲 3 基を搭載している。天龍型は戦前の昭和 12 年に防空巡改装案が持ち上がったが、艦形や老朽化を考慮して改装は見送られている。

伊勢型戦艦仮想戦記

海空一体！ 第二次マレー沖海戦の凱歌

航空戦艦に生まれ変わったものの、史実ではその真価を発揮することなく終わった伊勢と日向。しかし、もしこの２隻が計画通りに航空機を搭載し、さらには敵戦艦と砲火を交える機会にまで恵まれていたら、必ずや期待以上の大活躍を見せてくれたはず！　というわけで本項では、史実でもニアミスしていたイギリス東洋艦隊を相手に、伊勢と日向が航空機と36cm砲で大暴れする、ガチンコ仮想戦記をお送りするぞ！

文／伊吹秀明　イラスト／松田大秀

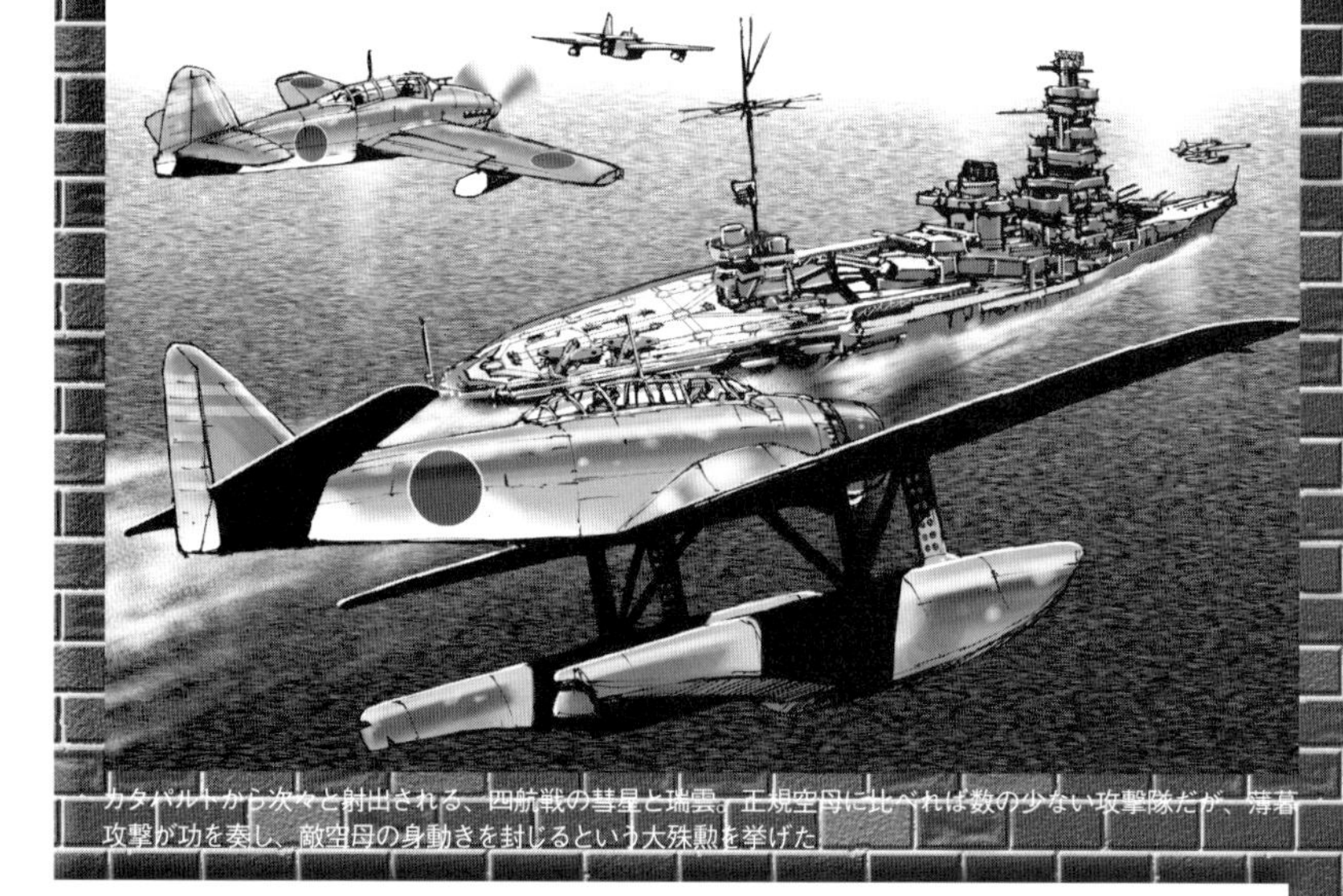

カタパルトから次々と射出される、四航戦の彗星と瑞雲。正規空母に比べれば数の少ない攻撃隊だが、薄暮攻撃が功を奏し、敵空母の身動きを封じるという大殊勲を挙げた

昭和19年12月10日 マレー半島沖

二号二型電探が大型船舶を捕捉してからすでに15分が経過していたが、洋上は闇に包まれていて目標はまだ見えてこない。

ジリジリと時が過ぎ、「日向」の艦橋の中では緊張が満ちていた。

（そういえば、日本の戦艦の中で初めて電探を装備したのは、この2隻だったな）

と、松田千秋少将は思い返した。

2年半前。当時の松田は「日向」の艦長で、同艦には対水上用、「伊勢」には対空用の電波探信儀（レーダー）が試験搭載されていた。そのようなものは無用の長物という声が多かった海軍内において、電探の有用性を主張したのが松田だった。電探が早期に採用されていれば、ミッドウェー海戦の無残な敗北もなかったかもしれない。

そのミッドウェーで失われた空母の穴埋めに「伊勢」と「日向」は航空戦艦に改造され、2隻で編成される第四航空戦隊の司令官に松田が補されたのも、運命の巡り合わせといえるだろう。

（これが四航戦にとって、真価を発揮する最初で最後の機会か……）

続いて松田は、昨日の攻撃隊発進の光景を思い浮かべる。航空戦艦2隻に搭載される「瑞雲」と「彗星」、合計44機がカタパルトで射出され、夕焼け空の中を出撃していった。

すでに空母は壊滅しているため、戦闘機による護衛はない。はだかの攻撃隊である。少しでも敵艦に達することができるようにと薄暮攻撃が選択されたが、それでも困難な任務に違いはない。

（はたして何機が生き残ったことか……）

もとより、攻撃隊の収容は考えていない。攻撃終了後は各機シンガポールに向かうよう、あらかじめ指示してあった。

そう、「日向」と「伊勢」は、艦載機を発艦させたあと、敵艦隊に向けて一路進撃中なのである。

猛訓練の賜物か、帽をふって見送った戦隊乗組員の願いが届いたか、攻撃隊は予想以上の戦果を挙げた。

「敵戦艦に直撃弾！」

「敵空母は洋上に停止！」

次つぎに飛びこんでくる報告電に、「日向」の四航戦司令部は興奮を隠せなかった。敵空母が停止したということは、推進器が大きな損傷を被ったということではないのか。

混乱の中の錯誤、夕闇の中の見間違いということもあり得たが、松田は信じた。動けなくなった敵空母を前に引き返すことなど誰ができようか。敵艦隊に向けての進撃を第五艦隊司令部に具申した。志摩清英中将の思いも同じようで、打てば響くように、ただちに進撃命令が下った。

この時期、志摩長官麾下の第五艦隊は、南方に残された最後の連合艦隊兵力だった。旗艦は重巡「足柄」、以下は軽巡「大淀」、第二水雷戦隊の駆逐艦「霞」「朝霜」「初霜」、第三十一戦隊の駆逐艦「杉」「梅」「樫」、そして四航戦の「日向」と「伊勢」である。

特筆すべきは2隻の航空戦艦だ。両艦は10月の比島沖海戦後は内地に帰還していたが、フィリピンをめぐる激戦は続いており、西方からはイギリス東洋艦隊が攻勢をかけてきていた。とても第五艦隊だけでは対抗できない。そこで爆撃機を新たに搭載した「日向」と「伊勢」が第三十一戦隊とともに南下。第五艦隊と合流し、米英軍と対峙することになったのである。

「水平線にマスト！　左20度から30度！」

前橋トップから緊迫した声が伝えられた。

夜が明ける瞬間。カミソリで切ったような水平線の細い光の中に、見張員が何本ものマストを発見した。

「日向」の艦橋では、双眼鏡がいっせいに向けられる。朝もやの中から、艦影が次々に浮かび上がってきた。大型艦が2隻、そして中小の艦艇らしきものが10隻以上。

「動けなくなった空母を守るために残っていたか。それとも、まだ『見敵必戦』のロイヤル・ネイビーの伝統は健在というわけかな」

松田少将は艦影から敵の正体に当たりをつけると、ただちに左砲戦用意を下令した。

戦艦vs戦艦 最後の砲撃戦

はたして現れた敵は、イギリス東洋艦隊であった。

開戦初頭にて新鋭戦艦「プリンス・オブ・ウェールズ」を撃沈され、マレー半島から駆逐されたイギリス軍は、ヨーロッパ戦線に余裕ができるや攻勢に転じてきたのだ。

立ちふさがったのは戦艦「クイーン・エリザベス」と巡洋戦艦「レナウン」だ。ともに10月からビルマ南方沖に出没し、さらにはスマトラを爆撃する空母「イラストリアス」の護衛についていた。

だが、その空母は昨日、四航戦が放った攻撃隊によって航行不能におちいった。英艦隊は空母の盾となるべく、夜明けまでこの海域に残っていたのである。

英艦隊は2隻の主力艦の前方に巡洋艦6隻、駆逐艦8隻を展開させてきた。対する志摩長官は自ら「足柄」以下を率いて迎え撃った。射点に達しようと波しぶきを上げる駆逐艦。そうはさせじと展張する煙幕が、白みかけてきた海面をふたたび覆い隠さんとする。互いの主力艦を援護するための攻防戦が始まった。

この時点で、志摩長官は四航戦の戦闘指揮を松田司令官に委ねている。かつて戦艦「大和」の建造に携わり、その2代目艦長を務めた松田に砲術エキスパートとしての腕を振るわせるためだった。

「目標敵先頭艦、主砲撃ち方始め！」

松田の命令を受けて、砲術長が「テッ！」と号令した。洋上の敵を睨んでいた「日向」の8門の36cm砲が火を噴く。その衝撃の余韻が消えないうちに、後方から「伊勢」の砲声が聞こえてきた。

砲煙がたなびき、敵味方の弾着を示す巨大な水柱が噴き上がる。

英軍は「クイーン・エリザベス」、「レナウン」の順で続いている。ともに主砲は38cm砲で、両艦合わせて14門である。284型射撃レーダーを搭載している。

対する「伊勢」と「日向」は2隻で36cm砲16門。水上見張り用の電探はあるものの、射撃用電探の搭載は間に合わなかった。両軍とも建造年数はほぼ同じだが、主砲の威力、射撃精度ともに敵の方が一枚上手。せめて門数が改装前の12門、両艦合わせて24門あればと思うが、いまさら言っても仕方がない。その主砲を降ろして、2隻は航空戦艦となったのだ。

（いや、我が航空隊のおかげで、こうして敵戦艦と撃ち合う機会を得ているのだ）

と松田は思いなおす。

この大戦は番狂わせの連続だった。わずか数年で戦艦は海戦の主役から滑り落ち、活躍の場は失われた。

だからこその航空戦艦。窮余の一策とはいえ、こうして生まれ変わった2隻が敵と砲火を交えることができている。

松田は感謝した。そしてこれが戦艦対戦艦の最後の戦いとなるであろうと確信した。だからこそ、勝たねばならぬ。

後方からの轟音。これまでの砲撃音とは異質の衝撃に、「伊勢、被弾！　炎上中！」という悲鳴のような報告が重なる。

（やはり英軍の電測射撃は正確だ。だが――）

こちらも負けてはいない。夜がまだ十分に明けてはなく、視界も悪い状況の中で、日向の10m測距儀と訓練された砲員たちは射弾を敵に送りこんでいた。

「敵一番艦に命中！」

見張員が2万7000m先の「クイーン・エリザベス」の船体に閃光を確認。第6斉射が夾叉し、続く7斉射目の一弾が後檣付近を直撃したのだ。直後に、ふたたび水柱が英戦艦を包みこむ。炎上中の「伊勢」も戦列に踏みとどまり、果敢に射撃を続行していた。

鉄火の応酬が始まってから20分後、英戦艦の艦上に無数の砲弾が炸裂する。「日向」と「伊勢」の集中砲火が、艦首、前檣、カタパルトを打ちのめし、第一次大戦から活躍していた歴戦艦を廃墟に変えていく。

後続の「レナウン」は、大爆発を起こした「クイーン・エリザベス」を慌てて回避する。転舵しながら放つ38cm砲弾など、むろん当たるはずもない。

松田はすばやく砲撃目標の変更を指示した。すでに朝日は、はっきりと敵艦を照らしている。勢いに乗る「日向」と「伊勢」の砲員たちにとって、装甲の薄い巡洋戦艦など恐るるに足らなかった。「レナウン」が僚艦の後を追うことになるのに10分もかからなかったのだ。あとは空母を探して沈めるのみ――

四航戦にとって、真価を発揮する最初で最後の機会。計らずとも、松田が直感したこのことは事実となった。

戦後になって判明したことだが、この第2次マレー沖海戦において、「レナウン」の射撃レーダーは事前に破壊されていたのだ。前日のうちに行われた彗星、瑞雲による捨て身の攻撃が英艦の目を奪っていたのである。

四航戦の真価とは、航空打撃力と砲撃力の一体化に他ならない。まさに世界唯一の航空戦艦ならではの戦果だった。

航空隊が戦力を削いだ敵艦隊に対し、とどめとばかりに火を噴く「伊勢」・「日向」の36cm砲。航空打撃力と絶大な砲撃力とを兼ね備えた、航空戦艦にしかできない戦い方だ!!

文／有馬桓次郎 写真／編集部、U.S.Navy、海上自衛隊

ランダムアクセス
RANDOM ACCESS

戦艦の力強さと空母の母性を兼ね備えた航空戦艦「伊勢」と「日向」に全方向からアクセスしよう！

「伊勢」と「日向」の外見上の識別点は？

太平洋戦争に参加した日本の戦艦12隻のなかでも、比較的識別が難しいとされる「伊勢」と「日向」。しかし各部を細かく見ていけば、この両艦でもはっきりとした相違点が存在している。

まずは新造時から除籍時まで一貫して両艦の識別点となっていたのは、艦首部の舷窓の数である。艦首上甲板と中甲板の兵員室の舷窓が、「伊勢」では主錨後方に1カ所、副錨後方に2カ所あるのに対して、「日向」では主錨後方に2カ所、副錨後方に1カ所存在していた。

大正10年の「伊勢」第一次改装では、前部三脚マストの中段に探照灯甲板が追加されていたが、「日向」第一次改装では探照灯甲板の追加は無く、代わりに前部マスト後方に信号灯が設置されている。また、新たに設置された羅針艦橋は、前部の形状が「伊勢」では垂直、「日向」では上方に向けてオーバーハングしているという相違点があった。

昭和2年から3年にかけて、「伊勢」「日向」はともに前部艦橋を檣楼化する改装工事に着手しているが、このとき艦橋上部から左右に延ばされた信号ヤードの形状が両艦ではまったく異なっていた。「伊勢」の信号ヤードは途中で後方に折れ曲がった形状をしているのに対して、「日向」のそれは先端まで直線となっており、これ以降の両艦を識別する上で重要なポイントとなっている。また、檣楼化にともなって増設された下部見張所の前面の形状が、「伊勢」では微妙に丸みを帯びており、一方「日向」では平坦な形状で角の処理も直線的なものとなっていた。

昭和9～12年、大規模な近代化改装を受けた伊勢型の2隻だが、後部艦橋に立てられたマストの形状やそれぞれのヤードの固定方法が両艦で異なっていた。具体的には、後部のマストに取り付けられたヤードの本数が両艦では異なっており、さらにトップマストの取り付け部も「日向」では艦首よりに、「伊勢」では逆に艦尾よりに固定されている。また、放射状に伸びるヤードをメインマストに固定する方法も、「伊勢」では直接マストに固定されているのに対して、「日向」では穴の開いたブラケットを介して固定されていた。

加えて、前艦橋トップに据えつけられた方向探知機のループアンテナが、「伊勢」では背の低いものが、「日向」では高いものが設置されており、こちらも有力な識別点となるだろう。

この大改装では他にもいくつかの明確な識別点が誕生しているため、図面や写真を元に両艦の違いを細かく探ってみるのも面白いのではなかろうか。

伊勢型以外の空母改造案は？

ミッドウェー海戦での正規空母4隻の喪失により、航空戦艦への改装が決定した伊勢型であるが、その決定に至るまでには様々な紆余曲折が存在していた。

当初、軍令部が空母改造艦として提案したのは高速戦艦金剛型であった。これは金剛型の艦容が中型空母への改造にベストなサイズであったことと、その高速力が航空機の運用に適しており、さらに迅速な艦隊行動が求められる機動部隊の一艦として充分以上の速力を発揮できることが主な理由であった。計画案では、主砲や艦橋などの上部構造物を撤去して全通甲板を設置し、工事の簡略化のため格納庫は一段式とすることなどが考えられていた。

しかし、その計画が沙汰止みとなったのもまた金剛型の持つ高速力ゆえだった。その速力は空母機動部隊の随伴艦として適しており、艦隊防空力を維持する上で金剛型は良好な実績を誇っていたのである。さらに工事の簡略化が考えられてはいても、そもそも上部構造物をあらかた撤去して全通甲板を設置するという計画は非常に手間のかかるものであり、さらにそれに要する資材の量も問題となったために、金剛型の空母改造案は早々に打ち切られている。

代案として、艦齢的にも装備の面でも旧式化が著しかった扶桑型と伊勢型、計4隻の航空戦艦改装が決定したわけだが、爆発事故により5番砲塔が使用不能となっていた「日向」の改装が優先されたことから、扶桑型の改装は伊勢型のそれが終了した後に行なわれる予定になっていた。なお、扶桑型の改装案も伊勢型

伊勢型と同様に空母、および航空戦艦への改造が予定されていた「扶桑」。しかし、結局は資材不足から着工されずに終わっている

のそれと同じく、後部5、6番砲塔を撤去の上で飛行甲板を設置することが計画されていた。「扶桑」は呉で、「山城」は横須賀で工事が予定されており、いつでも起工できる態勢だけは整えられてはいたが、戦局の推移に伴って改装着手は数次にわたって日程変更となり、さらに他の艦の緊急工事が優先された結果、起工は徐々に先延ばしとなっていった。

そしてマリアナ沖海戦での敗戦後、資材と人員を他の方面に振り分ける必要性が生じたため、扶桑型の改装はついに断念されている。

伊勢型の居住環境は？

伊勢型は扶桑型で問題となった主砲の爆風による障害を解決するため、艦中央の3、4番主砲を背負い式としたが、この際に4番砲塔を1段低い上甲板に配置するために、3番砲塔と5番砲塔のあいだのシェルター甲板を切断撤去することとなった。

ところが、これによりシェルター容積が扶桑型より大幅に減少し、特に兵員居住スペースが極端に足らなくなるという不都合も生じてしまう。兵員1人あたりの居住面積は日本の12戦艦のなかでも最も狭く、さらに後年、対空兵装の増備により兵員数が増加した結果、一層居住環境が悪化してしまうのだ。

これにより副砲の砲郭内も兵員の居住スペースとして活用したが、伊勢型は乾舷が低いために波しぶきが砲郭内に流れ込む上、艦の航行による合成風が隙間から吹き込み、居住環境は非常に劣悪であった。

一方でシェルター甲板の奥に配置された居住区でも、それとは異なる悪条件に苦しめられた。伊勢型は艦内の通風性が非常に悪く、特に南方での作戦時には熱気が艦内にこもって兵員が昏倒するという事態もしばしば発生していた。さらに二酸化炭素の濃度が安全値を大幅に超えることもあり、全力射撃時には揚弾作業で発生した呼気が艦内に蓄積して、3日後になっても弾薬庫内の二酸化炭素が危険レベルで充満していたという報告もある。

航空戦艦への改造時、居住環境改善のためにまず着手されたのは、この艦内の熱対策であった。後部居住区の冷房用として、大和型4番艦（建造中止）に搭載を予定していた15万キロカロリーのターボ冷却機1基を装備。さらに5、6番砲塔の撤去などにより兵員数が減少し、加えて副砲廃止により砲郭を密閉して兵員室としたことから、1人当たりの居住面積がこれまでよりも広く取られた。賛否両論の伊勢型の航空戦艦化であるが、こと居住性に関しては大幅に向上し、ここにきてようやく長期にわたる作戦にも充分に対応できる艦内環境となったのである。

「日向」は不幸なフネだった？

同型艦として相似形といえる艦歴を歩んできた「伊勢」と「日向」。だが「日向」は、3度もの大事故に遭遇している。

大正15年10月24日、折からの海軍大演習に青軍の一艦として参加していた「日向」は、房総半島野島崎沖で教練射撃中、突如として第3砲塔が爆発。堅牢な砲塔天蓋が吹き飛び、内部にいた24名全員が死亡するという惨事に見舞われる。

原因は砲身内部に空気を送り込む噴気孔に、清掃したときに破れたとおぼしき木綿布が詰まっていたためだった。大口径の艦載砲は発射後に砲身内部に残る燃焼ガスと燃えカスを吹き飛ばすため、内部に高圧の空気を送り込むようになっている。その噴気孔が詰まっていたために高温の燃焼ガスが砲身内部に滞留し、尾栓を開いた際に砲塔内に逆流。砲室後部に積み上げていた32発分の装薬嚢に引火して、瞬時に大爆発を起こしたのだった。

「日向」は後の昭和17年5月5日にも、伊予灘での射撃訓練中に第5砲塔の爆発事故を起こしている。伊勢型の航空戦艦改造につながっていく事件であるが、このときも尾栓の閉鎖前に装薬が塘内で自然着火したことが原因であり、あるいは「日向」の砲身内噴気機構には何らかの重大な欠陥があったのかもしれない。

これとは別に「日向」にはもう一つ、沈没すら危ぶまれた重大な事故を起こしている。昭和2年3月27日、海軍大演習の一環として中国・青島に向かっていた「日向」は、海図に記載のない未知の暗礁に乗り上げて艦底を破損。なにぶんにも不意の座礁だったために一部に破口を生じ、さらに船体が大きく傾斜して転覆沈没する危険すら発生してしまう。何とか離礁に成功し、応急修理の上で大演習に参加した「日向」であったが、その後12月1日に艦隊を離れて予備艦となり、前部艦橋楼化工事にあわせて艦底部の大修理を行なっている。

その他にも、民間船との衝突事故（大正9年7月21日）、4番砲塔弾薬庫火災事故（大正13年9月23日）など、数多くの事故に見舞われた「日向」。その生涯は、「伊勢」のそれと較べて、不運なものであったという他ないだろう。

伊勢型の弱点は？

大正11年2月のワシントン軍縮条約の締結により、主力艦の新造が制限された列強海軍は、ともに改装による現有艦の性能向上への道を模索し始める。日本海軍においても条約締結後から本格的に艦艇の近代化改装の研究を開始し、その後の条約明け時代をにらんで主に戦艦、空母、巡洋艦に対して装備の新式化、性能の向上、攻防力の強化などを目標に各艦に順次大改装を施していった。

昭和9年から12年にかけて、伊勢型の2隻も遠距離砲戦能力と防御力、機動性の向上を目的とした大改装が行なわれたが、特に防御面において、伊勢型は他のクラスとは若干異なる内容の改装が施されている。この大改装で金剛型、それに準姉妹艦といえる扶桑型がともに水平防御力の改善を目的として、弾火薬庫・機械室・缶室上部の装甲が強化されたのに対して、伊勢型においては何故か弾火薬庫上部の装甲鈑が増厚されたのみで、機械室・缶室の防御は現状のままにとどめられているのだ。

その理由については残念なが

ら手元の資料からは判然としないが、もともと伊勢型は扶桑型3、4番艦として建造が予定されていたところ、ジュットランド沖海戦の戦訓により防御力を改正した新戦艦として生み出された経緯があるため、あるいはこのことが後の改装時に影響したのかもしれない。だが、これにより伊勢型は機械室・缶室付近の防御力が大改装後の扶桑型と同等、あるいはそれ以下というウィークポイントを生み出すことになってしまったのである。

昭和18年、伊勢型は後部に巨大な飛行区画を設けた航空戦艦として生まれ変わる。ミッドウェイ海戦の戦訓から、この飛行区画には泡沫および炭酸ガス消火装置の装備など相当な火災対策が施され、漏れた航空燃料の気化ガスが他区画に流出しないよう、格納庫内の通風装置には仕切り弁も設けられていた。そして格納庫下部の旧五、六番砲塔周辺の装甲鈑は残されており、中口径弾程度の被弾では艦の運用に致命的な影響を与えることは無かったが、その上の巨大な飛行区画そのものは造船用の普通鋼材を用いて組み上げられている。わずかに艦載機用爆弾を甲板に揚げる揚弾筒に装甲が施された以外、その耐弾性はほぼ皆無と言っても良かった。

終戦後、大破着底した「伊勢」の前部艦橋から艦尾飛行甲板側を見下ろした写真。航空戦艦の存在意義たる飛行区画だが、構造上は基本的に脆弱であった

運用側からの評価

まず伊勢型の評価として有名なものは、加速性能と運動性能の悪さだろう。特に運動性については、日本戦艦のなかでも最悪という不名誉な評価が下されている。

これらの問題については、準姉妹艦といえる前級の扶桑型でも取り沙汰されていたことであり、伊勢型の設計時にこれらへの対処が盛り込まれていたにもかかわらず、結果として扶桑型よりもさらに加速性、運動性が悪化するという事態となった。

さらに伊勢型で大問題となったのが、直進安定性がきわめて悪く一定針路を保持しつづけることが非常に難しいことだった。昭和3年にまとめられた『山城型戦艦操縦性能』によれば、伊勢型を一定の針路で航進させることは各戦艦中もっとも困難であるとした上で、操舵員が未熟な場合は艦列外に飛び出すことが多いので、通常航行時においても後続艦は注意を払わなければならない、とさえ書かれている。ここにある通り、艦を一定針路で進ませることが難しいということは、統一された艦隊行動に支障があるということであり、海軍がこの問題を非常に憂慮したことも分ろうというものだ。

ただし、伊勢型の速度性能と大舵角時の運動性については扶桑型よりも良好で、特に通常の状態で常時23ノットを発揮できる速度性能の高さは艦隊側からも高く評価されていたという。扶桑型の最高速力は22・5ノット、しかし実際には20ノット程度にとどまっていたともいわれており、伊勢型の常時23ノットという数字は艦隊側にとっても、当時としては画期的な高速力であったのだ。

昭和9～10年にかけて、伊勢型の2隻は近代化改装に取り掛かり、大きく変貌を遂げるが、その際に前述のマイナス点を是正するべく対策がとられたことはもちろんである。缶、およびタービンを新式のものに換装すると同時に、推進抵抗を減少させるため艦尾を約7・3メートル延長。これらの対策が功を奏して、伊勢型は公試排水量の状態で25・3ノットの発揮が可能となったほか、日本戦艦中最悪とまでいわれた運動性もわずかに改善されたようだ。

扶桑型と伊勢型の両型は、日本海軍が初めて計画した超ド級戦艦であり、また日本が独自に設計した初めての戦艦でもあった。大型艦を設計した経験がほとんど無かった当時の日本にとって、両型の設計は実験的な要素も多分にあわせ持っていたことも否めない。しかし両型の設計によって日本の建艦レベルは飛躍的に向上し、後の大和型を頂点とする戦艦設計の基礎を築いたという点で記念すべき艦であったことは間違いないだろう。

伊勢型戦艦の建造コストは?

ここでは伊勢型戦艦の新造時における価格から、現在の国家予算に直せばどれほどの建造コストだったのかを見てみよう。

明治45年、呉海軍工廠において戦艦「扶桑」が起工されるのに続いて、横須賀海軍工廠で「四号甲鉄艦（後の「山城」）」の建造が決定。さらに神戸川崎造船所で「第五号戦艦（後の「伊勢」）」が、佐世保の三菱造船所で「第六号戦艦（後の「日向」）」が、それぞれ建造されることが決定し、両社に対して建造額の見積もりが依頼された。

大正2年4月、両社が海軍に対して提出した見積もり価格は、神戸川崎造船所が1385万円、三菱造船所は1400万円。その後、海軍は両社と1192万円の同一価格で契約し、これにより伊勢型の建造が国内2カ所の造船所において同時にスタートする。

なお、両社の見積もり額とその後決定した建造価格は船体部と機関部のみの価格であり、兵器、装甲鈑、測器、需品などはすべて海軍からの官給品で金額には含まれていない。これら装備の価格が一体いくらであったのかは残念ながら手元の資料では分からないが、最大でも船体・機関部の合計価格とほぼ同額といった所が妥当な線ではないだろうか。すなわち合計で約2400万円という金額を、ここでは伊勢型1隻あたりの総建造額だと仮定して考察を進めてみようと思う。

まず物価変動の目安となる消費者物価指数で見てみると、昭

和9年から11年の平均値を1として、大正2年は0・676、そして平成12年は1842・3となっている。この指数を当てはめるなら、現在の物価に直した「伊勢」建造費は約654億710万円となり、海上自衛隊の最新鋭イージス艦「あたご」型1隻の建造価格、およそ1453億円と比較してもリーズナブルな印象を受けるかもしれない。

　ところが、これを国家予算におけるパーセンテージで見てみると事情が大きく違ってくる。伊勢型1隻の推定建造費2400万円は、大正2年度の国家歳出予算5億7401万4000円のうち約4・1%を占めており、このパーセンテージを平成20年現在の国家歳出予算約83兆円に当てはめてみるなら、実に3兆4030億円という途方も無い金額となってしまうのである。

　伊勢型が建造を開始された大正2年は、国際的な建艦競争が本格化し始めた頃であり、戦艦をはじめとする海軍兵力の増備が急務となっていた時であった。歳出予算に占める軍事費の割合は30%を超え、日本は財政限界を超える軍備計画を推し進めていくことになる。伊勢型の建造費を現在の国家予算に当てはめてみれば、当時の日本がいかに戦艦建造に血道（ちみち）をあげていたかを、実感として掴む事ができるだろう。

他国の航空戦艦（航空巡洋艦）計画にはどんなものがあった？

　戦艦、巡洋艦などに飛行甲板を付加して航空機運用能力を持たせるアイデアは、航空機が急速に発達した第一次大戦頃から多く存在する。世界最初の空母として歴史に名を残す「フューリアス」も、当初は上陸支援用の大型巡洋艦として計画されながら、建造途中で艦の前半部に飛行甲板を設けて航空機の運用を可能としたものであった。

　だがワシントン軍縮条約において、戦艦の新造禁止と空母の備砲制限がなされたことにより、航空戦艦構想は一気に下火となっていく。1926年にはヴィッカース社の軍艦設計部長ジョージ・サーストンが条約非加盟国向けに複数の航空戦艦案を発表しているが、これもまた採用されるには至っていない。

　イギリス海軍では、他にも第二次大戦中に新造戦艦ライオン級の一案として航空戦艦案が検討されたこともあったが、これもまた早い段階で廃案となっている。同様に、フランス最後の戦艦として建造されながら、未成状態で本国を離れ自由フランス海軍に参加した「ジャン・バール」もまた、一時は航空戦艦として竣工させる案も浮上したが、これも実現することはなかった。さらに戦後、アメリカ海軍のアイオワ級が1980年代に現役復帰する際、後部にスキージャンプ甲板を備えてハリアーを搭載する案も存在したが、これも現実的ではないとして却下されている。

　そもそも、戦艦として最大の戦闘力を発揮するためには、上部構造物を艦の中心線上に配置すべきなのはドレッドノート級戦艦以来の建艦上の常識であり、これは航空機の離着艦の際の安全を確保することと相容れるものではなかった。さらに主砲射撃時の強烈な爆風によりデリケートな航空関係の艤装に悪影響を及ぼす上、防御面においても著しく不利になることから、航空戦艦は空母と戦艦、両者の性能を相殺（そうさい）する中途半端なコンセプトとして判断されたのだった。

　だが一方で、航空巡洋艦の構想については1931年のロンドン軍縮条約において、飛行甲板を有する巡洋艦は空母の保有排水量に含めないとする条項が含められることにより、各国海軍において数多くの航空巡洋艦の設計概案がつくられていくこととなる。偵察も主任務とする巡洋艦の場合、航空機の搭載はその任務にかなった運用であり、上記の弊害を差し引いても利点が非常に大きいと判断されたのだった。

　その内、第二次大戦終結までに実際に建造にこぎつけたのは、スウェーデン海軍の「ゴトランド」、それに日本海軍の利根（とね）型、改装の上で航空巡洋艦に生まれ変わった「最上（もがみ）」が挙げられる。

　そして戦後、ヘリコプターの実用化によりその汎用性が注目され、各国海軍はヘリコプター運用能力を持たせた艦の設計を本格化。現在では正規空母を保有し得ない国の海軍を中心に、ヘリ搭載型の戦闘艦は主要な海軍力のひとつとして位置付けられている。

　そう考えると、2009年3月に就役した海自のヘリ搭載型護衛艦が、伊勢型の名を受け継いだことは、非常に感慨深いものがあると言えるだろう。


「世界初の空母」の栄誉に浴した英海軍の「フューリアス」は、当初、艦首にのみ飛行甲板を設け、後部には18インチ砲1門を搭載していた

1934年に竣工したスウェーデン海軍の「ゴトランド」は、後部甲板に水上偵察機6機を搭載する、航空巡洋艦の先駆けといえる存在だった

海自初となる全通飛行甲板型のヘリコプター搭載護衛艦として就役した「ひゅうが」。同型艦も2009年8月に「いせ」と命名され、伊勢型戦艦と同じ艦名となった

異形のハイブリッド戦艦

「伊勢」「日向」関連年表

明治40年(1907年)		国防所要兵力が策定され、「八八艦隊」計画がスタート
大正2年(1913年)		第五号甲鉄艦(後の「伊勢」)、第六号甲鉄艦(同「日向」)の建造が帝国議会で承認される
大正4年(1915年)	5月6日	伊勢型戦艦二番艦「日向」、三菱長崎造船所において起工
	5月10日	伊勢型戦艦一番艦「伊勢」、神戸川崎造船所において起工
大正5年(1916年)	11月12日	「伊勢」進水
大正6年(1917年)	1月27日	「日向」進水
	12月15日	「伊勢」竣工
大正7年(1918年)	4月30日	「日向」竣工
大正8年(1919年)	10月24日	「日向」が野島崎沖で演習中に三番砲塔の爆発事故を起こす
大正9年(1920年)	8月29日	「伊勢」「日向」、シベリア方面で沿岸警備に従事
大正12年(1923年)	9月	「伊勢」「日向」、関東大震災の救援活動にあたる
昭和9年(1934年)	11月23日	「日向」の近代化改装工事開始
昭和10年(1935年)	8月1日	「伊勢」の近代化改装工事開始
昭和11年(1936年)	9月7日	「日向」の近代化改装工事完了
昭和12年(1937年)	3月23日	「伊勢」の近代化改装工事完了
	7月7日	支那事変勃発。「伊勢」「日向」も陸兵輸送に従事
昭和16年(1941年)	12月8日	真珠湾攻撃。第一機動部隊支援のため出撃
昭和17年(1942年)	4月18日	ドゥーリトル空襲。「伊勢」「日向」も敵空母の捜索に出撃するが、発見できず
	5月5日	砲戦訓練中に「日向」の五番砲塔が爆発事故を起こす
	5月29日	ミッドウェー・アリューシャン作戦支援のため呉を出港
	6月5日	ミッドウェー海戦(～7日)
	6月30日	「伊勢」「日向」の航空戦艦改装が決定
昭和18年(1943年)	2月23日	「伊勢」、航空戦艦への改装工事開始
	5月1日	「日向」、航空戦艦への改装工事開始
	8月23日	「伊勢」、航空戦艦への改装工事完了
	10月14日	「伊勢」がトラック島へ陸軍部隊を輸送(丁三号作戦、～11月5日)
	11月18日	「日向」、航空戦艦への改装工事完了
昭和19年(1944年)	5月1日	「伊勢」「日向」の2隻からなる第四航空戦隊が編成される
	10月12日	台湾沖航空戦。「伊勢」「日向」に搭載予定の第六三四航空隊が戦闘に参加
	10月19日	捷一号作戦のため、第四航空戦隊を含む第三艦隊が瀬戸内海を出撃
	10月23日	比島沖海戦(～25日)
	10月25日	エンガノ岬沖海戦に参加。対空砲火で米軍機を多数撃墜
	11月9日	第四航空戦隊と第三十一戦隊で構成されたH部隊が、比島への物資輸送のため呉を出港
	11月23日	H部隊がシンガポール入港
昭和20年(1945年)	2月5日	シンガポールから内地への物資輸送作戦「北号作戦」が発令される
	2月10日	第四航空戦隊ほか4隻からなる「完部隊」がシンガポールを出港
	2月20日	完部隊が呉に到着
	3月1日	第四航空戦隊解隊。「伊勢」「日向」は呉にて第一種予備艦となる
	3月19日	呉軍港空襲(「伊勢」「日向」とも損害は軽微)
	7月24日	呉軍港空襲。「日向」大破着底
	7月28日	呉軍港空襲。「伊勢」大破着底
	11月20日	「伊勢」「日向」除籍
昭和21年(1946年)	7月2日	「日向」解体作業開始
	10月9日	「伊勢」解体作業開始
昭和22年(1947年)	7月4日	「伊勢」「日向」解体完了